高职高专"十三五"规划教材

 云南省普通高等学校"十二五"规划教材

电气控制技术与 PLC

主　编　刘　玉

副主编　徐天宏

U0342514

北　京

冶金工业出版社

2017

内 容 提 要

本书共分五个项目，主要内容包括：常用低压电器、继电-接触器电气控制电路的基本环节、继电-接触器电气控制系统分析、可编程控制器概论、三菱FX2N系列可编程控制器。每个项目后均附有习题，可供读者进行控制线路的设计练习与实践。

本书可供电气、电子、自动化等专业的师生使用，也可供相关专业的工程技术人员、管理人员参考。

图书在版编目（CIP）数据

电气控制技术与 PLC／刘玉主编. —北京：冶金工业出版社，2017.8

高职高专"十三五"规划教材

ISBN 978-7-5024-7556-7

Ⅰ.①电…　Ⅱ.①刘…　Ⅲ.①电气控制—高等职业教育—教材　②PLC 技术—高等职业教育—教材　Ⅳ.①TM921.5②TM571.6

中国版本图书馆 CIP 数据核字（2017）第 195268 号

出 版 人　谭学余

地　　址　北京市东城区嵩祝院北巷 39 号　邮编　100009　电话　（010）64027926
网　　址　www.cnmip.com.cn　电子信箱　yjcbs@cnmip.com.cn
责任编辑　郭冬艳　美术编辑　吕欣童　版式设计　孙跃红
责任校对　王永欣　责任印制　李玉山

ISBN 978-7-5024-7556-7

冶金工业出版社出版发行；各地新华书店经销；三河市双峰印刷装订有限公司印刷
2017 年 8 月第 1 版，2017 年 8 月第 1 次印刷

787mm×1092mm　1/16；17.5 印张；425 千字；272 页

45.00 元

冶金工业出版社　投稿电话　（010）64027932　投稿信箱　tougao@cnmip.com.cn
冶金工业出版社营销中心　电话　（010）64044283　传真　（010）64027893
冶金书店　地址　北京市东四西大街 46 号（100010）　电话　（010）65289081（兼传真）
冶金工业出版社天猫旗舰店　yjgycbs.tmall.com

（本书如有印装质量问题，本社营销中心负责退换）

编　委　会

主　编：刘　玉

副主编：徐天宏

编　委：张　阳　吴妍娇　马俊伟

前　言

电气控制技术与 PLC 是高职高专电气工程、电气自动化技术、机电一体化专业中应用性很强的一门专业课。随着计算机技术、电力电子技术、各种自动控制技术的发展，工业电气控制系统的核心设备及关键技术出现了多样化的格局，利用可编程控制器进行电气控制已成为工业控制领域的主流技术。本书是根据高等职业教育"加强应用，联系实际，突出特色"的原则，在内容和编写思路上力求体现高职高专培养生产一线高技能人才的要求，力争做到重点突出、概念清楚、层次清晰、深入浅出、学以致用的目的。本书在内容处理上，既注意反映电气控制领域的最新技术，又注意专科学生的知识和能力结构，强调理论联系实际，注重学生动手能力、分析和解决实际问题的能力，以及工程设计能力和创新意识的培养。

本书根据融"学生就业竞争力与发展潜力培养为一体，教育与教学为一体，职业素质养成与职业技能培养为一体，课内与课外培养为一体"，涵盖人才培养全过程的指导思想，按照"逆向分解、正向培养、动态反馈、循环提升"的课程方案设计方法编写。以机电设备维修管理工作岗位为依据，分析工作岗位和典型工作任务，对典型工作任务进行分析归纳，确定行动领域；按照机电设备维修管理及维护系统化原则，进行课程知识的解构与重构，系统设计《电气控制与 PLC》学习领域，完成工作过程系统化课程体系开发。

本书力求由浅入深、通俗易懂、注重联系工程实际应用，以工厂电力拖动为背景，系统地介绍了常用低压电器及使用、继电控制的基本环节、通过对工厂典型生产机械及其控制系统的实例分析，进一步阐述电气控制系统的分析方法和经验设计方法，使读者掌握阅读分析电气控制系统原理图的基本方法，提高阅图能力和综合设计能力，深入了解电气控制技术在工控领域中具体的应用与发展的实际。

本书列举了大量与工作过程相关的任务作为实例，结合 PLC 编程模拟软件进行教学与训练，使枯燥的编程变得生动有趣，使学生能全面地掌握 PLC 编程的基本方法和编程技巧。

本书主要介绍三菱 FX2N 系列的可编程控制器的结构、工作原理、基本指令、步进顺控指令、功能指令。

全书共分五个项目：项目一为常用低压电器；项目二为继电-接触器电气控制电路的基本环节；项目三为继电-接触器电气控制系统分析；项目四为可编程控制器概论；项目五为三菱 FX2N 系列可编程控制器。此外，附录内容为常用电器、电机的图形符号与文字符号。每个项目后附有习题，供读者进行控制线路的设计练习与实践。书中打"＊"内容为参考内容，可由学生自学。

本书由云南锡业职业技术学院刘玉任主编，云南锡业职业技术学院徐天宏任副主编，云南省红河州技工学校张阳、云南锡业职业技术学院吴妍娇、马俊伟任编委。具体分工为：马俊伟负责绘制图形，张阳负责编写项目四，吴妍娇负责编写项目五，徐天宏负责编写项目三，刘玉负责编写项目一、项目二和全书的统稿、定稿工作。

本书由红河学院徐绍坤教授、云锡控股公司电气学科带头人尹久发高级工程师审阅，并提出了许多宝贵意见，在此表示衷心的感谢！

本书在编写过程中得到云南锡业集团（控股）公司、云南锡业职业技术学院领导的关怀和支持，并得到了云南锡业集团（控股）公司松树脚分矿的支持，得到红河学院、云南锡业职业技术学院部分教师的支持，在此一并表示衷心的感谢！

由于编者水平及编写时间所限，书中难免存在不妥之处，恳请读者批评指正。

编　者

2017 年 2 月

目　录

项目一 常用低压电器

本章主要学习情境内容如下表所示。

学习情境	工作任务	职业能力	子情境	学习方式	学习地点	学时数
常用低压电器	常用低压电器的认知	了解电器的功能、结构、工作原理、图形符号、主要技术参数、选择方法	低压开关	实物讲解、多媒体动画	多媒体教室	12
			熔断器			
			主令电器			
			接触器			
			继电器			
	元器件的拆装与维护	熟练进行元器件的拆装	按钮开关	实物拆装	实训室	6
			接触器			
			时间继电器			

情境1 常用低压电器的认知

职业能力：主要了解电器的功能、结构、工作原理、图形符号、主要技术参数、选择方法等。

子情境1 低压电器的作用与分类

凡是根据外界特定的信号或要求，自动或手动接通和断开电路，断续或连续地改变电路参数，实现对电路或非电现象的切换、控制、保护、检测和调节的电气元件或设备均称为电器。

根据工作电压的高低，电器可分为高压电器和低压电器。高压电器是指工作在交流1200V、直流1500V以上的电器；低压电器是指工作在交流1200V、直流1500V及以下的电路中起通断、保护、控制或调节作用的电器。

低压电器作为一种基本器件，广泛应用于输配电系统和电力拖动系统中，在实际生产中起着非常重要的作用。

一、低压电器的分类

（一）按操作方式分类

（1）非自动切换电器：主要依靠外力（如手控）直接操作来进行切换。如：刀开关、按钮、转换开关以及不具备伺服电机操作的控制器。

（2）自动电器：主要依靠电器本身参数的变化或外来信号的作用，自动完成接通或分断等动作。如：低压断路器、接触器、继电器。

（二）按用途分类

（1）低压配电电器：主要用于低压配电系统及动力设备中。如：刀开关、低压断路器、熔断器等。

（2）低压控制电路：主要用于电力拖动与自动控制系统中。如：接触器、继电器、控制器、按钮等。

（三）按工作原理分类

（1）电磁式电器：根据电磁感应原理来工作的电器。如：交直流接触器、电磁式继电器等。

（2）非电量控制电器：主要是靠外力或非电物理量的变化而动作的电器。如：刀开关、行程开关、按钮等。

（四）按低压电器的执行机构分类

（1）有触点电器：主要利用触点的接通和分离来实现电路的接通和断开控制，具有可分离的常开触点和常闭触点。如：接触器、继电器。

（2）无触点电器：主要利用半导体元器件的开关效应来实现电路的通断控制，没有可分离的触点。如：接近开关、固态继电器等。

（五）其他分类方式

（1）按其工作条件可分为：低压防爆电器、普通电器、矿用电器、通用电器、热带电器、高源电器等。

（2）按其功能可分为：刀开关、主令开关、转换开关、自动开关、熔断器、控制器、控制继电器、启动器、接触器、电阻（变阻器）、电磁铁、调整器等。

（3）按低压电器的灭弧条件及工作制分为：

1）按灭弧条件：空气灭弧装置（消弧罩）、油冷灭弧。

2）按工作制：对低压电器的线圈来说，存在通电时间连续与否的问题，即有长期工作制和短期工作制两种。

二、低压电器的常用术语

低压电器的常用术语及含义见表 1-1。

表 1-1　低压电器的常用术语

常用术语	常用术语的含义
通断时间	从电流开始，在开关电器的一个极流过的瞬间起，到所有极的电弧最终熄灭的瞬间为止的时间间隔

常用术语	常用术语的含义
燃弧时间	电器分断过程中，从触头断开（或熔体熔断）出现电弧的瞬间开始，至电弧完全熄灭为止的时间间隔
分断能力	电器在规定的条件下，能在给定的电压下分断的预期分断电流值
接通能力	开关电器在规定的条件下，能在给定的电压下接通的预期接通电流值
通断能力	开关电器在规定的条件下，能在给定的电压下接通和分断的预期电流值
短路接通能力	在规定条件下，包括开关电器的出线端短路在内的接通能力
短路分断能力	在规定条件下，包括电器的出线端短路在内的分断能力
操作频率	开关电器在每小时内可能实现的最高循环操作次数
通电持续率	电器的有载时间和工作周期之比，常以百分数表示
电寿命	在规定的正常工作条件下，机械开关电器不需要修理或更换零件的负载操作循环次数

子情境 2　低 压 开 关

低压开关是低压配电电器中结构最简单、应用最广泛的电器，主要用在低压成套配电装置中，用于不频繁手动接通和分断交直流电路或作隔离开关。也可以用于不频繁接通与分断额定电流以下的负载，如小型电动机等。

低压开关一般为非自动切换电器，常用的主要类型有刀开关、组合开关和低压断路器。

一、刀开关

刀开关主要的作用是隔离电源，不频繁通、断电路。

（一）开关板用刀开关（不带熔断器式刀开关）

（1）功能：不频繁地手动接通、断开电路和隔离电源。

（2）结构、符号。

结构如图 1-1 所示，符号如图 1-2 所示。

图 1-1　刀开关结构

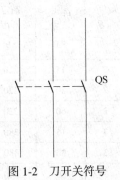

图 1-2　刀开关符号

（二）负荷开关

1. 开启式负荷开关（闸刀开关）

（1）功能：结构简单，价格便宜，手动操作，适用于交流频率 50Hz、额定电压单相 220V 或三相 380V、额定电流 10~100A 的照明、电热设备及小容量电动机等不需要频繁带负荷操作和短路保护用。

（2）结构：由刀开关和熔断器组合，如图 1-3 所示。

瓷底板上装有进线座、静触头、熔丝、出线座及刀片式动触头，工作部分用胶木盖罩住，以防电弧灼伤人手。

（3）符号、型号、主要技术数据。符号如图 1-4 所示，型号及含义如下：

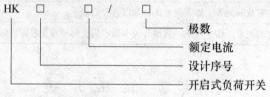

图中标注：
- HK □ □ / □
- 极数
- 额定电流
- 设计序号
- 开启式负荷开关

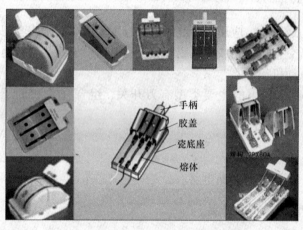

图 1-3　开启式负荷开关外形、结构

图中标注：手柄、胶盖、瓷底座、熔体

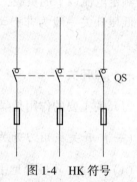

图 1-4　HK 符号

HK 系列开关主要技术数据见表 1-2。

表 1-2　HK 系列开关主要技术数据

型号	极数	额定电流/A	额定电压/V	可控制电动机最大容量/kW		配用熔丝规格			
						熔丝成分/%			熔丝线径/mm
				220V	380V	铅	锡	锑	
HK1-15	2	15	220	—	—				1.45~1.59
HK1-30	2	30	220	—	—				2.30~2.52
HK1-60	2	60	220	—	—	98	1	1	3.36~4.00
HK1-15	3	15	380	1.5	2.2				1.45~1.59
HK1-30	3	30	380	3.0	4.0				2.30~2.52
HK1-60	3	60	380	4.5	5.5				3.36~4.00

（4）选用：HK系列开启式负荷开关用于一般的照明电路和功率小于5.5kW的电动机控制线路中。具体选用方法如下：

1）用于照明和电热负载时，选用额定电压220V或250V，额定电流不小于电路所有负载额定电流之和的两极开关。

2）用于控制电动机的直接启动和停止时，选用额定电流380V或500V，额定电流不小于电动机额定电流3倍的三极开关。

2. 封闭式负荷开关（铁壳开关）

（1）功能：封闭式负荷开关适用于交流频率50Hz、额定工作电压380V、额定工作电流至400A的电路中，用于手动不频繁地接通和分断带负载的电路及线路末端的短路保护，或控制15kW以下的小容量交流电动机的直接启动和停止。

（2）结构：HH系列封闭式负荷开关结构如图1-5所示，主要由操作机构、熔断器、触头系统和铁壳组成。操作机构具有快速分断装置，开关的闭合和分断速度与操作者手动速度无关，从而保证了操作人员和设备的安全；触头系统全部封装在铁壳内，并带有灭弧室以保证安全；罩盖与操作机构设置了联锁装置，保证开关在合闸状态下罩盖不能开启，罩盖开启时不能合闸。另外，罩盖也可以加锁，确保操作安全。

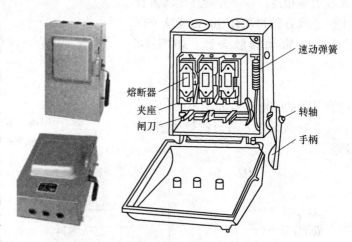

图1-5 HH3系列封闭式负荷开关

（3）符号、型号：封闭式负荷开关符号与开启式负荷开关相同。

封闭式负荷开关型号如下：

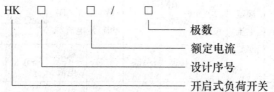

（4）选用：封闭式负荷开关的额定电压应不小于工作电路的额定电压；额定电流应等于或稍大于电路的工作电流。用于控制电动机工作时，考虑到电动机的启动电流较大，应使开关的额定电流不小于电动机额定电流的3倍。

目前，封闭式负荷开关的使用有逐步减小的趋势，取而代之的是大量使用的低压断路器。

二、组合开关

（1）功能：结构紧凑，安装面积小，触头对数多，接线方式灵活，操作方便。适用于交流频率 50Hz、电压至 380V 以下，或直流 220V 及以下的电气线路中，用于手动不频繁地接通和分断电路、换接电源和负载，或控制 5kW 以下小容量电动机启动、停止和正反转。

（2）结构：组合开关的种类很多，常用的有 HZ5、HZ10、HZ15。HZ10 组合开关是全国统一设计产品，性能可靠、结构简易、组合性强、寿命长，在生产中得到广泛应用。

HZ10 组合开关静触头一端固定在胶木盒内，另一端伸出盒外，与电源或负载相连。动触片套在绝缘方杆上，绝缘方轴每次作 90°正或反方向的转动，带动静触头通。如图 1-6 所示。

（3）符号、型号、技术参数。组合开关的图形符号如图 1-6b 所示。HZ3 系列倒顺开关图形符号如图 1-7 所示。

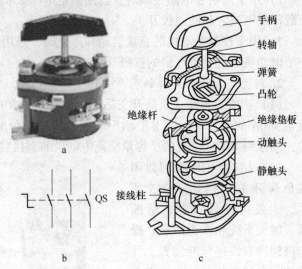

图 1-6　HZ10 系列转换开关系列
a—外形；b—符号；c—结构

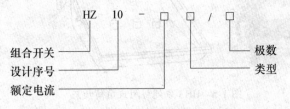

组合开关
设计序号
额定电流
极数
类型

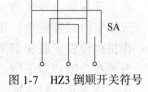

图 1-7　HZ3 倒顺开关符号

HZ10 系列组合开关主要技术数据见表 1-3。

表 1-3　HZ10 系列组合开关主要技术数据

型号	额定电压/V	额定电流/A	极数	极限操作电流/A		可控制电动机最大容量/kW 和额定电流/A		额定电压及额定电流下的通断次数			
								$A\cos\Phi$		直流时间常数 S	
				接通	分断	容量	额定电流	≥0.8	≥0.3	≤0.0025	≤0.01
HZ10-10	DC220V AC380V	6	1	94	62	3	7	20000	10000	20000	10000
		10	2 3								
HZ10-25		25		155	108	5.5	12				
HZ10-60		60									
HZ10-100		100						10000	50000	10000	50000

（4）选用：组合开关应根据电源种类、电压等级、所需触头数、接线方式和负载容量进行选用。用于控制小型异步电动机的运转时，开关的额定电流一般取电动机额定电流的 1.5~2.5 倍。

三、低压断路器

（一）功能

低压断路器又称自动开关或空气开关。它相当于刀开关、熔断器、热继电器和欠电压继电器的组合，是一种既有手动开关作用又能自动进行欠压、失压、过载和短路保护的电器。

低压断路器具有操作安全、分断能力较高、工作可靠、动作值可调、兼作多种保护、动作后不需要更换元件等优点。

（二）分类

低压断路器按结构型式分为塑壳式（装置式）、万能式（框架式）、限流式、直流快速式、灭磁式和漏电保护式等六类；按操作方式分为人力操作式、动力操作式和储能操作式；按极数分为单极、二极、三极和四极式；按安装方式分为固定式、插入式和抽屉式；按断路器在电路中的用途分为配电用断路器、电动机保护用断路器和其他负载用断路器。

几种常见的低压断路器如图 1-8 所示。

图 1-8　常见低压断路器

（三）低压断路器结构及工作原理

DZ5 系列低压断路器的结构如图 1-9 所示。它由触头系统、灭弧装置、操作机构、热脱扣器、电磁脱扣器及绝缘外壳等部分组成。其结构采用立体布置，操作机构在中间，上面是热脱扣器，作过载保护，配有电流调节装置，调节整定电流。下面是由线圈和铁芯等组成的电磁脱扣器，作短路保护，它也有一个电流调节装置，调节瞬时脱扣整定电流。主触头在操作机构后面，由动触头和静触头组成，配有栅片灭弧装置，用以接通和分断主回路的大电流。另外还有常开和常闭辅助触头各一对。主、辅触头的接线均伸出壳外，以便于接线。在外壳顶部还伸出接通（绿色）和分断（红色）按钮，通过储能弹簧和杠杆机构实现断路器的手动接通和分断操作。

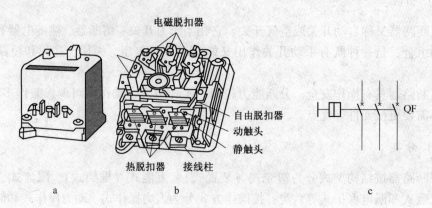

图 1-9 低压断路器的结构和符号
a—外形图；b—结构图；c—符号

断路器的工作原理如图 1-10 所示。使用时断路器的三副主触头串联在被控制的三相电路中，按下接通按钮时，外力使锁扣克服反作用弹簧的反力，将固定在锁扣上面的动触头与静触头闭合，并由锁扣锁住搭钩使动静触头保持闭合，开关处于接通状态。

当线路发生过载时，过载电流流过热元件产生一定的热量，使金属片受热向上弯曲，通过杠杆推动搭钩与锁扣脱开，在反作用弹簧的推动下，动、静触头分开，从而切断电路，使用电设备不致因过载而烧毁。

当线路发生短路故障时，短路电流超过电磁脱扣器的瞬时脱扣整定电流，电磁脱扣器产生足够大的吸力将衔铁吸合，通过杠杆推动搭钩与锁扣分开，从而切断电路，实现短路保护。低压断路器出厂时，电磁脱扣器的瞬时脱扣整定电流一般整定为 $10I_N$。

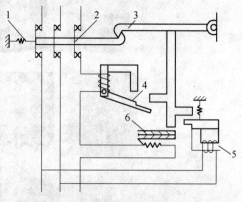

图 1-10 断路器的工作原理图
1—弹簧；2—触点；3—搭钩；4—过电流脱扣器；
5—欠电压脱扣器；6—热脱扣器

欠压脱扣器的动作过程与电磁脱扣器恰好相反。当线路电压正常时，欠压脱扣器的衔铁被吸合，衔铁与杠杆脱离，断路器的主触头能够闭合；当线路上的电压消失或下降到某一数值时，欠压脱扣器的吸力消失或减小到不足以克服拉力弹簧的拉力时，衔铁在拉力弹簧的作用下撞击杠杆，将搭钩顶开，使触头分断。由此也可看出，具有欠压脱扣器的断路器在欠压脱扣器两端无电压或电压过低时，不能接通电路。

需手动分断电路时，按下分断按钮即可。

（四）符号、型号、主要技术数据

低压断路器的符号如图 1-9c 所示。低压断路器的主要技术数据见表 1-4。

低压断路器的型号如下：

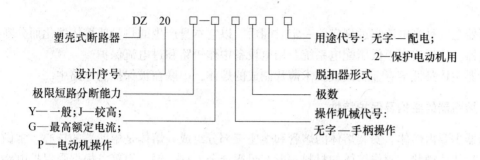

表1-4 低压断路器的主要技术数据

型号	额定 电压/V	主触头额 定电流/A	极数	脱扣器 形式	热脱扣器额定电流 （调节范围）/A	电磁脱扣瞬时 动作整定值/A
DZ5-20/330			3	复式	0.15（0.10~0.15）	
DZ5-20/230			2		0.20（0.15~0.20）	
DZ5-20/320			3	电磁式	0.30（0.20~0.30）	
					0.45（0.30~0.45）	
					0.65（0.45~0.65）	为电磁脱扣器
DZ5-20/220			2		1.00（0.65~1.00）	整定电流的
	AC380	20			1.50（1.00~1.50）	8~12倍（出厂
DZ5-20/310	DC220		3		2.00（1.50~2.00）	时整定为10倍）
					3.00（2.00~3.00）	
				热脱扣 器式	4.50（3.00~4.50）	
					6.50（4.50~6.50）	
DZ5-20/210			2		10.0（6.50~10.0）	
					15.0（10.0~15.0）	
					20.0（15.0~20.0）	
DZ5-20/300			3	无脱扣器		
DZ5-20/200			2			

（五）选用

（1）断路器额定电压不小于线路额定电压。

（2）断路器额定电流不小于线路或设备额定电流。

（3）断路器通断能力不小于线路中可能出现的最大短路电流。

（4）欠压脱扣器额定电压等于线路额定电压。

（5）电磁脱扣器的瞬时脱扣整定电流应大于负载正常工作时可能出现的峰值电流。用于控制电动机的断路器，其瞬时脱扣整定电流可按下式选取：$I_z \geq KI_{st}$。式中 K 为安全系数，可取 1.5~1.7；I_{st} 为电动机的启动电流。

子情境 3　熔　断　器

熔断器是一种当电流超过规定值一定时间后，以它本身产生的热量使熔体熔化而分断电路的电器，广泛应用于低压配电系统及用电设备中作短路和过电流保护。

熔断器主体是低熔点金属丝或技术薄片制成的熔体，串联在被保护的电路中。

一、熔断器的结构及保护特性

熔断器主要由熔体、安装熔体的熔管和熔座三部分组成。熔体是熔断器的核心，常做成丝状、片状或栅状，制作熔体的材料一般有铅锡合金、锌、铜、银等，根据受保护电路的要求而定。熔管是熔体的保护外壳，用耐热绝缘材料制成，在熔体熔断时兼有灭弧作用。熔管是熔断器的底座，用于固定熔管和外接引线。

二、熔断器的主要技术参数

（1）额定电压：指熔断器长期工作所能承受的电压。如果熔断器的实际工作电压大于其额定电压，熔体熔断时可能会发生电弧不能熄灭的危险。

（2）额定电流：指保证熔断器能长期正常工作的电流。它由熔断器各部分长期工作时允许的温升决定。

（3）极限分断能力：在规定的额定电压和功率因数的条件下，能分断的最大短路电流值。

（4）时间-电流特性（也称保护特性）：是指在规定的条件下，表征流过熔体的电流与熔体熔断时间的关系曲线，如图 1-11 所示。从特性上可以看出，熔断器的熔断时间随电流的增大而缩短，是反时限特性。

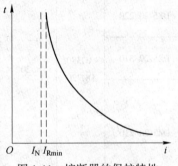

图 1-11 中的 I_{Rmin} 称为最小熔化电流或临界电流。往往以在 $1 \sim 2h$ 内能熔断的最小电流值作为最小熔断电流。一般熔断器的熔断电流 I_s 与熔断时间 t 的关系见表 1-5。

图 1-11　熔断器的保护特性

表 1-5　熔断器的熔断电流 I_s 与熔断时间 t 的关系

熔断电流 I_s	$1.25I_N$	$1.6I_N$	$2.0I_N$	$2.5I_N$	$3.0I_N$	$4.0I_N$	$8.0I_N$	$10.0I_N$
熔断时间 t	∞	3600	40	8.0	4.5	2.5	1.0	0.4

由表 1-4 可知，熔断器对过载的反应是不灵敏的，当电气设备发生轻度过载时，熔断器将持续很长时间才能熔断，有时甚至不熔断。因此，除照明和电加热电路外，熔断器一般不宜作过载保护电器，主要用于短路保护。

三、常用的熔断器

（1）RC1A 系列瓷插式熔断器（如图 1-12 所示）。主要用于交流 50Hz、额定电压 380V 及以下，额定电流为 $5 \sim 200A$ 的低压线路末端或分支电路中，作线路和用电设备的短路保护，在照明线路还可起过载保护作用。

（2）RL1 系列螺旋式熔断器（如图 1-13 所示）。主要用于控制箱、配电屏、机床设备及振动较大的场合，在交流额定电压 500V、额定电流 200A 及以下的电路中，作为短路保护器件。

图 1-12　RC1A 系列瓷插式熔断器

图 1-13　RL1 系列螺旋式熔断器
a—外形；b—结构

（3）RM10 系列无填料封闭管式熔断器（如图 1-14 所示）。主要用于交流额定电压 380V 及以下、直流 440V 及以下、电流在 600A 以下的电力线路中，作导线、电缆及电气设备的短路和连接过载保护。

（4）RT0 系列有填料封闭管式熔断器（如图 1-15 所示）。广泛用于交流 380V 及以下、短路电流较大的电力输配电系统中，作为线路及电气设备的短路保护及过载保护。

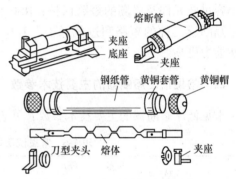

图 1-14　RM10 系列封闭管式熔断器

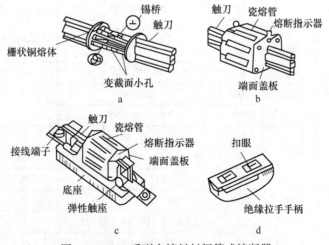

图 1-15　RT0 系列有填料封闭管式熔断器
a—熔体；b—熔管；c—熔断器；d—绝缘操作手柄

其他系列有填料封闭管式熔断器：RT12、RT15、RT14、RT19、RT18 等，如图 1-16 所示。

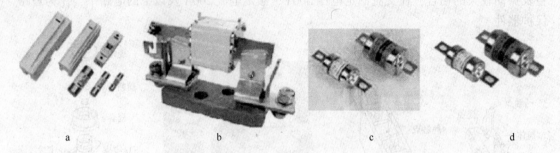

图 1-16　常见 RT 系列熔断器
a—RT14 系列圆筒形帽熔断器；b—RT0 系列有填料封闭管式熔断器；
c—RT12 系列螺栓连接熔断器；d—RT15 系列螺栓连接熔断器

（5）RS0、RS3、RLS 系列有填料快速熔断器（如图 1-17 所示）。主要用于半导体硅整流元件的过电流保护。RLS 系列主要用于小容量硅元件及成套的短路保护；RS0 和 RS3 系列主要用于大容量晶闸管元件的短路和过载保护。其中 RS3 系列的动作更快，分断能力更高。

图 1-17　RS0 系列
有填料快速熔断器

四、常见低压熔断器的主要技术参数

常见低压熔断器的主要技术参数，见表 1-6。

表 1-6　常见低压熔断器的主要技术参数

类别	型号	额定电压/V	额定电流/A	熔体额定电流/A	极限分断能力/kA	功率因数
瓷插式熔断器	RC1A	380	5	2、5	0.25	0.8
			10	2、4、6、10	0.5	
			15	6、10、15		
			30	20、25、30	1.5	0.7
			60	40、50、60	3	0.6
			100	80、100		
			200	120、150、200		
螺旋式熔断器	RL1	500	15	2、4、6、10、15	2	≥0.3
			60	20、25、30、35、40、50、60	3.5	
			100	60、80、100	20	
			200	100、125、150、200	50	
	RL2		25	2、4、6、10、15、20、25	1	
			60	25、35、50、60	2	
			100	80、100	3.5	

续表 1-6

类别	型号	额定电压/V	额定电流/A	熔体额定电流/A	极限分断能力/kA	功率因数
无填料封闭管式熔断器	RM10	380	15	6、10、15	1.2	0.8
			60	15、20、25、35、45、60	3.5	0.7
			100	60、80、100	10	0.35
			200	100、125、160、200		
			350	200、225、260、300、350		
			600	350、430、500、600	12	0.35
有填料封闭管式熔断器	RT0	AC380 DC440	100	30、40、50、60、100	交流50 直流25	>0.3
			200	120、150、200、250		
			400	300、350、400、450		
			600	500、550、600		
有填料封闭管式圆筒形	RT18	380	32	2、4、6、8、10、12、16、20	100	0.1~0.2
				25、32		
			63	2、4、6、8、10、16、20、25		
				32、40、50、63		
快速熔断器	RLS2	500	30	16、20、25、30	50	0.1~0.2
			63	35、45、50、63		
			100	75、80、90、100		

五、熔断器的符号、型号

熔断器的符号及型号如图 1-18 所示。

图 1-18　熔断器的符号

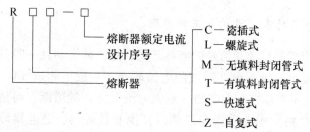

六、熔断器的选择

对熔断器的选用主要包括熔断器类型、熔断器额定电压、熔断器额定电流和熔体额定电流的选用。

（1）熔断器类型的选用。根据使用环境、负载性质和短路电流的大小选用适当类型的熔断器。例如，对于容量较小的照明电路，可选用 RT 系列圆筒帽形熔断器或 RC1A 系列瓷插式熔断器；对于短路电流相当大的电路或易燃气体的环境，应选用 RT0 系列有填料封闭管式熔断器；在机床控制线路中，多选用 RL 系列螺旋式熔断器；用于半导体功率元件及晶闸管的保护时，应选用 RS 或 RLS 系列快速熔断器。

（2）熔断器额定电压和额定电流的选用。熔断器的额定电压必须等于或大于线路的额定电压；熔断器的额定电流必须等于或大于所装熔体的额定电流；熔断器的分断能力应大于电路中可能出现的最大短路电流。

（3）熔体额定电流的选用。

1）对于照明和电热等电流较平稳、无冲击电流的负载的短路保护，熔体的额定电流应等于或稍大于负载的额定电流。

2）单台电动机：电动机能够正常起动，其冲击电流不大时可选用较小的熔件；而机械负载较重电机难以起动，起动电流较大或频繁起动的电动机则选用较大的熔件。一般按下式计算：

熔体额定电流　　　　　$I_{RN} \geq (1.5 \sim 2.5) I_N$

3）多台电动机：分支电路中主干线上熔断器的选择：一般以计算电流 I_{Nmin} 为熔断器熔件的最大电流值（额定电流）。按电机容量最大的一台的起动电流与其余电机的额定电流的总和来考虑。

$$I_{RN} \geq (1.5 \sim 2.5) I_{Nmax} + \sum I_N$$

式中　　I_{Nmax}——容量最大的一台电机的额定电流；

　　　　$\sum I_N$——其余电动机额定电流的总和。

子情境 4　主 令 电 器

主令电器主要用来接通或断开控制电路，以发布命令或信号，改变控制系统工作状态，以获得远距离控制的电器。主令电器应用广泛，种类繁多。常用的主令电器有控制按钮、行程开关、接近开关、万能转换开关、主令控制器等。

一、控制按钮

（一）控制按钮的功能、结构及工作原理

（1）功能：发出控制指令和信号的电器开关，是一种手动且一般自动复位的主令电器。按钮的触头允许通过的电流较小，一般不超过 5A。因此，一般情况下，它不直接控制主电路（或大电流电路）的通断，而是在控制电路（小电流电路）中发出指令或信号，控制接触器、继电器等电器，再由它们去控制主电路的通断、功能转换或电气联锁。如图 1-19 所示。

（2）结构、工作原理：按钮一般由按钮帽、复位弹簧、桥式动触头、静触头、支柱连杆及外壳等部分组成，如图 1-20 所示。

按钮按不受外力作用时触头的分合状态，分为启动按钮（常开按钮）、停止按钮（常闭按钮）和复合按钮（常开、常闭触头组合为一体的按钮）。图 1-19　外形

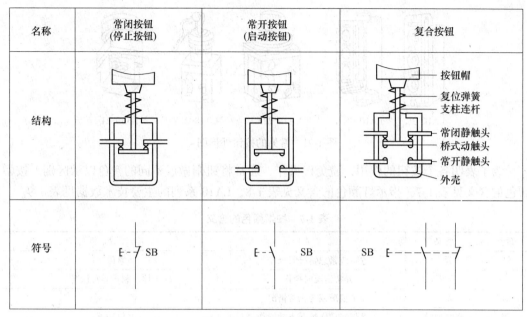

图 1-20　按钮结构与符号

对于启动按钮，按下按钮帽时触头闭合，松开后触头自动断开复位；对于停止按钮，按下按钮帽时触头分断，松开后触头自动闭合。对于复合按钮是当按下按钮帽时，桥式动触头向下运动，使常闭触头先断开后，常开触头才闭合；松开按钮帽时，则常开触头先分断复位后，常闭触头再闭合复位。

（二）按钮的型号、含义、主要技术数据

按钮的型号及含义如下：

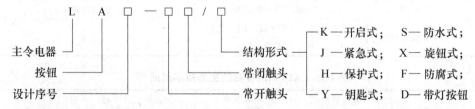

按钮的结构形式多种多样，适用于不同的场合；紧急式装有突出的蘑菇形钮帽，以便于紧急操作；指示灯式在透明的按钮内装入信号灯，用作信号显示；钥匙式为了安全起见，需用钥匙插入方可旋转操作等。常见的按钮如图 1-21 所示。

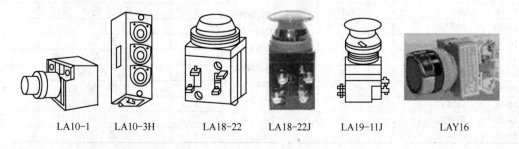

LA10-1　　LA10-3H　　　　LA18-22　　　LA18-22J　　　LA19-11J　　　LAY16

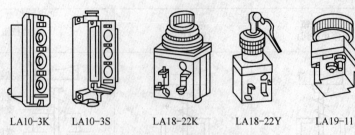

LA10-3K　LA10-3S　　LA18-22K　　LA18-22Y　　LA19-11

图 1-21　常见的按钮外形图

　　为了表明各个按钮的作用，避免误操作，通常将钮帽做成不同的颜色以示区别。按帽颜色的含义见表 1-7，指示灯颜色的含义见表 1-8，LA10 系列的主要技术数据见表 1-9。

表 1-7　按帽颜色的含义

颜色	含义	说　明	应用举例
红	紧急	危险或紧急情况时操作	急停
黄	异常	异常情况时操作	干预、制止异常情况
绿	安全	安全情况或为正常情况	启动/接通
蓝	强制性的	要求强制动作情况下的操作	复位功能
白	未赋予特定含义	除急停以外的一般功能的启动	启动/接通（优先），停止/断开
灰			启动/接通，停止/断开
黑			启动/接通，停止/断开（优先）

表 1-8　指示灯颜色的含义

颜色	含义	说　明	操作者的动作
红	紧急	危险情况	立即动作去处理危险情况
黄	异常	异常情况、紧急临界情况	监视和干预
绿	正常	正常情况	任选
蓝	强制性	指示操作者需要动作	强制性动作
白	无确定性质	其他情况，可用于红、绿、蓝色的应用有疑问时	监视

表 1-9　LA10 系列按钮的主要技术数据

型号	形式	触头数量		额定电压 额定电流 控制容量	按　钮	
		常开	常闭		钮数	颜色
LA10-1K	开启式	1	1		1	或黑、或绿、或红
LA10-2K	开启式	2	2		2	黑、红或绿、红
LA10-3K	开启式	3	3		3	黑、绿、红
LA10-1H	保护式	1	1	电压：AC380V	1	或黑、或绿、或红
LA10-2H	保护式	2	2	DC220V	2	黑、红或绿、红
LA10-3H	保护式	3	3	电流：5A	3	黑、绿、红
LA10-1S	防水式	1	1		1	或黑、或绿、或红
LA10-2S	防水式	2	2	容量：AC300VA	2	黑、红或绿、红
LA10-3S	防水式	3	3	DC60W	3	黑、绿、红
LA10-1F	防腐式	1	1		1	或黑、或绿、或红
LA10-2F	防腐式	2	2		2	黑、红或绿、红
LA10-3F	防腐式	3	3		3	黑、绿、红

（三）按钮的选用

（1）根据使用场合和具体用途选择按钮的种类。例如，嵌装在操作面板上的按钮可选用开启式；需显示工作状态的选用光标式；需要防止无关人员误操作的重要场合宜用钥匙操作式；在有腐蚀性气体处要用防腐式。

（2）根据工作状态指示和工作情况要求，选择按钮或指示灯的颜色。例如，启动按钮可选用白、灰或黑色，优先选用白色，也可选用绿色；急停按钮应选用红色。停止按钮可选用黑、灰或白色，优先用黑色，也可选用红色。

（3）根据控制回路的需要选择按钮的数量。如单联钮、双联钮和三联钮。

二、行程开关

（一）行程开关的功能、结构和符号

（1）功能。行程开关是用以反应工作机械的行程，发出命令控制其运动方向或行程大小的主令电器。

行程开关的作用原理与按钮相同，不同点是利用生产机械运动部件的碰压使其触头动作，从而将机械信号转变为电信号，使运动机械按一定的位置或行程实现自动停止、反向运动、变速运动或自动往返运动等。

（2）结构、符号。行程开关由操作头、触头系统和外壳三个部分组成。符号如图1-22所示。常见的行程开关如图1-23所示。

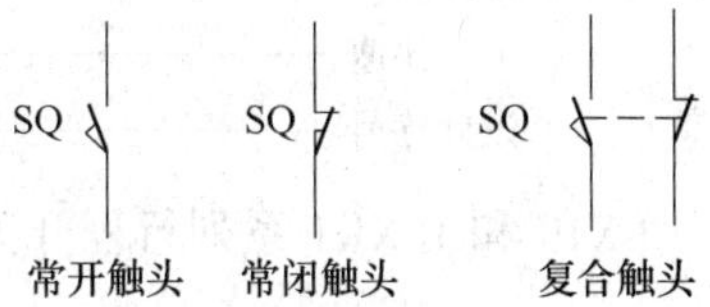
SQ
SQ
SQ
常开触头
常闭触头
复合触头

图1-22　行程开关符号

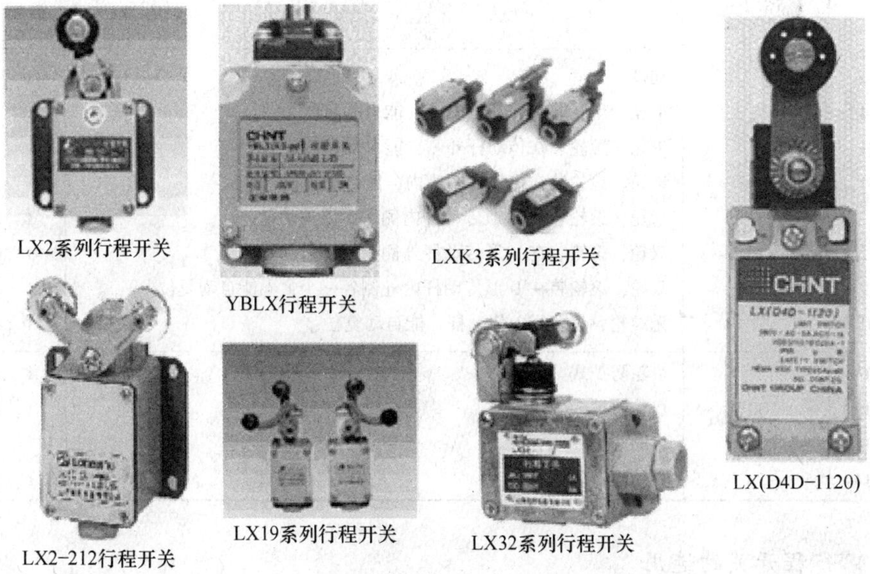
LX2系列行程开关
YBLX行程开关
LXK3系列行程开关
LX2-212行程开关
LX19系列行程开关
LX32系列行程开关
LX(D4D-1120)
CHNT

图1-23　常见的行程开关

行程开关又称限位开关，能将机械位移转变为电信号，以控制机械运动。种类按运动形式分为直动式、转动式；按结构分为直动式、滚动式、微动式；按操作方式有瞬动型和蠕动型。

（二）行程开关的型号、含义、主要技术数据

行程开关的型号、含义如下：

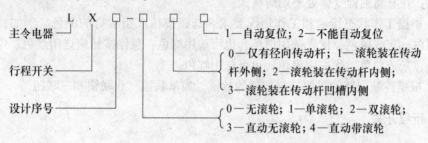

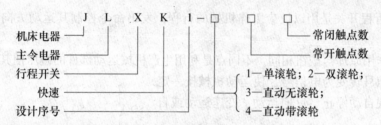

LX19 和 JLXK1 系列行程开关的主要数据见表 1-10。

表 1-10　LX19 和 JLXK1 系列行程开关的主要技术数据

型号	额定电压 额定电流	结　构　特　点	触头对数	
			常开	常闭
LX19		元件	1	1
LX19-111		单轮，滚轮装在传动杆内侧，能自动复位	1	1
LX19-121		单轮，滚轮装在传动杆外侧，能自动复位	1	1
LX19-131	380V	单轮，滚轮装在传动杆凹槽内，能自动复位	1	1
LX19-212	5A	双轮，滚轮装在 U 形传动杆内侧，不能自动复位	1	1
LX19-222		双轮，滚轮装在 U 形传动杆外侧，不能自动复位	1	1
LX19-232		双轮，滚轮装在 U 形传动杆内外侧各一个，不能自动复位	1	1
LX19-001		无滚轮，仅有径向传动杆，能自动复位	1	1
JLXK1-111		单轮防护式	1	1
JLXK1-211	500V	双轮防护式	1	1
JLXK1-311	5A	直动防护式	1	1
JLXK1-411		直动滚轮防护式	1	1

（三）行程开关的选用

行程开关的主要参数是型式、工作行程、额定电压及触头的电流容量。主要根据动作要求、安装位置、触头数量以及电流、电压等级来进行选择。

三、接近开关

(一) 功能

接近开关是一种无接触式物体检测装置。也就是某一物体接近某一信号机构时，信号机构发出"动作"信号的开关。接近开关又称无触点行程开关，当检测物体接近它的工作面并达到一定距离时，不论检测体是运动的还是静止的，接近开关都会自动地发出物体接近而"动作"的信号，而不像机械式行程开关那样需施以机械力。

接近开关是一种无触点、与运动部件无机械接触而能操作的行程开关，具有动作可靠、性能稳定、频率响应快、使用寿命长、抗干扰能力强、防水、防震、耐腐蚀等特点，目前应用范围越来越广泛。

(二) 结构和工作原理

接近开关的种类很多，按工作原理可分为高频振荡型、感应电桥型、霍尔效应型、光电型、永磁及磁敏元件型、电容型和超声波型，其中高频振荡型应用最为广泛。但不论何种类型的接近开关，其基本组成都是由信号发生机构（感测机构）、振荡器、检波器、鉴幅器和输出电路组成，如图 1-24 所示。

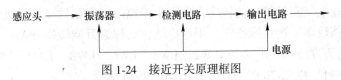

图 1-24　接近开关原理框图

工作原理如下：当有金属物体接近一个以一定频率稳定振荡的高频振荡器的感应头时，由于电磁感应，该物体内部产生涡流损耗，以致振荡回路等效电阻增大，能量损耗增加，使振荡减弱直至终止。检测电路根据振荡器的工作状态控制输出电路的工作，输出信号去控制继电器或其他电器，达到控制目的。通常把接近开关刚好动作时感应头与检测体之间的距离称为检测距离。

目前市场上接近开关的产品很多，型号各异。例如：LXJO 型、LJ-1 型、LJ-2 型、LJ-3型、CJK 型、JKDX 型、JKS 型、J 系列型，它们的外形有圆柱型、方型、普通型、分离型、槽型等。其外形和符号如图 1-25 所示。

图 1-25　接近开关

a—外形；b—符号

（三）型号

LJ 型开关的表示方法如下：

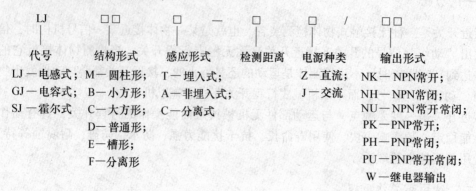

代号　　　　结构形式　　　　感应形式　　　检测距离　　电源种类　　　　输出形式

LJ—电感式；　M—圆柱形；　T—埋入式；　　　　　　　　Z—直流；　　NK—NPN常开；

GJ—电容式；　B—小方形；　A—非埋入式；　　　　　　　J—交流　　　NH—NPN常闭；

SJ—霍尔式　　C—大方形；　C—分离式　　　　　　　　　　　　　　　　NU—NPN常开常闭；

　　　　　　　D—普通形；　　　　　　　　　　　　　　　　　　　　　　PK—PNP常开；

　　　　　　　E—槽形；　　　　　　　　　　　　　　　　　　　　　　　PH—PNP常闭；

　　　　　　　F—分离形　　　　　　　　　　　　　　　　　　　　　　　PU—PNP常开常闭；

　　　　　　　　　　　　　　　　　　　　　　　　　　　　　　　　　　　W—继电器输出

四、万能转换开关

（一）功能

万能转换开关是由多组相同的触头组件叠装而成、控制多回路的主令电器。主要用于控制线路的转换及电气测量仪表的转换，也可用于控制小容量异步电动机的启动、换向及变速。由于触头挡数多、换接线路多、用途广泛，故称为万能转换开关。

目前常用的万能转换开关有 LW2、LW5、LW6、LW8、LW9、LW10-10、LW12、LW15 和 3LB、3ST1、JXS2-20 等系列，外形如图 1-26 所示。

（二）结构、工作原理、符号

万能转换开关主要由接触系统、操作机构、转轴、手柄、定位机构等部件组成，用螺栓组装成一个整体。接触系统由许多接触元件组成，每一接触元件均有一胶木触头座，中间装有一对或三对触头，分别由凸轮通过支架操作。操作时，手柄带动转轴和凸轮一起旋转，凸轮即可推动触头接通或断开，如图 1-27 所示。由于凸轮的形状不同，当手柄处于不同的操作位置时，触头的分合情况也不同，从而达到换接电路的目的。

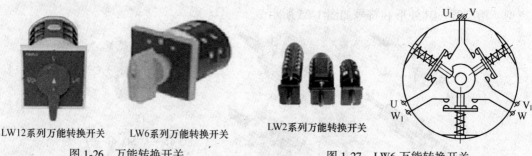

LW12系列万能转换开关　　LW6系列万能转换开关　　　LW2系列万能转换开关

图 1-26　万能转换开关　　　　　　　　　　　　　图 1-27　LW6 万能转换开关

万能转换开关在电路图中的符号如图 1-28 所示，图中"—○—"代表一路触头，竖的虚线表示手柄位置。当手柄置于某一个位置上时，处于接通状态的触头下方虚线上就标注黑点"."。触头的通断用触头分合表表示，如图 1-29 所示。

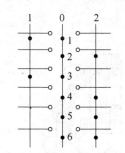

图 1-28　万能转换开关符号

触头号	1	0	2
1	×	×	
2		×	×
3	×	×	
4		×	×
5		×	×
6		×	×

图 1-29　万能转换开关触头分合表

（三）型号

LWS 型开关的表示方法如下：

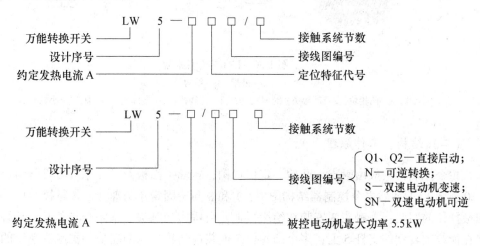

（四）万能转换开关的选用

LW5 系列万能转换开关适用于交流频率 50Hz、额定电压至 500V 及以下，直流电压至 440V 的电路中转换电气控制线路（电磁线圈、电气测量仪表和伺服电动机等），也可直接控制 5.5kW 三相笼型异步电动机、可逆转换、变速等。

万能转换开关主要根据用途、接线方式、所需触头挡数和额定电流来选择。

五、主令控制器

（一）功能

主令控制器是按照程序换接控制电路接线的主令电器，主要用于电力拖动系统中，按照预定的程序分合触头，向控制系统发出指令，通过接触器达到控制电动机的启动、制动、调速及反转的目的，同时也可实现控制线路的联锁作用。它操作比较轻便允许每小时通电次数较多，触点为双断点桥式结构，特别适用于按顺序操作的多个控制回路。

目前生产中常用的主令控制器有 LK1、LK4、LK5、LK16 等系列，其外形如图 1-30 所示。

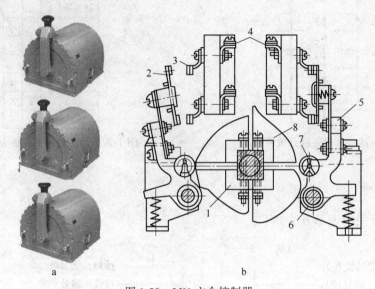

图 1-30　LK1 主令控制器

a—外形；b—结构

1, 8—凸轮块；2—动触头；3—静触头；4—接线柱；5—支杆；6—转轴；7—小轮

（二）结构、工作原理

主令控制器一般由触点、凸轮、定位机构、转轴、面板及其支承件等部分组成。在图 1-30 所示 LK1 系列主令控制器结构图中，1 和 8 凸轮固定于方轴上；4 是接线柱，由它连向被操作的回路；静触头 3 安装在绝缘板上，由桥式动触头 2 来闭合与断开；动触头 2 固定在能绕轴转动的支杆 5 上；多个凸轮块 8 嵌装成凸轮鼓，凸轮块根据触头系统的开闭顺序制成不同角度的凸出轮缘，每个凸轮块控制两副触头。当转动手柄时，方形转轴带动凸轮块转动，凸轮块的凸出部分压动小轮 7，使动触头 2 离开静触头 3，分断电路；当转动手柄使小轮 7 位于凸轮块 8 的凹处时，在复位弹簧的作用下使动触头和静触头闭合，接通电路。可见触头的闭合和分断顺序是由凸轮块的形状决定的。

从结构型式来看，主令控制器有两种类型：一种是凸轮调整式主令控制器，它的凸轮片上开有孔和槽，凸轮片的位置可根据给定的触点分合表进行调整，如 LK4 系列主令控制器；另一种是凸轮非调整式主令控制器，其凸轮不能调整，只能按触点分合表做适当的排列组合，如 LK1、LK5、LK16 系列主令控制器。

（三）主令控制器的型号、符号

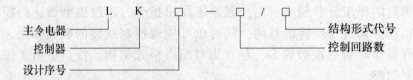

LK1-12/90 型主令控制器符号如图 1-31 所示，其触头分合表见表 1-11。

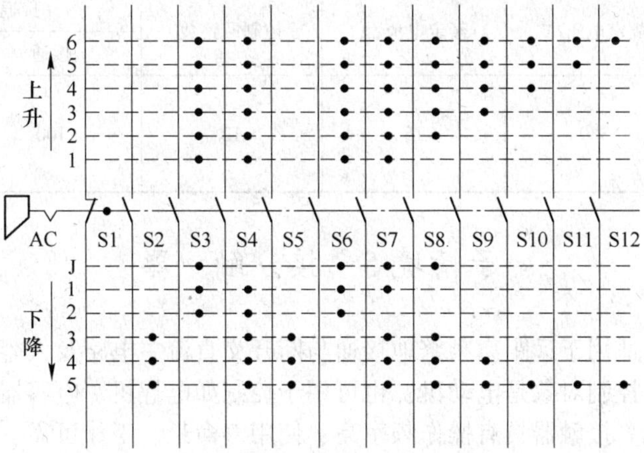

图 1-31　LK1-12/90 型主令控制器符号

表 1-11　LK1-12/90 型主令控制器触头分合表

触头	下降						零位	上升					
	5	4	3	2	1	J	0	1	2	3	4	5	6
S1							×						
S2	×	×	×										
S3				×	×	×		×	×	×	×	×	×
S4	×	×	×	×				×	×	×	×	×	×
S5	×	×	×										
S6				×	×			×	×	×	×	×	×
S7	×	×	×					×	×	×	×	×	×
S8	×	×	×			×		×	×	×	×	×	×
S9	×	×								×	×	×	×
S10	×										×	×	×
S11	×											×	×
S12	×												×

（四）主令控制器的选用

主令控制器主要根据使用环境、所需控制的回路数、触头闭合顺序等进行选择。常用的 LK1 和 LK14 系列主令控制器的主要技术数据见表 1-12。

表 1-12　LK1 和 LK14 系列主令控制器的主要技术数据

型号	额定电压/V	额定电流/A	控制回路数	接通与分断能力 A	
				接通	分断
LK1-12/90					
LK1-12/96	380	15	12	100	15
LK1-12/97					

续表 1-12

型号	额定电压/V	额定电流/A	控制回路数	接通与分断能力 A	
				接通	分断
LK14-12/90					
LK14-12/96	380	15	12	100	15
LK14-12/97					

子情境 5　接　触　器

接触器是一种适用于远距离频繁地接通与断开交直流主电路及大容量控制电路的自动切换电器。其主要控制对象是电动机，也可用于控制如电焊机、电容器组、电热装置、照明设备等其他负载。接触器具有操作频率高、使用寿命长、工作可靠、性能稳定、维修方便等优点，同时具有欠压和失压自动释放保护功能，是用途广泛的控制电器之一。

接触器的品种较多，按其线圈通过电流种类不同可分为交流接触器与直流接触器。

一、交流接触器

（一）交流接触器的结构和符号

交流接触器主要由电磁系统、触头系统、灭弧装置和辅助部件等组成。交流接触器的结构示意图如图 1-32 所示。

1. 电磁系统

电磁系统主要由线圈、静铁芯和动铁芯（衔铁）三部分组成。静铁芯在下，衔铁在上，线圈装在静铁芯上。铁芯是交流接触器发热的主要部件，静、动铁芯一般用 E 形硅钢片叠压而成，以减小铁芯的磁滞和涡流损耗，避免铁芯过热。另外在 E 形铁芯的中柱端面留有 0.1~0.2mm 的气隙，以减小剩磁影响，避免线圈断电后衔铁粘住不能释放。铁芯的端面上嵌有短路环，如图 1-33 所示，用以消除电磁系统的振动和噪声。线圈做成粗

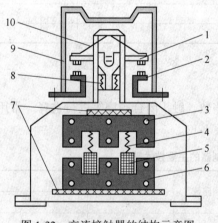

图 1-32　交流接触器的结构示意图

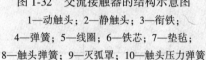

1—动触头；2—静触头；3—衔铁；
4—弹簧；5—线圈；6—铁芯；7—垫毡；
8—触头弹簧；9—灭弧罩；10—触头压力弹簧

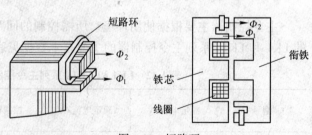

图 1-33　短路环

而短的圆筒形，且在线圈和铁芯之间留有空隙，以增强铁芯的散热效果。

衔铁运动方式有两种，即衔铁直线运动的螺管式和衔铁绕轴转动的拍合式，如图 1-34 所示。对于额定电流为 40A 及以下的接触器，采用衔铁直线运动的螺管式；对于额定电流为 60A 及以上的接触器，采用衔铁绕轴转动的拍合式。

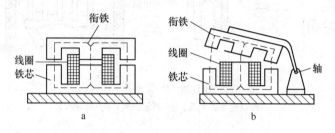

图 1-34　交流接触器电磁系统结构图

a—衔铁直线运动式；b—衔铁绕轴转动拍合式

2. 触头系统

触头是接触器的执行元件，用来接通和断开电路。交流接触器的触头按接触情况可分为点接触式、线接触式和面接触式；按触头的结构形式可分为桥式触头和指形触头，如图 1-35 所示。CJ10 系列交流接触器的触头一般采用双断点桥式触头。

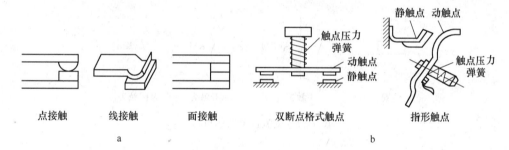

图 1-35　交流接触器触头系统结构图

a—触点的三种接触形式；b—触点的结构形式

交流接触器的触头按通断能力可分为主触头和辅助触头。主触头用以通断电流较大的主电路，一般由三对常开触头组成。辅助触头用以通断电路较小的控制电路，一般由两对常开触头和两对常闭触头组成。常开触头和常闭触头是联动的，当线圈通电时，常闭触头先断开，常开触头后闭合，中间有一个很短的时间差；当线圈断电时，常开触头先恢复断开，常闭触头后恢复闭合，中间也存在一个很短的时间差。

3. 灭弧装置

交流接触器分断大电流电路时，往往会在动、静触点之间产生很强的电弧。电弧一方面会烧伤触头，另一方面会使电路切断时间延长，甚至会引起其他事故。因此，灭弧是接触器的主要任务之一。

灭弧装置的作用是熄灭触头分断时产生的电弧，以减轻对触头的灼伤，保证可靠的分断电路。交流接触器常采用的灭弧装置有双断口结构的电动力灭弧装置、纵缝灭弧装置和栅片灭弧装置，如图 1-36 所示。CJ10-10 型交流接触器采用双断口结构的电动力灭弧装置；CJ10 系列交流接触器额定电流在 20A 及以上的，常采用纵缝灭弧装置；对于容量较大的交流接触器，多采用栅片灭弧装置。

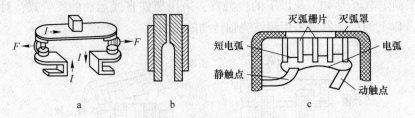

图 1-36　灭弧装置

a—双断口电动力灭弧；b—纵缝灭弧；c—栅片灭弧

4. 其他部分

交流接触器的其他部分有底座、反力弹簧、缓冲弹簧、触点压力弹簧、传动机构和接线柱等。反力弹簧是当线圈断电后，迅速带动触头复位；缓冲弹簧是缓冲衔铁在吸合时对静铁芯和外壳的冲击力，保护外壳；触头压力弹簧是增加动、静触头间的压力，从而增大接触面积，以减小接触电阻，防止触头过热损伤；传动机构是在衔铁或反作用弹簧的作用下，带动动触头实现与静触头的接通或分断。

交流接触器的符号如图 1-37 所示。

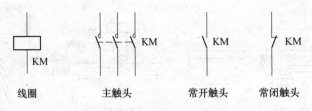

图 1-37　交流接触器的符号

(二) 工作原理

交流接触器的工作原理如图 1-38 所示。当交流接触器电磁系统中的线圈 6、7 间通入交流电以后，铁芯 8 被磁化，产生大于反力弹簧 10 的电磁力，将衔铁 9 吸合。一方面，带动了常开主触头 1、2、3 闭合，接通主电路；另一方面，常闭辅助触头（4、5 处）首先断开，接着常开辅助触头（也在 4、5 处）闭合。当线圈断电或外加电压太低时，在反力弹簧 10 的作用下衔铁 9

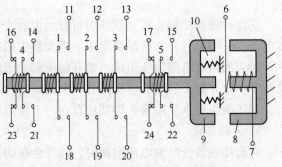

图 1-38　交流接触器的工作原理图

释放，常开主触头 1、2、3 断开，切断主电路；常开辅助触头首先断开，接着常闭辅助触头恢复闭合。

图 1-38 所示电路中，11~17、18~24 为各触点的接线柱。

（三）交流接触器的型号及含义

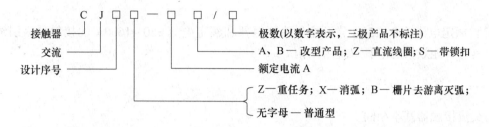

接触器 —— C J □ □ — □ □ / □

接触器 ——— C J
交流 ——— J
设计序号 ———

极数(以数字表示，三极产品不标注)
A、B — 改型产品；Z—直流线圈；S—带锁扣
额定电流 A
Z—重任务；X—消弧；B—栅片去游离灭弧；
无字母 — 普通型

二、直流接触器

直流接触器主要供远距离接通与断开额定电压至 660V、额定电流 1600A 以下的直流电力线路之用，并适宜于直流电动机的频繁启动、停止、换向及反接制动。

（一）直流接触器的结构

直流接触器和交流接触器一样，也是由触点系统，电磁机构和灭弧装置等部分组成。

1. 触点系统

直流接触器有主触头和辅助触头。主触头允许通过较大的电流，一般做成单极或双极，采用滚动接触的指形触头。辅助触头通过的电流较小，常采用点接触的双断点桥式触头。

2. 电磁机构

因为线圈中流过的是直流电，铁芯不会产生涡流，所以铁芯可用整块铸铁或铸钢制成，也不需要安装短路环。铁芯中无磁滞和涡流损耗，因而铁芯不发热。线圈的匝数较多，电阻大，线圈本身发热，因此吸引线圈做成长而薄的圆筒状，且不设线圈骨架，使线圈与铁芯直接接触，以便散热。

为了减小直流接触器运行时的线圈功耗，延长吸引线圈的使用寿命，对容量较大的直流接触器的线圈往往采用串联双绕组，其接线图如图 1-39 所示。把接触器的一个常闭触头与保持线圈并联，在电路刚接通瞬间，保持线圈被常闭触头短路，可使启动线圈获得较大的电流和吸力。当接触器动作后，启动线圈和保持线圈串联通电，由于电压不变，所以电流较小，但仍可保持衔铁被吸合，从而达到省电的目的。

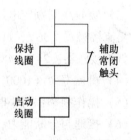

保持线圈　　　辅助常闭触头

启动线圈

图 1-39　双绕组线圈接线图

3. 灭弧装置

直流接触器一般采用磁吹式灭弧装置。直流接触器在结构上有如下特征：

（1）额定电流 150A 及以下的结构为上下两层立体式布置，桥式双断点串联磁吹陶土灭弧的主触头系统和额定发热电流为 5A 二常开二常闭桥式双断点辅助触头都固定在拍合式磁系统背面上。

（2）额定电流 250A 及以上的结构为平面布置，指形单断点串联磁吹陶土灭弧罩灭弧的主触头系统和绕经硬化处理的楞角转动的拍合式磁系统一前一后固定在底架上，额定发热电流为 10A 的五对常开常闭可任意组合的桥式双断点辅助触头固定在磁系统背面上。

（3）额定电流 100～150A 常开主触头接触器和额定电流 250～1600A 的接触器吸引线圈都是具有节能效果的串联双绕组结构。

（二）工作原理和符号

与交流接触器基本相同。

（三）直流接触器的型号及含义

直流接触器 CZ18 的表示方法如下：

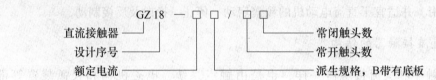

三、接触器的主要技术参数及常用的接触器

（一）接触器主要技术参数

（1）额定电压：指主触头的额定工作电压。

交流接触器：36V、127V、220V、380V、500V；

直流接触器：24V、48V、110V、220V、440V。

（2）额定电流：指主触头的额定电流。

交流接触器：5A、10A、20A、40A、60A、100A、150A、250A、400A、600A；

直流接触器：40A、80A、100A、150A、250A、400A、600A。

（3）吸收线圈额定电压。

交流接触器：36V、110（127）V、220V、380V；

直流接触器：24V、48V、220V、440V。

（4）机械寿命（1000 万次以上）与电气寿命（100 万次以上）。

（5）操作频率：每小时的操作次数。一般：300 次/h、600 次/h、1200 次/h。

（6）接通与分断能力：可靠接通和分断的电流值。在此电流值下，接通时，主触头不应发生熔焊；分断时，主触点不应发生长时间燃弧。

（二）常用的接触器及技术数据

目前常用的交流接触器有：CJ20、CJ24、CJ26、CJ28、CJ29、CJT1、CJ40 和 CJX1、CJX2、CJX3、CJX4、CJX5、CJX8 系列以及 NC2、NC6、B、CDC、CK1、CK2、EB、HC1、HUC1、CKJ5、CKJ9 等系列。部分常用的交流接触器如图 1-40 所示。技术数据见表 1-13、表 1-14。

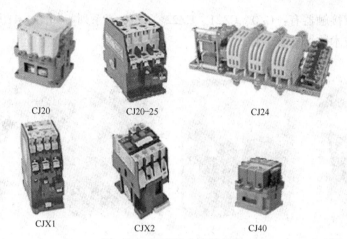

CJ20　　　　　　　CJ20-25　　　　　　CJ24

CJX1　　　　　　　CJX2　　　　　　　CJ40

图 1-40 常用的交流接触器

表 1-13 CJ10 系列交流接触器的技术数据

型号	额定电压/V	主触头		辅助触头		线圈		可控制电动机的最大功率/kW		操作频率
		额定电流/A	对数	额定电流/A	对数	电压/V	功率/V·A	200V	380V	
CJ10-10	380	10	3	5	2常开2常闭	36	11	2.2	4	≤600
CJ10-20		20				110	22	5.5	10	
CJ10-40		40				220	32	11	20	
CJ10-60		60				380	70	17	30	

表 1-14 CJ20 系列交流接触器的技术数据

型号	极数	额定电压/V	约定发热电流/A	额定电流/A	操作频率/次·h⁻¹	机械寿命/万次	辅助触头	
							约定发热电流/A	触头组合
CJ20-10	3	220	10	10	1200	1000	10	2常开2常闭
		380		10	1200			
		660		5.8	600			
CJ20-16		220	16	16	1200			
		380		16	1200			
		660		13	600			
CJ20-25		220	32	25	1200			
		380		25	1200			
		660		16	600			
CJ20-40		220	55	40	1200			
		380		40	1200			
		660		25	600			
CJ20-63		220	80	63	1200			
		380		63	1200			
		660		40	600			
CJ20-100		220	125	100	1200			
		380		100	1200			
		660		53	600			
CJ20-160		220	200	160	1200			
		380		160	1200			
		660		100	600			
CJ20-160/11		1140	200	80	300			

常用的直流接触器有：CZ0、CZ21、CZ22、CZ18 等系列。如图 1-41 所示。CZ0 系列直流接触器的技术数据见表 1-15。

CZ0-5　　　　　　　CZ21　　　　　　　CZ18　　　　　　　CZ0

图 1-41　常用的直流接触器

表 1-15　CZ0 系列直流接触器的技术数据

型 号	额定电压/V	额定电流/A	操作频率/次·h⁻¹	主触头		辅助触头		最大分断电流/A	吸引线圈	
				常开	常闭	常开	常闭		额定电压/V	消耗功率/W
CZ0-40/20	440	40	1200	2	0		2	160	可为 24、48、110、220、440	22
CZ0-40/02		40	600	0	2		2	100		24
CZ0-100/10		100	1200	1	0		2	400		24
CZ0-100/01		100	600	0	1		1	250		180/24
CZ0-100/20		100	1200	2	0	2	2	400		30
CZ0-150/10		150	1200	1	0		2	600		30
CZ0-150/01		150	600	0	1		1	375		300/25
CZ0-150/20		150	1200	2	0		2	600		40
CZ0-250/10		250	600	1	0	可以在 5 常开、1 常闭与 5 常闭、1 常开之间任意组合		1000		230/31
CZ0-250/20		250	600	2	0			1000		290/40
CZ0-400/10		400	600	1	0			1600		350/28
CZ0-400/20		400	600	2	0			1600		430/43
CZ0-600/10		600	600	1	0			2400		320/50

四、接触器的选择

（1）根据电路中负载电流的种类选择接触器的类型

通常交流负载选用交流接触器，直流负载选用直流接触器。如果控制系统中主要是交流负载，而直流负载容量较小时，也可用交流接触器控制直流负载，但触头的额定电流应适当选大一些。

交流接触器按负荷种类一般分为一类、二类、三类和四类，分别记为 AC1、AC2、

AC3、AC4。AC1 控制对象是无感或微感负荷，如白炽灯、电阻炉等；AC2 用于绕线转子异步电动机的启动和停止；AC3 的典型用途是笼型异步电动机的运转和运行中断；AC4 用于笼型异步电动机的启动、反接制动、反转和点动。

（2）选择接触器主触头的额定电压

接触器主触头的额定电压应不小于所控制线路的额定电压。

（3）选择接触器主触头的额定电流

接触器主触头的额定电流应不小于负载的额定电流。

在实际应用中，接触器主触头的额定电流也常常按下面的经验公式计算：

$$I_C = P_N \times 10^3 / K U_N$$

式中　K——经验系数，取 1~1.4；

　　　P_N——被控制电动机的额定功率，kW；

　　　U_N——被控制电动机的额定电压，V；

　　　I_C——接触器主触头额定电流，A。

（4）选择接触器吸引线圈的额定电压

当控制线路简单、使用电器较少时，可直接选用 380V 或 220V 的电压。若线路较复杂，使用电器的个数超过 5 只时，可选用 36V 或 110V 电压的线圈，以保证安全。

（5）选择接触器触头的容量和种类

接触器的触头数量和种类应满足控制线路的要求。

五、接触器的使用注意事项

（1）因为分断负荷时有火花和电弧产生，开启式的不能用于易燃易爆的场所和有导电性粉尘多的场所，也不能在无防护措施的情况下在室外使用。

（2）使用时，应注意触头和线圈是否过热。

（3）交流接触器控制电机或线路时，必须与过电流保护器配合使用。

（4）短路环和电磁铁吸合面要保持完好、清洁。

（5）接触器安装在控制箱或防护外壳内时，由于散热条件差，环境温度较高，应适当降低容量使用。

＊六、接触器常见故障分析

接触器在长期使用过程中，由于自然磨损或使用维护不当，会产生故障而影响正常工作。由于接触器是一种典型的电磁式电器，它的某些组成部分，如电磁系统、触头系统是电磁式电器所共有的，因此，这里讨论的内容，也适用于其他电磁式电路。

故障 1：吸不上或吸力不足，即触头已闭合而铁芯尚未完全吸合。

可能的原因和处理方法：

（1）电源电压太低或波动大，可调高电源电压；

（2）操作回路电源容量不足或发生断线、配线错误及触头接触不良，可增加电源容量，更换线路，修理控制触头；

（3）线圈技术参数与使用条件不符，可更换线圈；

（4）产品本身受损，可更换新品；

（5）触头弹簧压力过大，可按要求调整触头参数。

故障2：衔铁不释放或释放缓慢。

可能的原因和处理方法：

（1）触头弹簧压力过小，可调整触头参数；

（2）触头熔焊，可排除熔焊故障，更换触头；

（3）机械可动部分被卡住，转轴生锈或歪斜，可排除卡住现象，修理受损零件；

（4）反力弹簧损坏，可更换反力弹簧；

（5）铁芯极面沾有污垢或尘埃，可清理铁芯极面；

（6）铁芯磨损过大，可更换铁芯。

故障3：电磁铁交流噪声大。

可能的原因和处理方法：

（1）电源电压过低，可提高操作回路电压；

（2）触头弹簧压力过大，可调整触头弹簧压力；

（3）短路环断裂，可更换短路环；

（4）铁芯极面有污垢，可清除铁芯极面；

（5）磁系统歪斜或机械卡住，使铁芯不能吸平，可排除机械卡住的故障；

（6）铁芯极面过度磨损而不平，可更换铁芯。

故障4：线圈过热或烧坏。

可能的原因和处理方法：

（1）电源电压过高或过低，可调整电源电压；

（2）线圈技术参数与实际使用条件不符，可调换线圈或接触器；

（3）操作频率过高，可选择其他合适的接触器；

（4）线圈匝间短路，可排除短路故障，更换线圈。

故障5：触头灼伤或熔焊。

可能的原因和处理方法：

（1）触头压力过小，可调高触头弹簧压力；

（2）触头表面有金属颗粒异物，可清理触头表面；

（3）操作频率过高，或工作电流过大，断开容量不够，可调换容量较大的接触器；

（4）长期过载使用，可调换合适的接触器；

（5）负载侧短路，可排除短路故障，更换触头。

子情境6　继　电　器

继电器是一种根据某种输入信号的变化，接通或断开控制电路，实现自动控制和保护电力拖动装置的电器。其输入量可以是电压、电流等电量，也可以是温度、压力、时间、速度等非电量。

继电器种类很多，按用途可分为控制电器、保护电器；按工作原理可分为电磁式继电器、感应式继电器、电动式继电器、热力式继电器、电子式继电器；按动作信号可分为电流继电器、电压继电器、时间继电器、速度继电器、温度继电器、压力继电器；按输出方式可分为有触点电器、无触点电器。

继电器一般由感测机构、中间机构和执行机构三个基本部分组成。感测机构把感测到的电量或非电量传递给中间机构，将它与预定值（整定值）进行比较，当达到整定值时，中间机构便使执行机构动作，从而接通或断开电路。

继电器在控制线路中起传递信号的作用。

继电器与交流接触器根本任务都是闭合、分断电路，但工作性质、特点大有不同。不同之处如下：

（1）继电器用来切换自动控制，电力系统的保护、电讯、仪表和电子装置等小电流电路；接触器是一种用来控制电动机，电热设备和其他大功率系统的动力开关装置。

（2）继电器主触头上流过小电流，额定电压为 5A；接触器主触头流过大电流。

（3）继电器可以对各种电量、压力、温度等非电量作出反应，而绝大部分接触器只能在一定电压下动作。

下面介绍电力拖动和自动控制系统常用的继电器。

子情境 6.1　中间继电器

一、功能

中间继电器是用来增加控制电路中的信号数量或将信号放大的继电器，将一个输入信号变成一个或多个输出信号。输入信号为线圈的通断，输出是触头的动作，将信号同时传给 N 个控制原件或回路。

二、结构、符号、型号、主要技术数据

中间继电器结构与接触器基本相同，由线圈、静铁芯、动铁芯、触头系统（触头较多，没有主、辅触头之分，且通过的电流大小相同，多数为 5A）、反作用弹簧、复位弹簧等组成。中间继电器的符号如图 1-42 所示，JZ7 型中间继电器外形图如图 1-43 所示，中间继电器的技术数据见表 1-16。

表 1-16　中间继电器的技术数据

型号	电压种类	触头电压/V	触头电流/A	触头组合 常开	触头组合 常闭	通电持续率/%	吸引线圈 电压/V	吸引线圈 消耗功率	额定操作频率 /次·h⁻¹
JZ7-44 JZ7-62 JZ7-80	交流	380	5	4 6 8	4 2 0	40	12、24、36、48 110、127、380、420、440、500	12V·A	1200
JZ14-J	交流	380	5	6 4 2	2 4 6	40	110、127、220、380	10V·A	2000
JZ14-Z	直流	220		6 4 2	2 4 6		24、48、110、220	7W	
JZ15-J	交流	380	10	6 4 2	2 4 6	40	36、127、220、380	11V·A	1200
JZ15-Z	直流	220		6 4 2	2 4 6		24、48、110、220	7W	

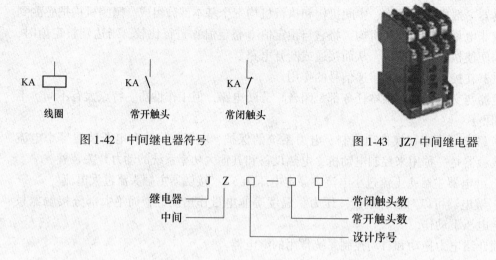

图 1-42　中间继电器符号　　　　　　图 1-43　JZ7 中间继电器

三、选用

中间继电器主要依据被控制电路的电压等级、所需触头的数量、种类、容量等要求来选择。

子情境 6.2　时间继电器

时间继电器是利用电磁原理或机械动作原理来延迟触头闭合或断开的自动控制电器。时间继电器用于按时间原则进行控制的场合，可分为通电延时型和断电延时型。通电延时型是有输入信号后，延迟一定时间，输出信号才发生变化；当输入信号消失后，输出信号瞬间复原。断电延时型当有输入信号时，瞬时产生相应的输出信号；当输入信号消失后，延迟一定时间，输出信号才复原。

时间继电器种类很多，按工作原理可分为电磁式、电动式、空气阻尼式、晶体管式和数字式。下面对继电接触器控制系统中常用的空气阻尼式、电磁式、晶体管式时间继电器分别加以介绍。

一、空气阻尼式时间继电器

空气阻尼式时间继电器是利用空气阻尼原理达到延时的目的。它由电磁机构、延时机构和触头系统三部分组成。电磁系统为直动式双 E 形电磁铁，延时机构采用气囊式阻尼器，触头系统是借用 LX5 型微动开关，包括两对瞬时触头（1 常开 1 常闭）和两对延时触头（1 常开 1 常闭）。根据触头延时的特点，可分为通电延时动作型和断电延时复位型两种。JS7-A 型时间继电器的外形、结构、符号如图 1-44 所示。

JS7-A 型空气阻尼式时间继电器是利用气囊中的空气小孔节流的原理来获得延时动作的，其结构原理示意图如图 1-45 所示。图 1-45a 是通过延时型时间继电器，当电磁系统的线圈通电时，微动开关 SQ2 的触头瞬时动作，而 SQ1 的触头由于气囊中空气阻尼的作用延时动作，其延时的长短取决于进气的快慢，可通过旋动螺钉 13 进行调节，延时范围有

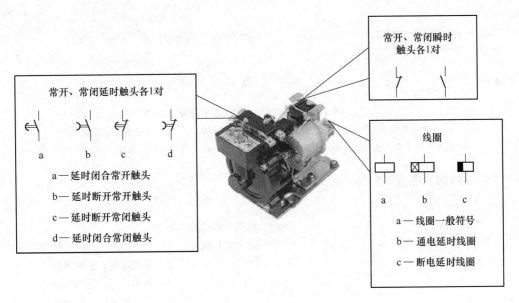

图 1-44　JS7-A 型时间继电器外形图

0.4~60s 和 0.4~180s 两种。当线圈断电时，微动开关 SQ1 和 SQ2 的触头均瞬动复位。图 1-45b 是 JS7-A 系列断电延时型，其工作原理读者可自行分析。

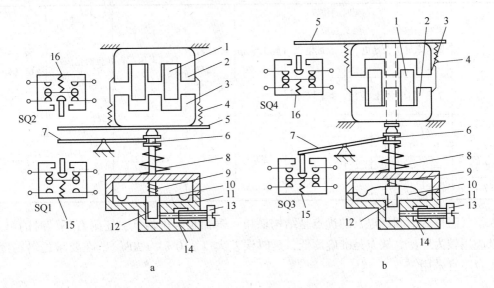

图 1-45　JS7-A 系列时间继电器

a—通电延时型；b—断电延时型

1—线圈；2—铁芯；3—衔铁；4—反力弹簧；5—推板；6—活塞杆；7—杠杆；8—塔形弹簧；9—弱弹簧；
10—橡皮膜；11—空气室壁；12—活塞；13—调节螺钉；14—进气孔；15，16—微动开关

JS7-A 系列断电延时型和通电延时型时间继电器的组成元件是通用的。只需将通电延时型时间继电器的电磁机构旋出固定螺钉后反转 180°安装，即可成为断电延时型时间继电器，但触头常开与常闭要颠倒使用。时间继电器的符号如图 1-46 所示。

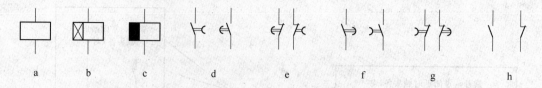

图 1-46　时间继电器的电气符号

a—线圈一般符号；b—通电延时线圈；c—断电延时线圈；d—通电延时闭合常开触点；
e—通电延时断开常闭触点；f—断电延时断开常开触点；g—断电延时闭合常闭触点；h—瞬动触点

JS7-A 时间继电器的型号、含义如下：

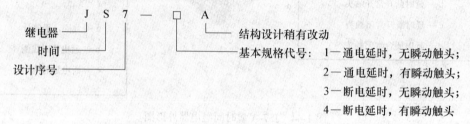

JS7-A 系列空气阻尼式时间继电器的技术数据见表 1-17。

表 1-17　JS7-A 系列空气阻尼式时间继电器技术数据

型号	瞬时动作触头数量		延时动作触头数量				触头额定电压/V	触头额定电流/A	线圈电压//V	延时范围/s	额定操作频率/次·h⁻¹
			通电延时		断电延时						
	常开	常闭	常开	常闭	常开	常闭					
JS7-1A	—	—	1	1	—	—	380	5	24，36 110，127 220，380，420	0.4~60 及 0.4~180	600
JS7-2A	1	1	1	1	—	—					
JS7-3A	—	—	—	—	1	1					
JS7-4A	1	1	—	—	1	1					

空气阻尼式时间继电器的优点是结构简单、寿命长、价格低，还附有不延时的触点，所以应用较为广泛。缺点是准确度低，延时误差大（±10%~±20%），在要求延时精度高的场合不宜采用。

二、电磁式时间继电器

电磁式时间继电器一般在直流电气控制电路中应用较广，只能直流断电延时动作。它的结构是在图 1-47 的 U 形静铁芯 7 的另一柱上装上阻尼铜套 11，即构成时间继电器。

其工作原理是，当线圈 9 断电后，通过铁芯 7 的磁通要迅速减少，由于电磁感应，在阻尼铜套 11 内产生感应电流。根据电磁感应定律，感应电流产生的磁场总是阻碍原磁场的减弱使铁芯继续吸持衔铁一小段时间，达到延时的目的。

电磁式时间继电器延时时间的长短是靠改变铁芯与衔铁间非磁性垫片的厚度（粗调）

或改变释放弹簧的松紧（细调）来调节的。垫片越厚延时越短，反之越长；而弹簧越紧则延时越短，反之越长。因非导磁性垫片的厚度一般为 0.1mm、0.2mm、0.3mm，具有阶梯性，故用于粗调，由于弹簧松紧可连续调节，故用于细调。

电磁式时间继电器的优点是结构简单、运行可靠、寿命长，但延时时间短。

三、晶体管式时间继电器

晶体管式时间继电器除了执行继电器外，均由电子元器件组成，没有机械部件，因而有较长的寿命和较高精度、体积小、延时时间长、调节范畴宽、控制功率小、耐冲击、耐振动、调整方便等优点。

晶体管式时间继电器按结构可分为阻容式和数字式两类；按延时方式可分为通电延时型、断电延时型及带瞬动触点的通电延时型三类。

JS20 系列晶体管时间继电器是全国统一设计产品，适用于交流 50Hz、电压 380V 及以下或直流电压 220V 及以下的控制电路中作延时元件，按预定的时间接通或分断电路，它具有体积小、重量轻、精度高、寿命长、通用性强等特点。

（一）结构

JS20 系列晶体管式时间继电器的外形如图 1-48 所示。它具有保护外壳，内部结构采用印刷电路组件。

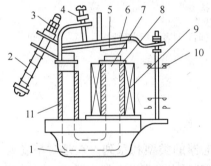

图 1-47　电磁式继电器

1—底座；2—反力弹簧；3，4—调整螺钉；
5—非磁性垫片；6—衔铁；7—铁芯；8—极靴；
9—电磁线圈；10—触头系统；11—阻尼铜套

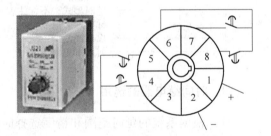

图 1-48　JS20 系列晶体管时间继电器

（二）工作原理

JS20 系列晶体管式时间继电器的电路图如图 1-49 所示。它由电源、电容充放电电路、电压鉴别电路、输出和指示电路五部分组成。电源接通后，经整流滤波和稳压后的直流电，经过 R_{P1} 和 R_2 向电容 C_2 充电。当 C_2 电压达到 VT_2 峰点电压时，VT_2 导通，输出触发脉冲，触发 VT_1 导通，继电器 K 吸合，输出延时信号。同时 C_2 通过 K 的常开触头放电，为下次动作做好准备。切断电源时，继电器 K 释放，电路恢复原始状态，等待下次动作。调节 R_{P1} 即可调整延时时间。

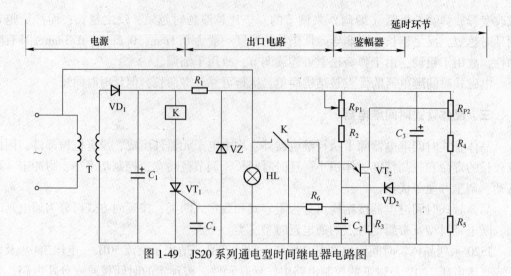

图 1-49　JS20 系列通电型时间继电器电路图

（三）型号含义

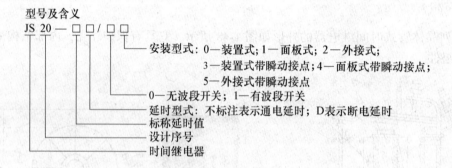

型号及含义

JS 20 — □□/□□

安装型式：0—装置式；1—面板式；2—外接式；
　　　　　3—装置式带瞬动接点；4—面板式带瞬动接点；
　　　　　5—外接式带瞬动接点
0—无波段开关；1—有波段开关
延时型式：不标注表示通电延时；D表示断电延时
标称延时值
设计序号
时间继电器

四、时间继电器的选用

（1）根据系统的延时范围和精度选择时间继电器的类型和系列。在延时精度要求不高的场合，一般可选用价格较低的 JS7-A 系列空气阻尼式时间继电器。反之，对精度要求较高的场合，可选用晶体管式时间继电器。

（2）根据控制线路的要求选择时间继电器的延时方式（通电延时或断电延时）。同时，还必须考虑线路对瞬时动作触头的要求。

（3）根据控制线路电压选择时间继电器吸引线圈的电压。

子情境 6.3　热 继 电 器

热继电器是利用流过继电器的电流所产生的热效应而反时限动作的自动保护电器。所谓反时限动作，是指电器的延时动作时间随通过电路电流的增加而缩短。热继电器主要与接触器配套使用，对主电路设备（电动机等）进行过载保护、断相保护、电流不平衡进行保护及其他电气设备发热状态的控制。

热继电器的形式多种多样，其中双金属片式应用最多。按极数可分为单极、两极、三极（带断相保护和不带断相保护）；按复位方式分为自动复位和手动复位两种。

目前我国在生产中常用的热继电器外形图如图 1-50 所示。每一系列的热继电器一般只能和相适应系列的接触器配套使用。如 JR36 热继电器与 CJT1 接触器配合，JR20 热继电器与 CJ20 接触器配合，T 热继电器与 B 接触器配合，3UA 热继电器与 3TB、3TF 接触器配合。

a　　　　　　　　　　b　　　　　　　　　　c

图 1-50　热继电器

a—JR36B 系列；b—JRSB（T）系列；c—JRS5（TH-K）系列

一、热继电器的结构及工作原理（以双金属片为主）

（一）结构

图 1-51 所示为双金属片式热继电器的结构，它由热元件、动作机构、触头系统、电流整定装置、复位机构和温度补偿元件组成。热元件由主双金属片和绕在外面的电阻丝组成。主双金属片由两种热膨胀系数不同的金属片复合而成。动作机构利用杠杆传递及弓簧式瞬跳机构来保证触头动作的迅速、可靠。触头为单断点弓簧跳跃式动作，一般为一个常开触头、一个常闭触头。电流整定装置是通过旋钮和电流调节凸轮调节推杆间隙，改变推杆移动距离，从而调节电流值。温度补偿元件为双金属片，其受热弯曲的方向与主双金属片一致，

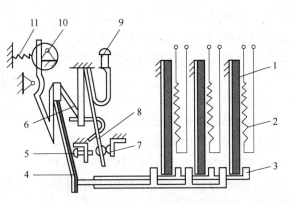

图 1-51　双金属片式热继电器结构原理图

1—主双金属片；2—电阻丝；3—导板；
4—补偿双金属片；5—螺钉；6—推杆；7—静触头；
8—动触头；9—复位按钮；10—调节凸轮；11—弹簧

它能保证热继电器的动作特性在 −30～+40℃ 的环境温度范围内基本上不受周围介质温度的影响。

（二）工作原理

热继电器使用时，将热元件串联在主电路中，常闭触头串联在控制电路中。当电动机过载时，流过电阻丝的电流超过热继电器的整定电流，电阻丝发热增多，温度升高，由于两块金属片的热膨胀程度不同而使主双金属片向右弯曲，通过传动机构推动常闭触头断

开，分断控制电路，再通过接触器切断主电路，实现对电动机的过载保护。电源切除后，主双金属片逐渐冷却恢复原位。热继电器的复位机构有手动复位和自动复位两种形式，可根据使用要求通过复位调节螺钉来自由调整选择。一般自动复位时间不大于 5min，手动复位时间不大于 2min。

热继电器的整定电流是指热继电器连续工作而不动作的最大电流。其大小可通过旋转电流整定旋钮来调节。超过整定电流，热继电器将在负载未达到其允许的过载极限之前动作。

热继电器在电路中的符号如图 1-52 所示。

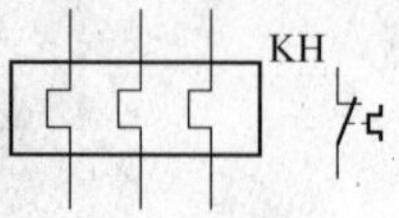

由于热继电器主双金属片受热膨胀的热惯性及传动机构传递信号的惰性，热继电器从电动机过载到触头动作需要一定的时间，也就是说，即使电动机严重过载甚至短路，热继电器也不会瞬时动作，因此热继电器不能作短路保护。但也正是这个热惯性和机械惰性，保证了热继电器在电动机启动或短时过载时不会动作，从而满足了电动机的运行要求。

图 1-52　符号

二、带断相保护的热继电器

三相异步电动机的缺相运行是导致电动机过热烧毁的主要原因之一。对定子绕组接成 Y 形的电动机，普通两极或三极结构的热继电器均能实现断相保护。而定子绕组接成 △ 形的电动机，必须采用三极带断相保护装置的热继电器，才能实现断相保护。其结构原理如图 1-53 所示。

图 1-53a 所示为未通电时的位置。

图 1-53b 所示为三相均通有额定电流时的情况。图中虚线表示三相主双金属片均匀受热，同时向左弯曲，上、下导板一齐平行左移一段距离但未超过临界位置，触头不动作。

图 1-53c 为三相均匀过载时，三相主双金属片均受热向左弯曲，推动下导板并带动上导板一齐左移，超过临界位置，通过动作机构使常闭触头断开，从而切断控制回路，达到保护电动机的目的。

图 1-53d 为 L1 相断线故障时的情况，此时 L1 相主双金属片逐渐冷却，向右移动，并带动上导板同时右移，这样上、下导板产生差动放大作用，通过杠杆的放大作用使继电器迅速动作，切断控制电路，使电动机得到保护。

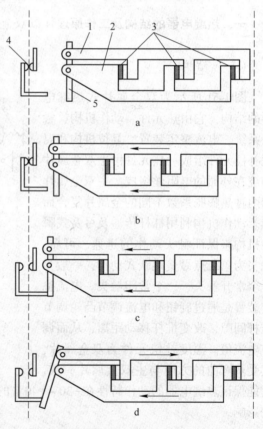

图 1-53　带断相保护的热继电器
a—通电前；b—三相正常通电；
c—三相均匀过载；d—L1 相断线
1—上导板；2—下导板；3—双金属片；
4—动断触点；5—杠杆

三、热继电器的型号含义及技术数据

JR20 系列热继电器主要技术参数参见表 1-18。

表 1-18　JR20 系列热继电器主要技术参数

型　　号	额定电流/A	热元件号	整定电流调节范围/A
JR20-10	10	1R~15H	0.1~11.6
JR20-16	16	1S~6S	3.6~18
JR20-25	25	1T~4T	7.8~29
JR20-62	63	1U~6U	16~71
JR20-160	160	1W~9W	33~176

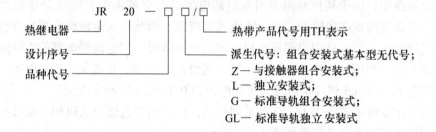

四、热继电器的选用

选择热继电器时，主要根据所保护的电动机的额定电流来确定热继电器的规格和热元件的电流等级。

（1）热电器的额定电流略大于电动机的额定电流。

（2）热元件的整定电流为电动机额定电流的 0.95~1.05 倍。

（3）热元件的额定电流大于热元件的整定电流。

（4）根据电动机定子绕组的连接方式选择热电器的结构形式（带或不带断相保护）。

子情境 6.4　电流继电器

电磁式电流继电器是反映输入量为电流的继电器，使用时线圈串联在被测电路中，以反映电路中电流的变化而动作。为降低负载效应和对被测量电路参数的影响，其线圈匝数少、导线粗、阻抗小。电流继电器常用于按电流原则控制的场合。如电动机的短路保护、直流电动机的磁场及失磁保护。电流继电器又分为过电流继电器和欠电流继电器。

一、过电流继电器

线圈电流高于整定值动作的继电器。正常工作时，线圈电流为额定电流，此时衔铁为释放状态；当电路中电流大于负载正常工作电流时，衔铁才产生吸合动作，从而带动触点动作，断开负载电路。所以电路中常用过电流继电器的常闭触头串在线圈电路中。通常交

流过电流继电器吸合电流为 1.1~4 倍的额定电流，直流过电流继电器吸合电流为 0.7~3.5 倍的额定电流。

常用的过电流继电器有 JT4、JL5、JL12、JL14 等系列产品，广泛用于直流电动机或绕线转子电动机的控制电路中，用于频繁及重载启动的场合，作为电动机和主电路的过载或短路保护。

二、欠电流继电器

线圈电流低于整定值动作的继电器。正常工作时，线圈电流为负载额定电流，衔铁处于吸合状态；当电路的电流小于负载额定电流，达到衔铁的释放电流时，衔铁则释放，同时带动触点动作，断开电路。所以电路中常用欠电流继电器的常开触头串在线圈电路中。

在直流电路中，由于某种原因而引起负载电流的降低或消失，往往会导致严重的后果，如直流电动机的励磁回路断线，会产生飞车现象。因此，欠电流继电器在有些控制电路中是不可缺少的。当电路中出现低电流或零电流故障时，欠电流继电器的衔铁由吸合状态转入释放状态，利用其触点的动作而切断电气设备的电源。直流欠电流继电器的吸合电流吸引电流为 0.3~0.65 倍额定电流，释放电流为 0.1~0.2 倍额定电流。

常用的欠电流继电器有 JL14-ZQ 等系列产品，广泛用于直流电动机和电磁吸盘的失磁保护。常用的电流继电器外形图如图 1-54 所示。

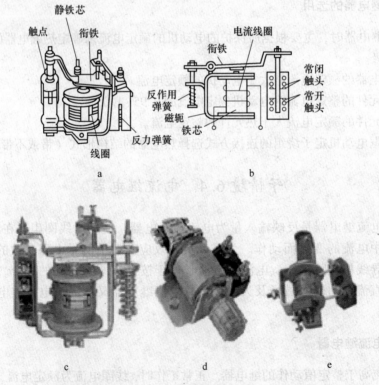

图 1-54　电流继电器
a— 外形结构；b—动作原理；c—JL14-3；d—JL12-2；e—JL5-1

三、电流继电器的符号（如图 1-55 所示）

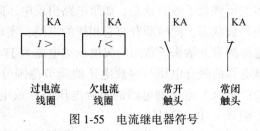

图 1-55　电流继电器符号

四、型号

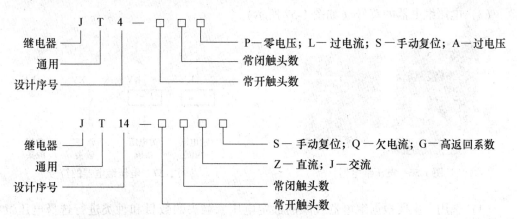

五、电流继电器的选用

（1）电流继电器的额定电流一般可按电动机长期工作的额定电流来选择，对于频繁启动的电动机，额定电流可选大一个等级。

（2）电流继电器的触头种类、数量、额定电流及复位方式应满足控制线路的要求。

（3）过电流继电器的整定电流一般取电动机额定电流的 1.7~2 倍，频繁启动的场合可取 2.25~2.5 倍。欠电流继电器的整定电流一般取额定电流的 0.1~0.2 倍。

子情境 6.5　电压继电器

触点的动作与线圈的电压大小有关的继电器称为电压继电器。它可用于电力拖动系统中的电压保护和控制。使用时电压继电器的线圈与负载并联，其线圈的匝数多、线径细、阻抗大。按线圈电流的种类可分为交流型和直流型；按吸合电压相对额定电压的大小又分为过电压继电器和欠电压继电器。

（1）过电压继电器。在电路中用于过电压保护。过电压继电器线圈在额定电压时，衔铁不吸合动作，只有当线圈的电压高于其额定电压的某一值时衔铁才吸合动作，所以称为过电压继电器。过电压继电器衔铁吸合而动作时，常利用其触头断开需保护的电路的负荷开关，起到保护的作用。交流过电压继电器吸合电压的调节范围为 $U_X = (1.05~1.2) U_N$。因为直流电路不会产生波动较大的过电压现象，所以产品没有直流过电压继电器。

常用的过电压继电器为 JT4-A 系列。

（2）欠电压继电器。在电路中用作欠电压保护。当电路的电气设备在额定电压下正常工作时，欠电压继电器的衔铁处于吸合状态；如果电路出现电压降低至线圈的释放电压时，衔铁由吸合状态转为释放状态，同时断开与它相连的电路，实现欠电压保护。所以控制电路中常用欠电压继电器的常开触头。常用的欠电压继电器为 JT4-P 系列。

通常，直流欠电压继电器的吸合电压与释放电压的调节范围分别为 $U_X = (0.3 \sim 0.5) U_N$ 和 $U_1 = (0.07 \sim 0.2) U_N$；交流欠电压继电器的吸合电压与释放电压的调节范围分别为 $U_X = (0.6 \sim 0.85) U_N$ 和 $U_1 = (0.1 \sim 0.35) U_N$。

零压继电器是欠压继电器的一种特殊形式，当电压降低接近零时释放的电压继电器。释放电压的调节范围为 $U_1 = (0.1 \sim 0.35) U_N$。常用的电压继电器外形图如图 1-56 所示。

（3）电压继电器的符号（如图 1-57 所示）。

图 1-56　电压继电器

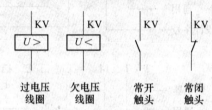

图 1-57　电压继电器的符号

（4）选用。主要根据继电器线圈的额定电压、触头的数目和种类进行选择电压继电器的结构、工作原理及安装使用等知识，与电流继电器类似。

调节非磁性垫片的厚度：改变释放电流、电压。

子情境 6.6　速度继电器

速度继电器是反映转速和转向的继电器，其主要作用是以旋转速度的快慢为指令信号，与接触器配合实现对电动机的反接制动控制，因此也称为反接制动继电器。它主要由转子、定子和触点三部分组成。转子是一个圆柱形永久磁铁，定子是一个笼型空心圆环，由硅钢片叠成，并装有笼型绕组。

速度继电器的工作原理如图 1-58b 所示。其转子轴与电动机轴相连接，定子空套在转子上。当电动机转动时，速度继电器的转子（永久磁铁）随之转动，在空间产生旋转磁场，切割定子绕组，而在其中感应出电流。此电流又在旋转磁场作用下产生转矩，使定子随转子转动方向旋转一定的角度，与定子装在一起的摆锤推动触点动作，使常闭触点断开，常开触头闭合。当电动机转速低于某一值时，定子产生的转矩减小，常开触头复位。

速度继电器在电路图中的符号如图 1-58c 所示。

速度继电器的动作转速一般不低于 100 ~ 300r/min，复位转速约在 100r/min 以下。常用的速度继电器中，JY1 型能在 3000r/min 以下可靠地工作。JFZ0 型的两组触头改用两个微动开关，使触头的动作速度不受定子偏转速度的影响，额定工作转速有 300 ~ 1000r/min

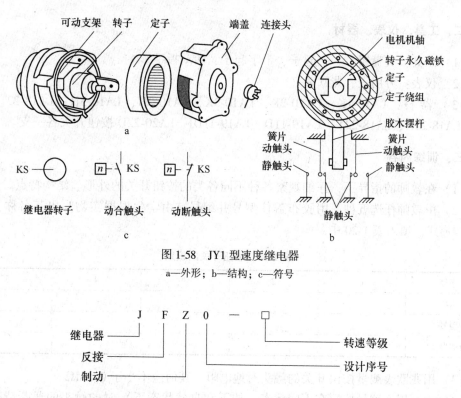

图 1-58 JY1 型速度继电器

a—外形；b—结构；c—符号

（JFZ0-1）和 1000~3000r/min（JFZ0-2）两种。

JY1 型和 JFZ0 型速度继电器的主要技术参数见表 1-19。

表 1-19 JY1 型和 JFZ0 型速度继电器的主要技术参数

型号	触头额定电压/V	触头额定电流/A	触头 对 数		额定工作转速/r·min⁻¹	允许操作频率/次·h⁻¹
			正转动作	反转动作	/r·min⁻¹	/次·h⁻¹
JY1			1组转换触头	1组转换触头	100~300	
JFZ0-1	380	2	1常开、1常闭	1常开、1常闭	300~1000	<30
JFZ0-2			1常开、1常闭	1常开、1常闭	1000~3000	

速度继电器主要根据所需控制的转速大小、触头数量和电压、电流来选用。

情境2 元器件的拆装与维护

职业能力：熟练进行元器件的拆装与维护，进行正确的校验。

子情境1 按钮开关的识别与维护

一、目的要求

熟悉常用按钮开关的外形、结构和作用，并能进行正确的拆装与维护。

二、工具、仪表、器材

（1）工具：尖嘴钳、一字起子、十字起子、活动扳手。

（2）仪表：万用表、兆欧表。

（3）器材：LA10-1K、LA10-2K、LA10-3K、LA10-2H、LA10-3H、LA18-22、LA8-22J、LA18-22X、LA18-22Y、LA19-11D、LA19-11DJ、LA20-22D按钮开关各一支。

三、训练内容

（1）在教师的指导下，仔细观察各种不同各类的按钮开关的外形、结构特点。

（2）由教师任选五种，用胶布盖住型号并编号，由学生根据实物写出其名称、型号及结构形式，填入表1-20中。

表1-20　按钮开关的识别

序号	1	2	3	4	5
名称					
型号					
结构形式					

（3）用兆欧表测量按钮开关的触头对地电阻，其值应不小于 $0.5\text{M}\Omega$。

（4）用万用表测量按帽在不同状态（按下和自然状态下）时的触头的通断情况，根据测量结果作出触头分合表，找出常开触头和常闭触头。

（5）打开外壳，仔细观察按钮的结构和动作过程，写出各主要零部件的名称并叙述动作原理，填入表1-21中。

表1-21　按钮开关的结构及动作原理

主要零部件	动作原理

四、评分标准

评分标准见表1-22。

表1-22　评分标准

项目	配分	评分标准	扣分
元件识别	40	（1）写错或漏写名称，每只扣4分； （2）写错或漏写型号，每只扣3分； （3）写错或漏写结构形式，每只扣3分	

项目	配分	评 分 标 准	扣分
元件测量	30	（1）仪表使用方法错误，扣 10 分； （2）测量结果错误，每次扣 5 分； （3）作不出触头分合表，扣 20 分； （4）触头分合表错误，每处扣 4 分	
动作原理	30	（1）主要零部件的名称写错或漏写，每只扣 2 分； （2）写不出动作原理，扣 20 分； （3）动作原理叙述不正确，扣 5~40 分	
安全文明生产		违反安全，文明生产规程，扣 5~40 分	
时间		时间定额 2h，每超时 5min 以内扣 5 分	
备注		除定额时间外，各项目的最高扣分不应超过配分	成绩
开始时间		结束时间	实际时间

子情境 2 交流接触器的拆装与维护

一、目的要求

（1）熟悉交流接触器的拆装与装配工艺，并能对常见故障进行正确的检修。

（2）掌握交流接触器的校验和调整方法。

二、工具、仪表、器材

（1）工具：尖嘴钳、一字起子、十字起子、电工刀、镊子、剥线钳等。

（2）仪表：万用表、兆欧表、电流表、电压表。

（3）器材：TDGC2-10/0.5 型调压变压器一只；CJ10-20 型交流接触器 1 只；HK1-15/3 三极开关一只；HK1-15/2 二极开关一只；220V15W 白炽灯 3 只；连接导线若干。

三、训练内容

（一）交流接触器的拆卸与装配

（1）拆下灭弧罩坚固螺钉，取下灭弧罩。

（2）拉紧主触头定位弹簧夹，将主触头侧转 45°取下主触头及主触头压力弹簧片。

（3）松开辅助常开静触头的线桩螺钉，取下常开静触头。

（4）松开接触器底部的盖板螺钉，取下盖板。

（5）取下静铁心缓冲绝缘纸片及静铁芯，取下静铁芯支架及缓冲弹簧，拨出线圈接线端的弹簧夹片取下线圈，取下反作用弹簧。

（6）取下衔铁和支架，从支架上取下动铁芯定位销，取下动铁芯及缓冲绝缘纸片。

（7）按上述逆顺序进行装配。

（二）交流接触器的校验

（1）将装配好的交流接触器按图 1-59 接入校验电路。

（2）选好电流表、电压表量程并调，将调压变压器输出置于零位。

（3）合上 QS1、QS2，均匀调节调压器，使电压上升到接触器铁芯吸合为上，此时电压表的指示值即为接触器的动作电压值不大于 85% 额定电压。

（4）保持吸合电压，分合开关 QS2，做两次冲击合闸试验，以校验动作的可靠性。

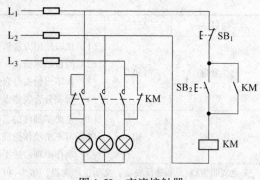

图 1-59　交流接触器

（5）均匀降低调压器电压直至衔铁分离，此时电压表的指示值即为接触器的释放电压值大于等于 50% 额定电压。

（6）将调压器的输出电压调至接触器线圈的额定电压，观察铁芯有无振动及噪声，从指示灯的明暗可判断主触头的接触情况。

（三）交流接触器的维护

（1）用万用表欧姆挡检查线圈及各触头是否良好；用兆欧表测量兆欧表各触头间及主触头对地电阻符合要求；用手按动主触头兆欧表检查运动部分是否灵活，以防产生接触不良、振动和噪声。

（2）检查灭弧罩有无破裂或烧损，消除灭弧罩内的金属飞溅物和颗粒。

（3）检查触头的磨损程度，磨损严重时应更换触头；若不需要更换，则清除触头表面上烧毛的颗粒。

（4）检查触头压力弹簧及反作用弹簧是否变形或弹力不足，如有需要则更换弹簧。

（5）清除铁芯端面的油垢，检查铁芯有无变形及端面接触是否平整。

（6）检查电磁线圈是否有短路、断路及发热变色现象。

（7）测量与调整触头压力。将一张厚约 0.1mm 比触头稍宽的纸条夹在触头间，使触头处于闭合位置，用手拉动纸条，若稍用力拉出纸条即说明触头压力合适，若轻易拉出纸条即说明触头压力不够，若纸条被拉断即说明触头压力太大。

四、评分标准（见表 1-23）

表 1-23　评分标准

项目	配分	评 分 标 准	扣分
拆卸与装配	40	（1）拆卸步骤及方法不正确，每次扣 4 分； （2）拆卸不熟练，扣 10~20 分； （3）丢失零部件，每件扣 10 分； （4）拆卸后不能组装，扣 20 分； （5）损坏零部件，扣 20 分	
校验	20	（1）不能进行通电校验，扣 20 分； （2）校验方法不正确，扣 5~10 分； （3）校验结果不正确，扣 5~10 分； （4）通电时有振动或噪声，扣 10 分	

项目	配分	评分标准	扣分
维护	40	（1）不能进行通电校验，扣 40 分； （2）校验方法不正确，扣 10~20 分； （3）不会调整和测试触头压力，扣 5~20 分	
安全文明生产		违反安全，文明生产规程，扣 5~40 分	
时间		时间定额 1h，每超时 5min 以内扣 5 分	
备注		除定额时间外，各项目的最高扣分不应超过配分	成绩	
开始时间		结束时间		实际时间	

子情境 3　时间继电器的拆装与维护

一、目的要求

（1）熟悉 JS7-A 系列时间继电器的结构，学会对其触头进行维护。

（2）将 JS7-2A 型时间继电器改装成 JS7-4A 型时间继电器，并进行通电校验。

二、工具、仪表、器材

（1）工具：尖嘴钳、一字起子、十字起子、活动扳手、测电笔、剥线钳、电烙铁。

（2）仪表：万用表。

（3）器材：JS7-2A 型时间继电器一只；；HZ10-25/3 转换开关一只；RL1-15/2 熔断器三只；LA10-3H 按钮一只；220V15W 白炽灯 3 只；连接导线若干。

三、训练内容

（一）JS7-2A 型时间继电器的拆卸与装配

（1）松下延时或瞬时微动开关的紧固螺钉，取下微动开关。

（2）均匀用力慢慢撬开并取下微动开关盖板。

（3）小心取下动触头及附件，要防止用力过猛而弹失小弹簧和薄垫片。

（4）进行触头整修：触头不平时使用锋利的刀刃或细锉修平（切记不允许用砂纸或其他研磨材料），然后用净布擦净。整修过程中不得用手直接接触触头或用油类润滑，以免沾污触头。

（5）按上述逆顺序进行装配。

（6）手动检查微动开关的分合是否瞬间动作，触头接触是否良好。

（二）JS7-2A 型改装成 JS7-4A 型

（1）松开线圈支架紧固螺钉，取下线圈和铁芯总成部件。

（2）将总成部件沿水平方向旋转 180°后，重新旋上坚固螺钉。

（3）观察延时和瞬时触头的动作情况，将其调整在最佳位置上。调整延时触头时，可旋松线圈和铁芯总成部件的安装螺钉，向上或向下移动后再旋紧。调整瞬时触头时，可松开安装瞬时微动开关底板上的螺钉，将微动开关向上或向下移动后再旋紧。

（4）旋紧各安装螺钉，进行手动检查，若达不到要求须重新调整。

（三）JS7-2A 型时间继电器的校验

（1）将装配好的时间继电器接入校验电路。

（2）通电校验要做到一次通电校验合格。标准：在 1min 内通电频率不少于 10 次，做到各触点工作良好，吸合时无噪声，铁芯释放无延缓，并且每次动作的延时时间一致。

四、评分标准（见表1-24）

表 1-24　评分标准

项目	配分	评 分 标 准	扣分
整修和改装	70	（1）丢失或损坏零件，每只扣 10 分； （2）改装错误或扩大故障，扣 50 分； （3）整修和改装步骤或方法不正确，每次扣 5 分； （4）整修或改装不熟练，扣 15 分； （5）整修和改装后不能装配，不能通电，扣 70 分	
通电校验	30	（1）不能进行通电校验，扣 30 分； （2）校验线路接错，扣 10 分； （3）通电校验时吸合有噪声、铁芯释放缓慢、延时时间误差超 1s、其他原因造成不成功，每次扣 5~10 分； （4）安装元件不牢固或漏接接地线，扣 5 分	
安全文明生产		违反安全，文明生产规程，扣 5~40 分	
时间		时间定额 1h，每超时 5min 以内扣 5 分。	
备注		除定额时间外，各项目的最高扣分不应超过配分	成绩
开始时间		结束时间	实际时间

 习　题

一、判断题（正确的打√，错误的打×）

1. 一台额定电压为 220V 的交流接触器在交流 20V 和直流 220V 的电源上均可使用。　　　　（　　）
2. 交流接触器通电后如果铁心吸合受阻，将导致线圈烧毁。　　　　（　　）
3. 交流接触器铁心端面嵌有短路环的目的是保证动、静铁心严密，不发生振动动与噪声。　（　　）
4. 直流接触器比交流接触器更适用于频繁操作的场合。　　　　（　　）
5. 低压断路器又称为自动空气开关。　　　　（　　）
6. 只要外加电压不变化，交流电磁铁的吸力在吸合前、后是不变的。　　　　（　　）
7. 直流电磁铁励磁电流的大小与行程成正比。　　　　（　　）
8. 熔断器的保护特性是反时限的。　　　　（　　）
9. 低压断路器具有失压保护的功能。　　　　（　　）
10. 一定规格的热继电器，其所装的热元件规格可能是不同的。　　　　（　　）
11. 无断相保护装置的热继电器不能对电动机的断相提供保护。　　　　（　　）

12. 热继电器的额定电流就是其触点的额定电流。 （　　）

13. 热继电器的保护特性是反时限的。 （　　）

14. 行程开关、限位开关、终端开关是同一种开关。 （　　）

15. 万能转换开关本身带有各种保护。 （　　）

16. 主令控制器除了手动式产品外，还有由电动机驱动的产品。 （　　）

17. 继电器在整定值下动作时所需的最小电压称为灵敏度。 （　　）

二、选择题 （将正确答案的序号填入括号中）

1. 关于接触电阻，下列说法中不正确的是（　　）。
   A. 由于接触电阻的存在，会导致电压损失 　　B. 由于接触电阻的存在，触点的温度降低
   C. 由于接触电阻的存在，触点容易产生熔焊现象 　　D. 由于接触电阻的存在，触点工作不可靠

2. 为了减小接触电阻，下列做法中不正确的是（　　）。
   A. 在静铁心的端面上嵌有短路环 　　B. 加一个触点弹簧
   C. 触点接触面保持清洁 　　D. 在触点上镶一块纯银块

3. 由于电弧的存在，将导致（　　）。
   A. 电路的分断时间加长 　　B. 电路的分断时间缩短
   C. 电路的分断时间不变 　　D. 分断能力提高

4. CJ20-160 型交流接触器在 380V 时的额定工作电流为 160A，故它在 380V 时能控制的电动机的功率约为（　　）。
   A. 85kW 　　B. 100kW 　　C. 20kW 　　D. 160kW

5. 在接触器的铭牌上常见到 AC3、AC4 等字样，它们代表（　　）。
   A. 生产厂家代号 　　B. 使用类别代号 　　C. 国标代号 　　D. 电压级别代号

6. CJ40-160 型交流接触器在 380V 时的额定电流为（　　）。
   A. 160A 　　B. 40A 　　C. 100A 　　D. 80A

7. 交流接触器在不同的额定电压下，额定电流（　　）。
   A. 相同 　　B. 不相同 　　C. 与电压无关 　　D. 与电压成正比

8. 熔断器的额定电流与熔体的额定电流（　　）。
   A. 是一回事 　　B. 不是一回事

9. 电压继电器的线圈与电流继电器的线圈相比，具有的特点是（　　）。
   A. 电压继电器的线圈与被测电路串联 　　B 电压继电器的线圈匝数多、导线细、电阻大
   C. 电压继电器的线圈匝数少、导线粗、电阻小 　　D. 电压继电器的线圈匝数少、导线粗、电阻大

10. 断电延时型时间继电器，它的常开触点为（　　）。
    A. 延时闭合的常开触点 　　B. 瞬动常开触点
    C. 瞬时闭合延时断开的常开触点 　　D. 延时闭合瞬时断开的常开触点

11. 在延时精度要求不高，电源电压波动较大的场合，应选用（　　）。
    A. 空气阻尼式时间继电器 　　B. 晶体管式时间继电器
    C. 电动式时间继电器 　　D. 上述三种都不合适

12. 交流电压继电器和直流电压继电器铁芯的主要区别是（　　）。
    A. 交流电压继电器的铁芯是由彼此绝缘的硅钢片叠压而成，而直流电压继电器的铁芯则不是
    B. 直流电压继电器的铁芯是由彼此绝缘的硅钢片叠压而成，而交流电压继电器的铁芯则不是
    C. 交流电压继电器的铁芯是由整块软钢制成，而直流电压继电器的铁芯则不是
    D. 交、直流电压继电器的铁芯都是由整块软钢制成，但其大小和形状不同

13. 通电延时型时间继电器，它的动作情况是（　　）。

A. 线圈通电时触点延时动作，断电时触点瞬时动作

B. 线圈通电时触点瞬时动作，断电时触点延时动作

C. 线圈通电时触点不动作，断电时触点瞬时动作

D. 线圈通电时触点不动作，断电时触点延时动作

三、问答题

1. 什么是低压电器？常用的低压电器有哪些？

2. 电磁式低压电器有哪几部分组成？说明各部分的作用。

3. 低压断路器可以起动哪些保护作用？说明其工作原理。

4. 熔体的熔断电流一般是额定电流的多少倍？

5. 如何选择熔体和熔断器规格？

6. 交流接触器的铁心端面上为什么要安装短路环？

7. 交流接触器频繁操作后线圈为什么会发热？其衔铁卡住后会出现什么后果？

8. 交流接触器能否串联使用？为什么？

9. 在接触器的铭牌上常见到 AC3、AC4 等字样，它们有何意义？

10. 从接触器的结构上，如何区分是交流接触器还是直流接触器？

11. 什么是继电器？按用途不同可分为哪两大类？

12. 中间继电器和接触器有何异同？在什么条件下可以用中间继电器来代替接触器？

13. 什么是时间继电器？它有何用途？

14. 电压继电器和电流继电器在电路中各起何作用？它们的线圈和触点各接于什么电路中？

15. 在电动机启动过程中，热继电器会不会动作？为什么？

16. 既然在电动机的主电路中装有熔断器，为什么还要装热继电器？装有热继电器是否就可以不装熔断器？为什么？

17. 带断相保护的热继电器与不带断相保护的热继电器有何区别？它们接入电动机定子电路的方式有何不同？

18. 转换开关内的储能弹簧起什么作用？

19. 控制按钮与主令控制器在电路中各起什么作用？

20. 简述接触器中短路环、反作用弹簧、触头压力弹簧和缓冲弹簧的作用。

21. 简述交流接触器的工作原理。

22. 中间继电器与交流接触器有什么异同？什么情况下可以用中间继电器代替接触器使用？

23. 什么是热继电器？双金属片式热继电器主要由哪几部分组成？

24. 简述双金属片式热继电器的工作原理，它的热元件和常闭触头如何接入电路中？

项目二 继电-接触器电气控制电路的基本环节

本章主要学习情境内容如下表所示。

学习情境	工作任务	职业能力	子情境	学习方式	学习地点	学时数
电气控制电路的基本环节	分析电气控制电路	了解电气控制电路的功能、工作原理、用途	电气控制线路的绘制方法	原理讲授	教室	14
			异步电动机正反转控制线路	多媒体动画，引导学生从"学"到"自主分析"	多媒体教室	
			异步电动机顺序控制线路			
			异步电动机降压启动控制电路			
			异步电动机制动控制线路			
			多速电动机电控制			
	安装与调试电气控制电路	合理布置元器件；元件安装准确和紧固；合理选择导线，布线平直美观	电动机正转控制线路	从"看"到"学"到"做"	实训室	20
			电动机正反转控制线路			
			顺序控制线路			
			星-三角形降压启动线路			
			双速电动机控制线路			

情境1 分析电气控制电路

职业能力：了解电气控制电路的功能、工作原理、用途。

子情境1 三相异步电动机的正转控制线路

一、手动正转控制线路

正转控制线路是能控制电动机单向启动和停止，并带动生产机械的运动部件朝一个方向旋转或运动。

图2-1所示手动正转控制线路是通过低压开关来控制电动机单向启动和停止的，在

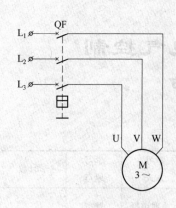

图 2-1　手动正转控制线路

工厂中常被用来控制三相电风扇和砂轮机等设备。主电路低压断路器 QF 起隔离、短路、过载保护作用。

动作原理如下：

启动时，合上闸刀开关或铁壳开关等低压开关，电动机立即起动运行。

停车时，断开低压开关，电动机停转。

手动正转控制线路适用于 5kW 以下电动机，三相风扇，砂轮机的控制。

手动正转控制线路的优点是所用电器元件少，线路简单；缺点是操作劳动强度大，安全性差，且不便于实现远距离控制和自动控制。

二、点动正转控制线路

点动正转控制线路是用按钮、接触器来控制电动机运转的最简单的正转控制线路，如图 2-2 所示。

图 2-2 所示电路中，按照电气原理图的绘制原则，三相交流电源线 L_1、L_2、L_3 依次水平画在图的上方，电源开关 QS 水平画出；由熔断器 FU_1、接触器 KM 的三对主触头和电动机 M 组成的主电路，垂直电源线画在图左侧；由启动按钮 SB1、接触器 KM 的线圈组成的控制电路跨接在 L_1 和 L_2 两条电源线之间，垂直画在主电路的右侧，且耗能元件 KM 的线圈与下边电源线相连，启动按钮 SB_1 则画在 KM 线圈与上边电源线 L_1 之间。图中接触器 KM 采用了分开表示法，其三对主触头画在主电路中，而线圈则画在控制电

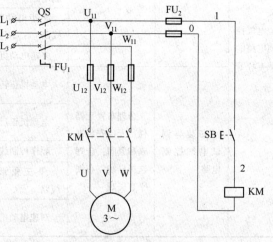

图 2-2　点动正转控制

路中，为表示它们是同一电器，在它们的图形符号旁边标注了相同的文字符号 KM。线路按规定在各接点进行了编号。

在图 2-2 所示电路中，隔离开关 QS 作电源隔离开关；熔断器 FU_1、FU_2 分别作主电路、控制电路的短路保护；启动按钮 SB 控制接触器 KM 的线圈得电、失电；接触器 KM 的主触头控制电动机 M 的启动与停止。

点动控制是指按下按钮，电动机得电运转；松开按钮，电动机失电停转的控制方式。

线路的工作原理如下：

合上电源隔离开关 QS。

启动：按下 SB ──→ KM 线圈得电 ──→ KM 主触头闭合 ──→ 电动机 M 得电运转

停止：松开 SB ──→ KM 线圈失电 ──→ KM 主触头分断 ──→ 电动机 M 失电停转

停止使用时，断开电源隔离开关 QS。

点动控制适用于电葫芦的起重机控制、车床拖板快速移动电动机控制和机床设备的试车、调整。

如图 2-3 所示为点动正转控制线路接线图。

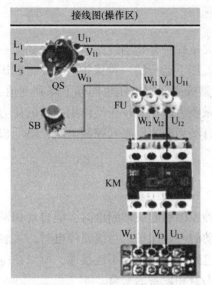

图 2-3 点动正转控制接线图

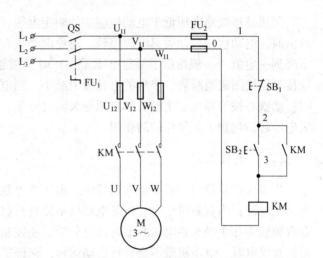

图 2-4 自锁正转控制线路

三、自锁正转控制线路

自锁正转控制线路是在点动控制线路基础上发展起来的，能保证电动机启动后单方向连续运行，如图 2-4 所示，它在控制电路中串接了一个停止按钮 SB_1，在启动按钮 SB_2 的两端并接了接触器 KM 的一对辅助常开触头。

在图 2-4 所示电路中，隔离开关 QS 作电源隔离开关；熔断器 FU_1、FU_2 分别作主电路、控制电路的短路保护；启动按钮 SB_2 控制接触器 KM 的线圈得电；停止按钮 SB_1 控制接触器 KM 的线路失电；接触器 KM 的主触头控制电动机 M 的启动与停止。

线路的工作原理如下：

合上电源开关 QS。

启动：按下 SB_2 → KM 线圈得电 → KM 主触头闭合 → 电动机 M 启动连续运转
　　　　　　　　　　　　　　└→ KM 辅助常开触头闭合

停止：按下 SB_1 → KM 线圈失电 → KM 主触头分断 → 电动机 M 失电停转
　　　　　　　　　　　　　　└→ KM 辅助常开触头分断

停止使用时，断开电源隔离开关 QS。

由以上分析可知，当松开启动按钮 SB_1 后，SB_1 的常开按钮虽然恢复分断，但接触器 KM 的辅助常开触头闭合时已将 SB_1 短接，使控制电路仍保持接通，接触器 KM 继续得电，电动机 M 实现了连续运转。

　　自锁控制就是当启动按钮松开后，接触器通过自身的辅助常开触头使其线圈保持得电的控制方式。与启动按钮并联起自锁作用的辅助常开触头叫做自锁触头。

　　接触器自锁控制线路不但能使电动机连续运转，而且还具有对电动机的失压和欠压（或零压）保护作用。

（一）欠压保护

　　欠压是指线路电压低于电动机应加的额定电压。欠压保护是指当线路电压下降到某一数值时，电动机能自动脱离电源停转，避免电动机在欠压下运行的一种保护。当线路电压下降到一定值（一般指低于额定电压85%）时，接触器线圈两端电压也同样下降到此值，使接触器线圈磁通减弱，产生的电磁吸力减小。当电磁吸力减小到小于反作用弹簧的拉力时，动铁心被迫释放，主触头和自锁触头同时分断，自动切断主电路和控制电路，电动机失电停转，起到了欠压保护的作用。

（二）失压保护

　　失压保护是指电动机在正常运行中，由于外界某种原因引起突然断电时，能自动切断电动机电源；当重新供电时，保证电动机不能自行启动的一种保护。当线路停电时，接触器自锁触头和主触头在电源断电时已经分断，使控制电路和主电路都不能接通，所以在电源恢复供电时，电动机就不会自行启动运转，保证了人身和设备的安全。

　　自锁控制适用于一切连续运行的电动机。

四、具有过载保护的接触器自锁正转控制线路

　　具有过载保护的接触器自锁正转控制线路是在接触器自锁正转控制线路中，增加了一只热继电器 FR，电路如图 2-5 所示。该线路不但具有短路保护、欠压保护、失压保护、而且具有过载保护作用，在生产实际中获得广泛应用。

　　在图 2-5 所示电路中，隔离开关 QS 作电源隔离开关；熔断器 FU_1、FU_2 分别作主电路、控制电路的短路保护；FU 作过载保护；KM 作欠压保护、失压保护；启动按钮 SB_1 控制接触器 KM 的线圈得电；停止按钮 SB_2 控制接触器 KM 的线路失电；接触器 KM 的主触头控制电动机 M 的启动与停止。

　　电动机在运行的过程中，如果长期负载过大，或启动操作频繁，或者缺相运行，都可能使电动机定子绕组的电流增大，超过其额定值。而在这种情况下，熔断器往往并不熔断，从而引起定子绕组过热，使温度持续升高。若温度超过允许温升，就会造成绝缘损坏，缩短电动机的使用寿命，严重时甚至会烧毁电动机的定子绕组。因此，对电动机必须采用过载保护措施。

　　过载保护是指当电动机过载时，能自行切断电动机的电源，使电动机停转的一种保护（见图 2-6）。在电动机控制线路中，最常用的过载保护电器是热继电器，它的热元件串接在三相主电路中，常闭触头串接在控制电路中。在电动机运行过程中，若电动机出现长期过载或其他原因使电流超过额定值时，热继电器 FR 动作时，其常闭触头断开，KM 线圈失电，主触头断开，电动机失电停止运转。

　　注意：熔断器和热继电器都是保护电器，两者不能相互代替使用。

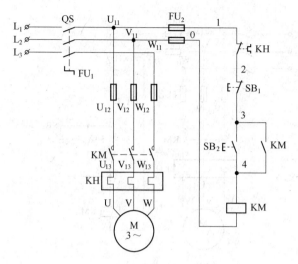

图 2-5 具有过载保护的接触器
自锁正转控制线路

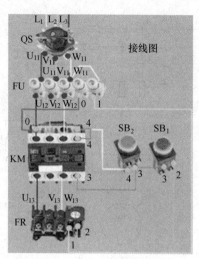

图 2-6 具有过载保护的接触器
自锁正转控制接线图

在照明、电加热等电路中，熔断器 FU 既可以作短路保护，也可以作过载保护。但对三相异步电动机控制线路来说，熔断器只能用作短路保护。这是因为三相异步电动机的启动电流很大（全压启动时的启动电流能达到额定电流的 4~7 倍），若用熔断器作过载保护，则选择的额定电流就应等于或稍大于电动机的额定电流，这样电动机在启动时，由于启动电流大大超过了熔断器的额定电流，使熔断器在很短的时间内熔断，造成电动机无法启动。所以熔断器只能作短路保护，熔体额定电流应取电动机额定电流的 1.5~2.5 倍。

热继电器在三相异步电动机控制线路中也只能作过载保护，不能用作短路保护。这是因为热继电器的热惯性大，即热继电器的双金属片受热膨胀弯曲需要一定时间。当电动机发生短路时，由于短路电流很大，热继电器还没来得及动作，供电线路和电源设备可能就已经损坏。而在电动机启动时，由于启动时间很短，热继电器还未运作，电动机已启运完毕。总之，热继电器和熔断器两者所超的作用不同，不能相互代替使用。

五、连续与点动的控制线路

有些生产机械常常要求电机既能连续运转，又能实现点动控制，实现这种工艺要求的线路是连续与点动混合正转控制线路，电路如图 2-7 所示。

图 2-7a 把手动开关 SA 串接在自锁电路中。SA 闭合或打开时，就可实现电动机的连续或点动控制。

工作原理如下：

（一）连续控制（SA 闭合）

启动：按下 SB₁ —→ KM 线圈得电并自锁 —→ 电动机 M 启动连续运转

停止：按下 SB₂ —→ KM 线圈失电触头复位 —→ 电动机 M 失电停转

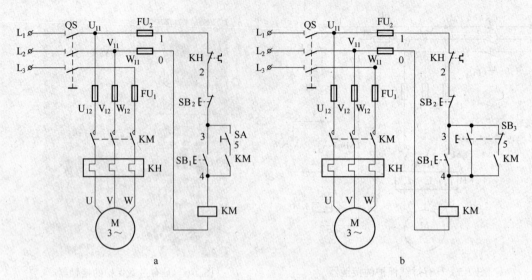

图 2-7　点动与连续控制线路

（二）点动控制（SA 断开）

启动：按下 SB$_1$ ⟶ KM 线圈得电 ⟶ KM 主触头闭合 ⟶ 电动机 M 得电运转
停止：松开 SB$_1$ ⟶ KM 线圈失电 ⟶ KM 主触头分断 ⟶ 电动机 M 失电停转

　　图 2-7b 是在启动按钮 SB$_1$ 的两端并接一个复合按钮 SB$_3$。按下 SB$_3$ 时，常闭触头断开自锁常开触头，实现电动机的点动控制。
　　工作原理如下：

（一）连续控制

启动：按下 SB$_1$ ⟶ KM 线圈得电 ┬ ⟶ KM 主触头闭合 ──────┬⟶ 电动机 M 启
　　　　　　　　　　　　　　　　　　└⟶ KM 辅助常开触头闭合 ─┘　动连续运转

停止：按下 SB$_2$ ⟶ KM 线圈失电 ┬ ⟶ KM 主触头分断 ──────┬⟶ 电动机 M 失
　　　　　　　　　　　　　　　　　　└⟶ KM 辅助常开触头分断 ─┘　电停转

（二）点动控制

启动：按下 SB$_3$ ┬⟶ SB$_3$ 常闭触头先分断切断自锁电路
　　　　　　　　　　└⟶ SB$_3$ 常开触头后闭合 ⟶ KM 线圈得电 ⟶ 主触头闭合 ┐
　　　　　　　　　　　　　　　　　　　　　电动机 M 点启动运转 ←───────────┘

停止：松开 SB$_3$ ┬⟶ SB$_3$ 常闭触头后恢复闭合
　　　　　　　　　　└⟶ SB$_3$ 常开先恢复分断 ⟶ KM 线圈失电 ⟶ 主触头分断 ┐
　　　　　　　　　　　　　　　　　　　　　电动机 M 失电停转 ←───────────┘

六、多地控制或多条件控制

在大型生产设备上，为使操作人员在不同方位均能进行控制操作，常常要求组成多地联锁控制电路，如图 2-8 所示。

从图 2-8 电路中可以看出，多地控制电路只需多用几个启动按钮和停止按钮，无需增加其他电器元件。启动按钮应并联，停止按钮应串联，分别装在几个地方。

从电路工作分析可以得出以下结论：若几个电器都能控制某接触器通电，则几个电器的常开触点应并联接到某接触器的线圈控制电路，即形成逻辑"或"关系；若几个电器都能控制某接触器断电，则几个电器的常闭触点应串联接到某接触器的线圈控制电路，形成逻辑"与""非"的关系。

图 2-9 为多条件控制线路，适用于电路的多条件保护。电路中按钮或开关的常开触点串联，常闭触点并联。多个条件都满足（动作）后，才可以起动或停止。

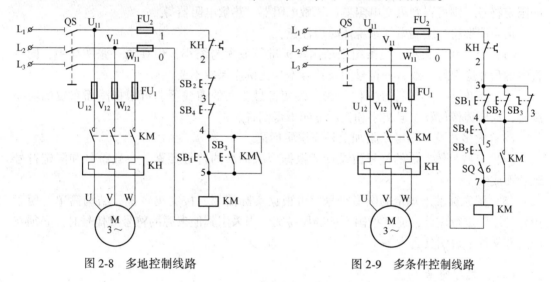

图 2-8　多地控制线路　　　　　　　　　图 2-9　多条件控制线路

子情境 2　电气控制线路图的绘制及分析

一、常用电气控制系统的图形符号

（一）图形符号

图形符号常用于图样或其他文件，表示一个设备或概念的图形、标记或字符。电气控制系统图中的图形符号必须按照国家标准绘制。国家电气图用符号标准 GB/T 4728.13—2008《电气简图用图形符号》规定了电气图中图形符号的画法，该标准与国家电气制图标准 GB 6980 于 1990 年 1 月 1 日正式贯彻执行。国家标准中规定的图形符号基本与国际电气技术委员会（IEC）发布的有关标准相同。

图形符号包含符号要素、限定符号、一般符号以及常用的非电操作控制的动作符号

（如机械控制符号等），根据不同的具体器件情况组合构成。国家标准除给出各类电气元件的符号要素、限定符号和一般符号外，也给出了部分常用图形符号及组合图形符号示例。

1. 符号要素

一种具有确定意义的简单图形，必须与其他图形组合才构成一个设备或概念的完整符号。如接触器常开主触点的符号就由接触器触点功能符号和常开触点符号组合而成。

2. 一般符号

表示一类产品和此类产品特征的一种简单的符号。如电动机可用一个圆圈表示，圆圈中加 G 表示发电机，圆圈中加 M 表示电动机。

3. 限定符号

用于提供附加信息的一种加在其他符号上的符号，称为限定符号。限定符号一般不能单独使用，但它可以使图形符号更具多样性。如在电阻器一般符号的基础上分别加上不同的限定符号，则可得到可变电阻器、压敏电阻器、热敏电阻器等。

运用图形符号绘制电气系统图时应注意：

（1）符号尺寸大小、线条粗细依国家标准可放大与缩小，但在同一张图样中，同一符号的尺寸应保持一致，各符号间及符号本身比例应保持不变。

（2）标准中示出的符号方位，在不改变符号含义的前提下，可根据图面布置的需要旋转，或成镜像位置，但文字和指示方向不得倒置。

（3）大多数符号都可以附加上补充说明标记。

（4）有些具体器件的符号由设计者根据国家标准的符号要素、一般符号和限定符号组合而成。

（5）国家标准未规定的图形符号，可根据实际需要，按突出特征、结构简单、便于识别的原则进行设计，但需报国家标准局备案。当采用其他来源的符号或代号时，必须在图解和文件上说明其含意。

（二）文字符号

文字符号用于电气技术领域是技术文件的编制，以标明电气设备、装置和元器件的名称及电路的功能、状态和特征。国家标准 GB 7159—1987《电气技术中的文字符号制定通则》规定了电气工程图中的文字符号，它分为基本文字符号和辅助文字符号。

1. 基本文字符号

基本文字符号有单字母符号与双字母符号两种。

单字母符号按拉丁字母顺序将各种电气设备、装置和元器件划分为 23 大类，每一类由一个专用单字母符号表示，如"C"表示电容器类。

双字母符号由一个表示种类的单字母符号与另一个字母组成，且以单字母符号在前，另一字母在后的次序列出，如"F"表示保护器件类，"FU"则表示为熔断器。

2. 辅助文字符号

辅助文字符号用来表示电气设备、装置和元器件以及电路的功能、状态和特征的。

3. 补充文字符号的原则

（1）在不违背国家标准文字符号编制原则的条件下，可采用国家标准中规定的电气技术文字符号；

（2）在优先采用基本和辅助文字符号的前提下，可补充国家标准中未列出的双字母文字符号和辅助文字符号。

（3）使用文字符号时，应按电气名词术语国家标准中规定的英文术语缩写而成。

（4）基本文字符号不得超过两位字母，辅助文字符号一般不超过三位字母。文字符号采用拉丁字母大写正体字，且拉丁字母中"I"和"O"不允许单独作为文字符号使用。

常用电器、电机的图形符号与文字符号见附录。

二、电气控制系统图的绘制规则

（一）电气控制系统图

电气控制系统是由许多电器元件按一定要求连接而成的。为了表达生产机械电气控制系统的结构、原理等设计意图，同时也为了便于电器元件的安装、接线、运行、维护，将电气控制系统中各电器的连接用一定的图形表示出来，便形成电气控制系统图。

由于电气控制系统图的对象复杂，应用领域广泛，表达形式多种多样，因此表示一项电气工程或一种电器装置的电气控制系统图有多种，它们以不同的表达方式反映工程问题的不同侧面，但又有一定的对应关系，有时需要对照起来阅读。

电气控制系统图从功能分类，可以分为电气原理图、电气装配图、电气接线图和电气布置图；从类别分类，可以分为电气配电系统图、电气照明系统图、电力拖动电气原理图。

（二）常用电气控制系统图及其绘制规则

1. 电气原理图

（1）定义：用规定的图形符号和文字符号代表各种电器，用线条代表导线，按一定的规律联接绘制的电气线路图，如图2-10所示。

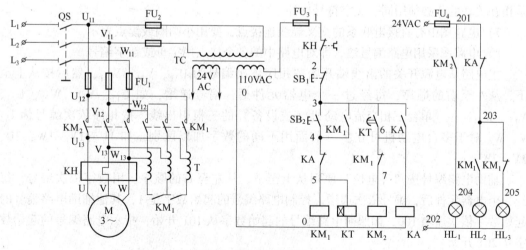

图2-10 电气原理图示例

电气原理图是为了便于阅读、分析控制线路，根据生产机械运动形式对电气控制系统的要求，采用国家统一规定的电气图形符号和文字符号，按照电气设备和电器的工作顺序排列，详细表示电路、设备或成套装置的全部基本组成和连接关系的一种简图，它不涉及电器元件的结构尺寸、材料选用、安装位置和实际配线方法。电气原理图是电气控制系统图中最重要的种类之一，也是识图的难点和重点。

（2）作用：表达电气设备和电器的用途、作用和工作原理，是线路安装、调试和维修的理论依据。

（3）组成：电源电路、主电路、辅助电路（控制电路、照明电路、指示电路）。

（4）特点：

1）电源线水平绘制，三相交流电源相序自上而下 L_1、L_2、L_3 依次排列，若有 N、PE，或直流"+"、"−"，则应依次画在相线之下。电源开关水平画出。

2）主电路是指受电的动力装置及控制、保护电器的支路等，是电源向负载提供电能的电路，它由主熔断器、接触器的主触头、热继电器的热元件以及电动机等组成。主电路通过电动机的工作电流，电流比较大。主电路用粗实线垂直于电源电路绘于电路图的左侧。

3）辅助电路一般包括控制主电路工作状态的控制电路、显示主电路工作状态的指示电路、提供机床设备局部照明的照明电路等。一般由主令电器的触头、接触器的线圈和辅助触头、继电器原线圈和触头、仪表、指示灯及照明灯等组成。通常辅助电路通过的电流较小，一般不超过 5A。通常按控制电路、指示电路、照明电路的顺序，用细实线依次垂直画在主电路的右侧。耗能元件（如接触器和继电器的线圈、指示灯、照明灯）画在最下方，电器触头画在耗能元件与电源线之间。

为了读图方便，一般应按照自左至右、自上而下的排列来表示操作顺序。

4）电器触头按未通电或不受外力作用时的正常状态绘制，电器动作按动作顺序从上到下，从左到右依次排列。分析原理时应从触头的常态位置出发。

5）电器元件用国家统一规定的电气图形符号画出。

6）同一电器的不同部件可以按其在电路中的作用，画在不同电路中，但它们的动作是相互关联的，必须用同一文字符号标注。

7）电路图中有直接电联系的交叉导线连接点，要用小圆圈或黑点表示。

8）电路图采用电路编号法，即对电路中的各个接点用字母或数字编号。

主电路从电源开关的出线端开始按相序依次编号为 U_{11}、V_{11}、W_{11}，然后按从上至下、从左至右的顺序，每经过一个电器元件后，编号递增，如 U_{12}、V_{12}、W_{12}、U_{13}、V_{13}、W_{13}，…。单台三相交流电动机（或设备）的三根引出线，按相序依次编号为 U、V、W。对于多台电动机可在字母前面用不同的数字加以区别，如 1U、1V、1W，2U、2V、2W，…。

辅助电路编号按"等电位"原则从上至下，从左至右的顺序，用数字依次编号，每经一个电器元件后，编号依次递增。控制电路编号的起始数字是 1，其他辅助电路编号的起始数字依次递增 100，如照明电路编号的起始数字从 101 开始，指示电路编号的起始数字从 201 开始。

2. 接线图

（1）定义：用规定的图形符号和文字符号，按电器实际相对位置绘制的实际接线图和安装接线图，如图 2-11 所示。

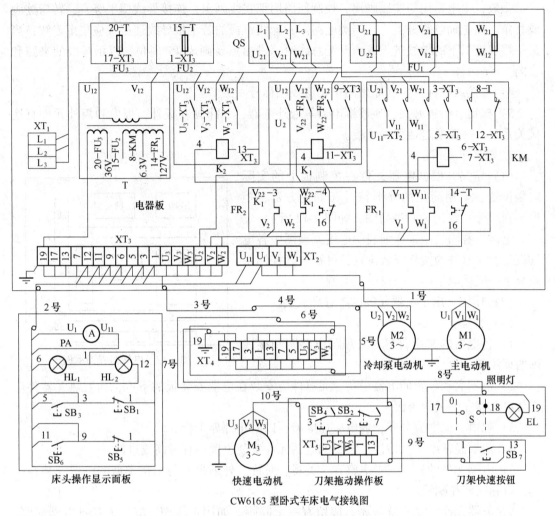

CW6163 型卧式车床电气接线图

图 2-11　电气接线图示例

接线图是根据电气设备和电器元件的实际位置和安装情况绘制的，它只用来表示电气设备和电器元件的位置、配线方式和接线方式，而不明显表示电气动作原理和电气元器件之间的控制关系。

通常接线图与电气原理图和元件布置图一起使用。

（2）作用：用于安装接线，线路检查维修和故障处理。

（3）特点：

1）接线图表示了元器件的相对位置，文字符号、端子号、导线类型、导线截面、屏蔽和导线绞合等。

2）电器元件的图形、文字符号与原理图相同，元件按所在实际位置绘制在同一图纸上，且同一电器的不同部件集中画在一起，并用点划线框上。

3）接线图导线有单根导线、导线组、电缆之分，可用连续线和中断线表示。凡导线走向相同的可以合并，用线束表示，到达接线端子板或电器元件的连接点时再分别画出。

一般，主电路用粗实线画出，控制回路用细实线画出，连接导线横平竖直，转弯处画成直角。按主辅电路分类，凡同类电路同一配线路径的若干根导线连接线应集束走线；当某一接线柱引下的导线进入或离开汇总线时，进出点要画成45°斜角，以示导线的来路和去向。

4）各接线柱标号应和原理图中相应线端标号一致。

5）按钮、行程开关、速度继电器等板外电器，一律画在板外，板内和板外元件有连接关系时，一律通过接线端子板。

3. 电气布置图

（1）定义：根据电器元件在控制板上的实际安装位置，采用简化的外形符号（如正方形、矩形、圆形等）绘制的一种简图，如图2-12所示。

电器位置图是用来详细表明电气原理图中各电气设备、元器件的实际安装位置，可视电气控制系统复杂程度采取集中绘制或单独绘制。

（2）作用：用于电器元件的布置和安装。

（3）特点：

1）各电器的文字符号，必须与电路图和接线图的标注相一致。

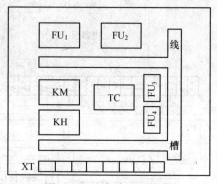

图2-12　电气布置图示例

2）体积大和较重的电器设备、元器件应安装在电器安装板的下方，而发热元器件应安装在电器安装板的上面。

3）强电、弱电应分开，弱电应加屏蔽，以防止外界干扰。

4）需要经常维护、检修、调整的电器元件安装位置不宜过高或过低。

5）电器元件的布置应考虑整齐、美观、对称。外形尺寸与结构类似的电器安装在一起，以利安装和配线。

6）电器元件布置不宜过密，应留有一定间距。如用走线槽，应加大各排电器间距，以利于布线和故障维修。

在实际工作中，电气原理图、电气布置图、电气接线图应结合起来使用。

子情境3　三相异步电动机的正反转控制线路

在实际工作中，生产机械常常需要运动部件可以正、反两个方向的运动，这就要求电动机能够实现可逆运行。由电机原理可知，三相交流电动机可改变定子绕组相序来改变电动机的旋转方向。因此，借助于接触器来实现三相电源相序的改变，即可实现电动机的可逆运行。下面介绍几种常用的正反转控制线路。

一、倒顺开关正反转控制线路

倒顺开关正反转控制线路如图2-13所示，通过倒顺开关进行换相，实现电动机的正反转。万能铣床主轴电动机的正反转控制就是采用倒顺开关来实现的。

线路的工作原理如下：

QS 手柄置于"停"位置，QS 动、静触头不接触，电路不通，电动机不转。

QS 手柄置于"顺"位置，QS 动触头的左边与静触头相接触，电路按 L_1-U、L_2-V、L_3-W 接通，输入电动机定子绕组的电源相序为 $L_1—L_2—L_3$，电动机正转。

QS 手柄置于"倒"位置，QS 动触头的右边与静触头相接触，电路按 L_1-W、L_2-V、L_3-U 接通，输入电动机定子绕组的电源相序为 $L_3—L_2—L_1$，电动机反转。

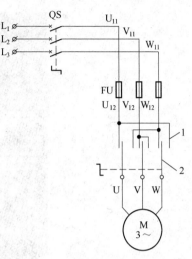

图 2-13 倒顺开关正反转控制

使用时，当电动机处于状态时，要使它反转，应先把手柄扳到"停"位置，使电动机先停转，然后再把手柄扳到"倒"位置，使它反转。若直接把手柄由"顺"扳至"倒"的位置，电动机的定子绕组会因为电源突然反接而产生很大的反接电流，易使电动机定子绕组因过热而损坏。

倒顺开关正反转控制线路使用电器较少，线路比较简单，但它是一种手动控制线路，在频繁换向时，操作人员劳动强度大，操作安全性差，所以这种线路一般用于控制额定电流 10A、功率在 3kW 及以下的小容量电动机。

二、接触器联锁正反转控制线路

接触器联锁正反转控制线路如图 2-14 所示，正反转控制接线图如图 2-15 所示。线路

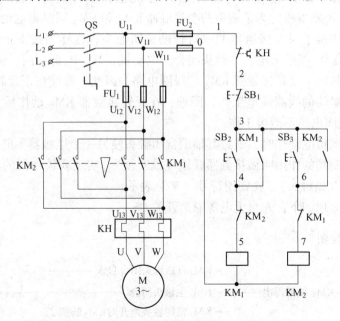

图 2-14 接触器联锁正反转控制线路

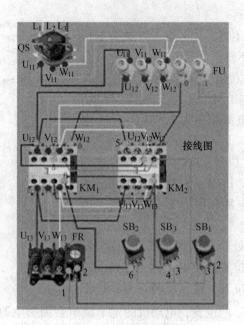

图 2-15　正反转控制接线图

中采用了两个接触器，即正转用的接触器 KM_1 和反转用的接触器 KM_2，它们分别由正转按钮 SB_2 和反转按钮 SB_3 控制。从主电路中可以看出，这两个接触器的主触头所接通的电源相序不同，KM_1 按 L_1-L_2-L_3 相序接线，KM_2 则按 L_3-L_2-L_1 相序接线。相应地控制电路有两条：一条是由按钮 SB_2 和接触器 KM_1 线圈等组成的正转控制电路；另一条是由按钮 SB_3 和接触器 KM_2 线圈组成的反转控制电路。

必须指出，接触器 KM_1 和 KM_2 和主触头绝不允许同时闭合，否则将造成两相电源（L_1 相和 L_3 相）短路事故。为了避免两个接触器 KM_1 和 KM_2 同时得电动作，在正、反转控制电路中分别串接了对方接触器的一对辅助常闭触头。这样当按下正转启动按钮 SB_2 时，正转接触器 KM_1 线圈通电，主触头闭合，电动机正转，与此同时，由于 KM_1 的辅助常闭触头断开而切断了反转接触器 KM_2 的线圈电路。因此，即使按下反转启动按钮 SB_3，也不会使反转接触器的线圈通电工作。同理，在反转接触器 KM_2 动作后，也保证了正转接触器 KM_1 的线圈电路不能再工作。

当一个接触器得电动作时，通过其辅助常闭触头使另一个接触器不能得电动作，接触器之间这种相互制约的作用叫做接触器联锁（或互锁）。实现联锁作用的辅助常闭触头称为联锁触头（或互锁触头），联锁用符号"▼"表示。

线路的工作原理如下：先合上电源隔离开关 QS。

（一）　正转控制

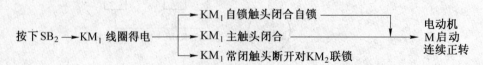

（二）反转控制

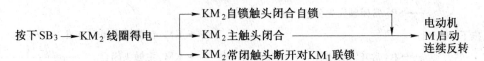

按下 SB₃ → KM₂ 线圈得电
- → KM₂ 自锁触头闭合自锁
- → KM₂ 主触头闭合
- → KM₂ 常闭触头断开对 KM₁ 联锁

电动机 M 启动连续反转

（三）停车

按下 SB₁，整个控制电路失电，主触头分断，电动机 M 失电停转。

接触器联锁正反转控制线路中，电动机从正转变为反转时，必须先按下停止按钮后，才能按反转启动按钮，否则由于接触器的联锁，不能实现反转。因此线路工作台安全可靠，但操作不便。

三、按钮、接触器双重联锁正反转控制线路

按钮、接触器双重联锁正反转控制线路如图 2-16 所示。线路中把正转按钮 SB₂ 和反转按钮 SB₃ 换成两个复合按钮，并把两个复合按钮的常闭触头也串接在对方的控制电路中，这样就克服了接触器联锁正反转控制线路操作不便的缺点，使线路操作方便，工作可靠。

线路工作原理如下：先合上电源隔离开关 QS。

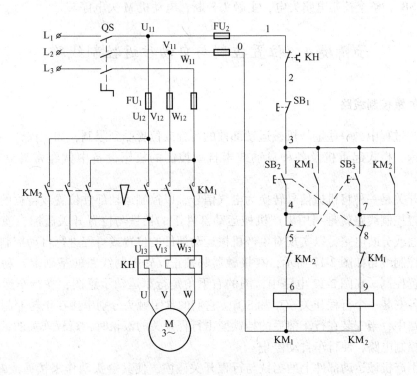

图 2-16　双重联锁正反转控制线路

（一） 正转控制

（二） 反转控制

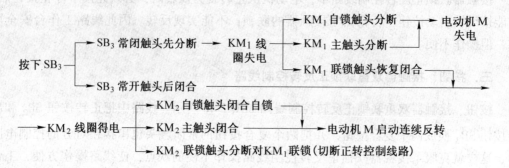

（三） 停车

按下 SB_1，整个控制电路失电，主触头分断，电动机 M 失电停转。

子情境4　位置控制与自动往返控制线路

一、位置控制线路

在生产过程中，一些生产机械运动部件的行程或位置受到限制，如在摇臂钻床、万能铣床、镗床、桥式起重机及各种自动或半自动控制的机床设备中就经常遇到这种控制要求。

位置开关是一种将机械信号转换为电气信号，以控制运动部件位置或行程的自动控制电器。位置控制线路就是利用生产机械运动部件上的挡铁与位置开关碰撞，使其触头动作，来接通或分断电路，以实现对生产机械运动部件的位置或行程进行自动控制。

位置控制线路如图 2-17 所示，在接触器联锁正反转控制线路的基础上，利用行程开关实现位置控制。在图 2-17 电路中，图的右下角是行车运动示意图，在行车运行路线的两头终点各安装一个行程开关 SQ_1 和 SQ_2，它们的常闭触头分别串接在正转控制电路和反转控制电路中，当安装在行车前后的挡铁撞击行程开关的滚轮时，行程开关的常闭触头分断，切断控制电路，使行车自动停止。

利用生产机械运动部件上的挡铁与行程开关碰撞，使其触头动作来接通或断开电路，以实现对生产机械运动部件的位置或行程的自动控制的方法称为位置控制，又称行程控制或限位控制。

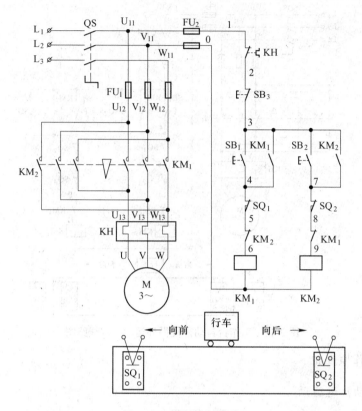

图 2-17　位置控制线路

　　利用行程开关按照机械设备的运动部件的行程位置进行的控制，称为行程控制原则，是机械设备自动化和生产过程自动化中应用最广泛的控制方法之一。

　　图 2-17 所示位置控制线路的工作原理请参照接触器联锁正反转控制线路自行分析。行车的行程和位置可通过移动行程开关的安装位置来调节。

　　位置控制常用于电梯、摇臂钻床、万能铣床、镗床等设备。

二、自动往返控制线路

　　在生产过程中，有些生产机械如机床的工作台、高炉加料设备等均需要在一定的行程内自动往复运行，以实现对工作的连续加工，提高生产效率。这就需要电气控制线路能控制电动机实现自动换接正反转来实现生产机械的往复运动。通常是利用行程开关来检测往复运动的相对位置，进而控制电动机的正反转。

　　图 2-18 为自动往复循环运动示意图及控制线路图。为了使电动机的正反转控制与工作台的左右运动相配合，在控制线路中设置了四个行程开关，并把它们安装在工作台需限位的地方。其中 SQ_1 为正向转反向行程开关，SQ_2 为反向转正向行程开关，SQ_3、SQ_4 为正反向终端保护行程开关，以防止 SQ_1、SQ_2 失灵，工作台越过限定位置而造成事故。在工作台边的 T 形槽中装有两块挡铁。当工作台运动到所限位置时，挡铁碰撞行程开关，使其触头动作，自动换接电动机正反转控制电路，通过机械传动机构使工作台自动往返运动。工作台行程可通过移动挡铁位置来调节，拉开两块挡铁间的距离，行程变短，反之则变长。

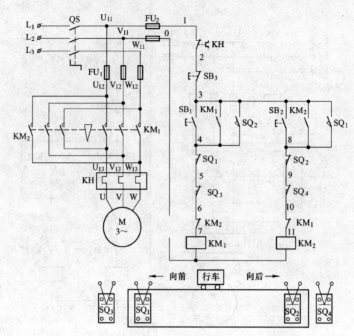

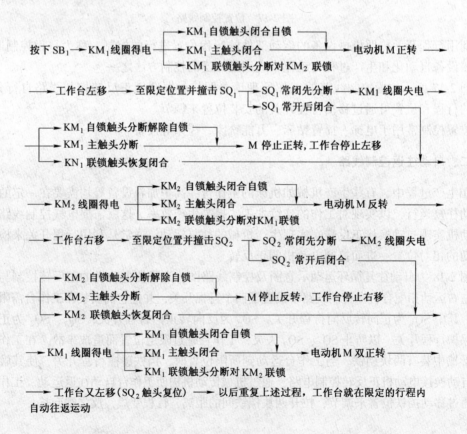

图 2-18 工作台自动往复循环运动控制线路图

线路的工作原理如下：

（一）自动往返运动

按下 SB₁ → KM₁ 线圈得电 → KM₁ 自锁触头闭合自锁 →
→ KM₁ 主触头闭合 → 电动机 M 正转 →
→ KM₁ 联锁触头分断对 KM₂ 联锁 →

—→ 工作台左移 → 至限定位置并撞击 SQ₁ → SQ₁ 常闭先分断 → KM₁ 线圈失电 →
→ SQ₁ 常开后闭合 →

—→ KM₁ 自锁触头分断解除自锁 →
→ KM₁ 主触头分断 → M 停止正转，工作台停止左移 →
→ KN₁ 联锁触头恢复闭合 →

—→ KM₂ 线圈得电 → KM₂ 自锁触头闭合自锁 →
→ KM₂ 主触头闭合 → 电动机 M 反转 →
→ KM₂ 联锁触头分断对 KM₁ 联锁 →

—→ 工作台右移 → 至限定位置并撞击 SQ₂ → SQ₂ 常闭先分断 → KM₂ 线圈失电 →
→ SQ₂ 常开后闭合 →

—→ KM₂ 自锁触头分断解除自锁 →
→ KM₂ 主触头分断 → M 停止反转，工作台停止右移 →
→ KM₂ 联锁触头恢复闭合 →

—→ KM₁ 线圈得电 → KM₁ 自锁触头闭合自锁 →
→ KM₁ 主触头闭合 → 电动机 M 双正转 →
→ KM₁ 联锁触头分断对 KM₂ 联锁 →

—→ 工作台又左移（SQ₂ 触头复位） → 以后重复上述过程，工作台就在限定的行程内自动往返运动

（二）停止

按下 SB_3 整个控制电路失电，主触头分断，电动机 M 失电停转。

SB_1、SB_2 分别作为正转启动按钮和反转启动按钮，若启动进工作台在左端，则应按下 SB_2 进行启动。

显然，自动往返控制线路，不仅能实现位置或行程控制，还具有终端保护，但它每一次往返，电动机都要经历两次反接制动过程。

自动往返控制常用于起重机、吊车、升降机、电梯、机床运动部件。

子情境 5 顺序控制线路

在装有多台电动机的生产机械上，各电动机所起的作用是不同的，有时需按一定的顺序启动或停止，才能保证操作过程的合理和工作的安全可靠。如磨床要求先启动润滑油泵，然后再启动主轴电动机；铣床的主轴旋转后，工作台方可移动等。顺序工作控制电路有顺序启动，同时停止控制电路；有顺序启动、顺序停止控制电路，还有顺序启动、逆序停止控制电路。

要求几台电动机的启动或停止必须按一定的先后顺序来完成的控制方式，叫做电动机的顺序控制。

一、主电路实现顺序控制

图 2-19 所示是主电路实现电动机顺序控制的电路图之一，线路的特点是电动机 M_1 和 M_2 分别通过接触器 KM_1 和 KM_2 来控制，接触器 KM_2 的主触头接在接触器 KM_1 主触头的下面。这样就保证了当 KM_1 主触头闭合，电动机 M_1 启动运转后，电动机 M_2 才可能接通电源运转。

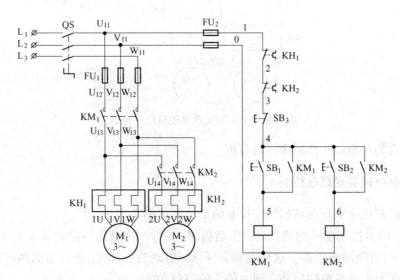

图 2-19 主电路实现电动机顺序控制

线路可以实现如下控制功能：

（1）同时启动、同时停止控制。先按下 SB_2，KM_2 线圈得电并自锁，主触头闭合，但 KM_2 主触头未接通电源。再按下 SB_1，KM_1 线圈得电并自锁，主触头闭合，M_1 和 M_2 电机同时启动运行。

停止时，按下 SB_3，控制电路失电，KM_1、KM_2 线圈失电，M_1 和 M_2 电动机同时失电停转。

（2）顺序启动，同时停止控制。

先按下 SB_1，KM_1 线圈得电并自锁，主触头闭合，M_1 电动机启动运行。再按下 SB_2，KM_2 线圈得电并自锁，主触头闭合，M_2 电动机启动运行。

停止时，按下 SB_3，控制电路失电，KM_1、KM_2 线圈失电，M_1 和 M_2 电动机同时失电停转。

图 2-20 所示是主电路实现电动机顺序控制的电路图之二，线路的特点是电动机 M_1 和 M_2 分别通过接触器 KM_1 和插头来控制，M_2 电动机的插头接在接触器 KM_1 主触头的下面，这样就保证了当 KM_1 主触头闭合，电动机 M_1 启动运转后，电动机 M_2 才可能接通电源运转。

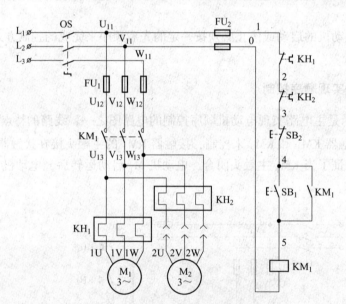

图 2-20　主电路实现电动机顺序控制

线路实现的功能和工作原理自行分析。

二、控制电路实现顺序控制

几种在控制电路实现电动机顺序控制的电路图如图 2-21 所示。

图 2-21a 所示控制电路的特点是：电动机 M_2 的控制电路先与接触器 KM_1 的线圈并接后再与 KM_1 的自锁触头串接，这样就保证了 M_1 启动后，M_2 才能启动的顺序控制要求。线路可达到两台电动机顺序启动、同时停止的控制功能。

图 2-21b 所示控制电路的特点是：只有 KM_1 线圈通电后，其串入 KM_2 线圈控制电路

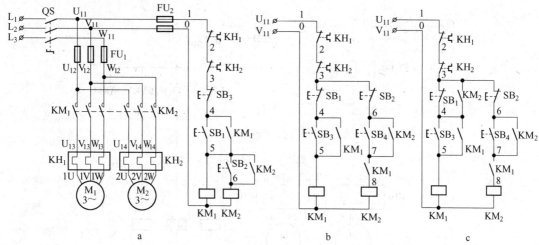

图 2-21 几种控制电路实现电动机顺序控制

中的常开触点 KM₁ 闭合，才能使 KM₂ 线圈存在通电的可能，以此制约了 M₂ 电动机的启动顺序。当按下 SB₁ 按钮时，接触器 KM₁ 线圈断电，其串接在 KM₂ 线圈控制电路中的常开辅助触点断开，保证了 KM₁ 和 KM₂ 线圈同时断电，其常开主触点断开，两台电动机 M₁、M₂ 同时停止，可实现两台电动机顺序启动、同时停止的控制功能。M₁、M₂ 顺序启动后，当按下 SB₂ 时，接触器 KM₂ 线圈断电，其常开主触点断开，电动机 M2 停转；再按下 SB1 时，接触器 KM₁ 线圈才断电，其常开主触点才断开，电动机 M₁ 才停转，这样，可实现两台电动机顺序启动、单独停止的控制功能。

图 2-21c 所示控制电路的特点是：在 KM₁ 停止按钮 SB₁ 的两端并接了接触器 KM₂ 的辅助常开触头。此控制电路停车时，必须先按下 SB₂ 按钮，切断 KM₂ 线圈的供电，电动机 M₂ 停止运转，其并联在按钮 SB₁ 下的常开辅助触点 KM₂ 断开；再按下 SB₁，才能使 KM₁ 线圈断电，电动机 M₁ 停止运转。这样，可实现 M₁ 启动后 M₂ 才能启动、M₂ 停止后 M₁ 才能停止，即两台电动机顺序启动、逆序停止的控制功能。

图 2-22 为利用时间继电器控制的顺序启动电路。其电路的特点是：利用时间继电器自动控制 KM₂ 线圈的通电。当按下 SB₂ 按钮时，KM₁ 线圈通电，电动机 M₁ 启动，同时时间继电器线圈 KT 通电，延时开始。经过设定时间后，串接入接触器 KM₂ 控制电路中的时间继电器 KT 的动合触点闭合，KM₂ 线圈通电，电动机 M₂ 启动。

实现顺序控制，应将先通电电器的常开触点串接在后通电的电器的线圈控制电路中，将先断电的电器的常开触点并联到后断电的电器的线圈控制电路中的停止按钮上（或其他断电触点）。方法有接触器和继电器触点的电气联锁、复合按钮联锁、行程开关联锁等。

例 2-1 图 2-23 所示是三条传送带运输机的示意图。对于这三条传输带运输机的电气要求是：

（1）启动顺序为 1 号、2 号、3 号，即顺序启动，以防止货物在带上堆积；

（2）停止顺序为 3 号、2 号、1 号，即逆序停止，以保证停车后带上不残存货物；

（3）当 1 号或 2 号出现故障停止时，3 号能随即停止，以免继续进料。试画出三条带运输机的电路图。

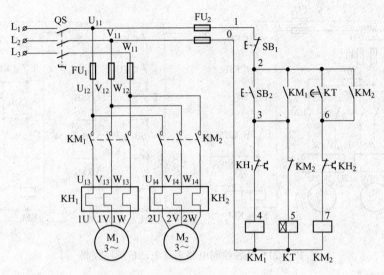

图 2-22　时间继电器顺序控制电路

解：分析题意，可知三条带运输机控制功能为顺序启动（M_1-M_2-M_3）、逆序停止（M_3-M_2-M_1），可选择图 2-21c 所示控制电路为基本电路，并考虑短路和过载保护，其电路图如图 2-24 所示。

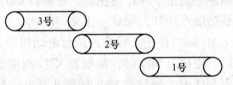

图 2-23　三条传送带运输机示意图

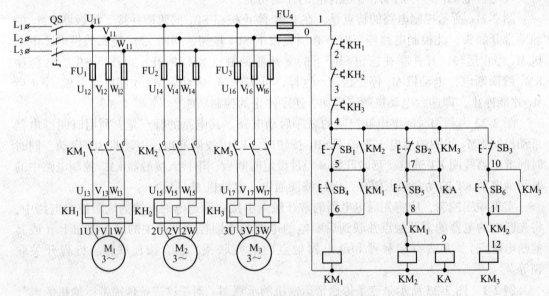

图 2-24　三条带运输机控制电气原理图

子情境6　三相交流异步电动机降压启动控制线路

上几节介绍的控制线路中，电动机都是采用直接启动，或者称为全压启动，它是通过开关或接触器，将额定电压直接加在定子绕组上使电动机启动的方法。这种方法的优点是启动设备少、控制线路简单、维修量较小、启动力矩较大、启动时间短。但启动电流大，一般为额定电流的 4~7 倍。在电源变压器容量不够大，而电动机的功率较大的情况下，直接启动将导致电源变压器输出电压下降，不仅会减小电动机本身的启动转矩（$T \propto U^2$），而且会影响同一供电线路中其他电气设备的正常工作，严重时会导致电动机无法启动。因此，直接启动只能用于电源容量较电动机容量大得多的情况。

电源容量是否允许电动机在额定电压下直接启动，可根据下式判断：

$$\frac{I_{St}}{I_N} \leq \frac{3}{4} + \frac{S}{4P}$$

式中　I_{St}——电动机全压启动电流，A；

　　　I_N——电动机额定电流，A；

　　　S——电源变压器容量，kV·A；

　　　P——电动机功率，kW。

通常规定：电源容量在 180kV·A 以上，电动机容量在 7.5kW 以下的三相异步电动机可采用直接启动。若电动机不能直接启动，均须采用降压启动。

三相笼型电动机降压启动的实质，就是在电源电压不变的情况下，启动时减小加在电动机定子绕组上的电压，以限制启动电流，而在启动后再将电压恢复至额定值，电动机进入正常运行。降压启动可以减少启动电流，减小线路电压降，也就减小了启动时对线路的影响，但电动机的电磁转矩是与定子端电压平方成正比，所以降压启动使得电动机的启动转矩相应减小，故降压启动适用于空载或轻载下启动。

降压启动是指利用启动设备将电压适当降低后，加到电动机的定子绕组上进行启动，待电动机启动运转后，再使其电压恢复到额定电压正常运转。

三相鼠笼型异步电动机降压启动的方法有：定子绕组电路串电阻（或串电抗器）降压启动、自耦变压器降压启动、丫-△联接降压启动；延边三角形降压启动等。

一、定子绕组电路串电阻降压启动

定子绕组串接电阻降压启动是在电动机启动时，把电阻串接在电动机定子绕组与电源之间，通过电阻的分压作用来降低定子绕组上的启动电压，待电动机启动后，再将电阻短接，使电动机在额定电压下正常运行。

（一）时间继电器自动控制线路

图 2-25 所示是按照时间控制原则设计的控制线路图。图中利用 KT 时间继电器控制切除 R 电阻的时间，避免过早切除 R 电阻引起大的启动电流，造成电压波动。

线路工作原理如下：

降压启动：先合上电源隔离开关 QS。

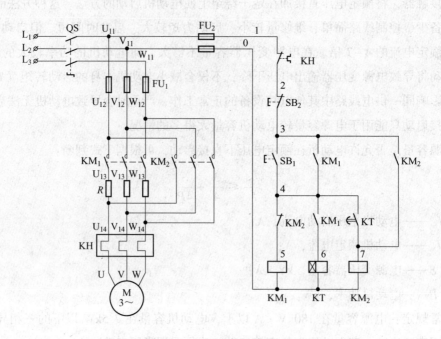

图 2-25　定子绕组串接电阻降压启动控制

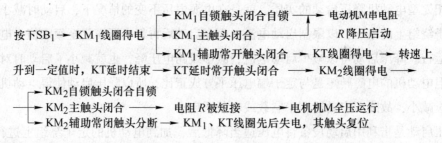

停止时，按下 SB_2，控制电路失电，KM_2 线圈失电，M 电动机失电停转。

（二）手动、自动控制线路

在图 2-26 手动、自动控制定子绕组串电阻降压启动控制线路中，SA 为手动、自动控制转换开关，SA 置于手动位置时，M 点接通；SA 置于自动位置时，A 点接通。其工作原理自行分析。

由以上分析可见，只要调整好时间继电器 KT 触头的动作时间，电动机由降压启动过程切换成全压运行过程就能准确可靠地自动完成。

启动电阻 R 一般采用由电阻丝绕制的板式电阻或铸铁电阻（常用 ZX_1、ZX_2）。铸铁电阻阻值小，能通过较大电流，功率大。每相串接的降压电阻 R 的阻值可按下列近似公式确定：

$$R = 190 \times \frac{I_{St} - I'_{St}}{I_{St} I'_{St}}$$

式中　I_{St}——未串电阻前的启动电流，A，一般取 $4 \sim 7I_N$；

　　　I'_{St}——串电阻后的启动电流，A，一般取 $2 \sim 3I_N$；

I_N——电动机的额定电流，A；

R——电动机每相串接的启动电阻，Ω。

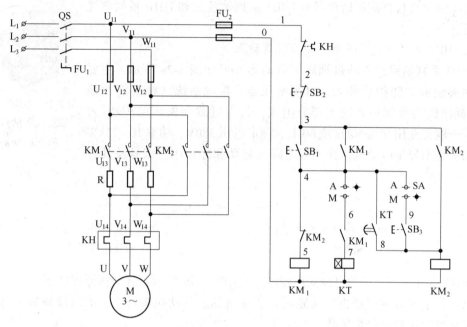

图 2-26　手动、自动控制定子绕组串接电阻降压启动

电阻功率可按 $P=I_N^2R$ 计算。由于启动电阻 R 仅在启动过程中接入，且启动时间很短，所以实际选用的电阻功率可比计算值减小 3～4 倍。若电动机定子回路只串接两相启动电阻，则电阻值可取计算值的 1.5 倍。

定子串电阻降压启动的方法不受电动机接线形式的限制，设备简单，在中小型生产机械上应用广泛。但是，能量损耗较大。为了节省能量可用电抗器来代替电阻，但其成本较高。

定子串电阻降压启动减小了电动机的启动转矩，且在启动时在电阻上功率消耗较大。如果频繁启动，电阻的温度将会很高，对于精密的机床会产生一定的影响，因此，目前这种降压启动的方法，在生产实际中的应用正在逐步减少。

二、自耦变压器降压启动

自耦变压器降压启动是将自耦变压器一次侧接在电网上，启动时定子绕组接在自耦变压器二次侧上（见图 2-27 示意图）。这样，启动时定子绕组得到的电压是自耦变压器的二次侧电压，改变自耦变压器抽头的位置可获得不同的启动电压。在实际应用中，自耦变压器一般有 65%、85% 等抽头。待电动机转速接近额定转速时，切断自耦变压器电路，把额定电压（即自耦变压器的一次侧电压）直接加在电动机的定子绕组上，电动机进入全压正常运行。

图 2-27　星形连接自耦变压器示意图

利用自耦变压器来进行降压启动装置为自耦减压启动器，其产品有手动式和自动式两种。

（一）手动自耦减压启动器

常用的手动自耦减压启动器有 QJD3 系列油浸式和 QJ10 系列空气
式两种。

1. QJD3 系列油浸式手动自耦减压启动器

QJD3 系列油浸式手动自耦减压启动器外形如图 2-28 所示，主要
由薄钢板制成的防护式外壳、自耦变压器、接触系统（触头浸在油
中）、操作机构及保护系统五部分组成，具有过载和失压保护功能。

图 2-28　QJD3 系列
油浸式手动自耦
减压启动器

适用于一般工业用交流 50Hz 或 60Hz、额定电压 380V、功率 10~75kW
的三相鼠笼型异步电动机，作不频繁降压启动和停止用。型号及其含
义如下：

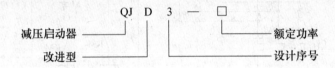

QJD3 系列油浸式手动自耦减压器电路图如图 2-29 所示，其动作原理如下：

当操作手柄扳到"停止"位置时，装在主轴上的动触头与上、下两排静触头都不接
触，电动机处于断电停止状态。

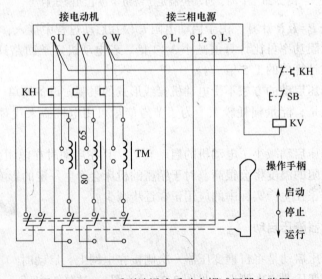

图 2-29　QJD3 系列油浸式手动自耦减压器电路图

当操作手柄向前推到"启动"位置时，装在主轴上的动触头与上面一排启动静触头
接触，三相电源 L_1、L_2、L_3 通过右边三个动、静触头接入自耦变压器，又经自耦变压器
的三个 65%（或 80%）抽头接入电动机进行降压启动；左边两个动、静触头接触则把自
耦变压器接成 Y 形。

当电动机的转速上升到一定值时，将操作手柄向后迅速扳到"运行"位置，使右边
三个动触头与下面一排的三个运行静触头接触，这时自耦变压器脱离，电动机与三相电源

L_1、L_2、L_3直接相接全压运行。

停止时，只要按下停止按钮 SB，失压脱扣器 KV 线圈失电，衔铁下落释放，通过机械操作机构使启动器掉闸，操作手柄便自动回到"停止"位置，电动机断电停转。

由于热继电器 FR 的常闭触头、停止按钮 SB、失压脱扣器线圈 KV 串接在 U、W 两相电源上，所以当出现电源电压不足、突然停电、电动机过载和停车等情况时都能使启动器掉闸，电动机断电停转。

启动器根据额定电压和额定功率，以选定其触头额定电流及启动用自耦变压器等结合而分类，其数据见表 2-1（对额定工作电流和热保护整定电流另有要求者除外）。

表 2-1　系列手动自耦减压启动器数据

型号	额定工作电压/V	控制的电动机功率/kW	额定工作电流/A	热保护额定电流/A	最大启动时间/s
QJD3-10		10	19	22	30
QJD3-14		14	26	32	
QJD3-17		17	33	45	
QJD3-20		20	37	45	
QJD3-22		22	42	45	40
QJD3-28	380	28	51	63	
QJD3-30		30	56	63	
QJD3-40		40	74	85	
QJD3-45		45	86	120	
QJD3-55		55	104	160	60
QJD3-75		75	125	160	

2. QJ10 系列空气式手动自耦减压启动器

QJ10 系列空气式手动自耦减压器外形如图 2-30 所示，主要由箱体、自耦变压器、触头系统（由一组启动触头、一组中性触头和一组运行触头构成）、手柄操作机构及保护装置五部分组成。适用于一般工业用交流 50Hz、额定电压 380V、功率 75kW 及以下的三相鼠笼型异步电动机，作不频繁降压启动和停止用。

QJ10 系列空气式手动自耦减压器电路图如图 2-31 所示，其动作原理如下：当操作手柄扳到"停止"位置时，所有的动、静触头均断开，电动机处于断电停止状态。

图 2-30　QJ10 系列空气式手动自耦减压器外形图

当操作手柄向前推到"启动"位置时，启动触头和中性触头同时闭合，三相电源经启动触头接入自耦变压器 TM，又经自耦变压器的三个抽头接入电动机进行降压启动，中性触头则把自耦变压器接成 Y 形。

当电动机的转速上升到一定值后，将操作手柄迅速扳到"运行"位置，启动触头和中性触头先同时断开，运行触头随后闭合，这时自耦变压器脱离，电动机与三相电源 L_1、

L_2、L_3 直接相接全压运行。停止时，按下 SB 即可。

（二）XJ01 系列自动式自耦减压启动器

XJ01 系列自耦减压器启动箱外形与图 2-30 相似，不同厂家，有不同的风格。一般由自耦变压器、交流接触器、中间继电器、热继电器、时间继电器和按钮等电器元件组成。14～75kW 的产品，采用自动控制方式；100～300kW 的产品，具有手动和自动两种控制方式，由转换开关进行切换。时间继电器为可调式，在 5～120s 内可以自由调节启动时间。自耦变压器备有额定电压 60% 和 80% 两挡抽头。启动箱具有过载和失压保护功能，最大启动时间为 2min，若启动时间超过 2min，则启动后的冷却时间应不少于 4h 才能再次启动。

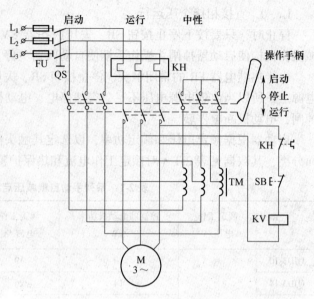

图 2-31　QJ10 系列空气式手动自耦减压器电路图

图 2-32 为 XJ01 系列自耦减压启动器控制电路图。图中 KM_1 为减压启动接触器，KM_2 为全压运行接触器，KA 为中间继电器，KT 为减压启动时间继电器，HL_1 为电源指示灯，HL_2 为减压启动指示灯，HL_3 为正常运行指示灯。表 2-2 列出了部分 XJ01 系列自耦变压器减压启动器技术参数。

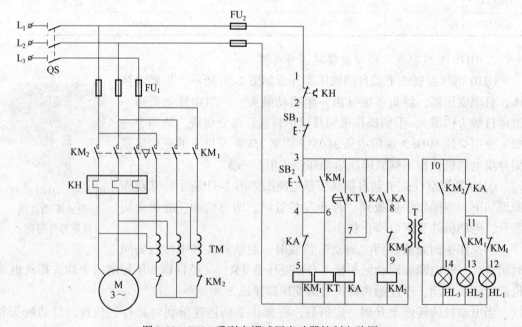

图 2-32　XJ01 系列自耦减压启动器控制电路图

表 2-2　XJ01 系列自耦减压启动器技术数据

型号	被控制电动机功率/kW	最大工作电流/A	自耦变压器功率/kW	电流互感器变比	热继电器整定电流/A
XJ01-14	14	28	14	—	32
XJ01-20	20	40	20	—	40
XJ01-28	28	58	28	—	63
XJ01-40	40	77	40	—	85
XJ01-55	55	110	55	—	120
XJ01-75	75	142	75	—	142
XJ01-80	80	152	115	300/5	2.8
XJ01-95	95	180	115	300/5	3.2
XJ01-100	100	190	115	300/5	3.5

电路工作分析：

合上主电路与控制电路电源开关 QS，HL_1 灯亮，表示电源电压正常。按下启动按钮 SB_2，KM_1、KT 线圈同时通电并自锁，将自耦变压器接入主电路，电动机由自耦变压器供电作减压启动，同时指示灯 HL_1 灭，HL_2 亮，显示电动机正进行减压启动。当电动机转速接近额定转速时，时间继电器 KT 通电延时闭合触点闭合，使 KA 线圈通电并自锁，其常闭触点断开 KM_1 线圈供电控制电路，KM_1 线圈断电释放，将自耦变压器从主电路切除；KA 的另一对常闭触点断开，HL_2 指示灯灭；KA 的常开触点闭合，接触器 KM_2 线圈通电吸合，电源电压全部加在电动机定子上，电动机在额定电压下正常运转，同时，KM_2 常开触点闭合，HL_3 指示灯亮，表示电动机减压启动结束。由于自耦变压器星形联接部分的电流为自耦变压器一、二次电流之差，所以用 KM_2 辅助触点来连接。

（三）其他形式的自耦变压器降压启动控制线路（工作原理自行分析）

（1）按钮、接触器控制的自耦变压器降压启动控制线路（如图 2-33 所示）。

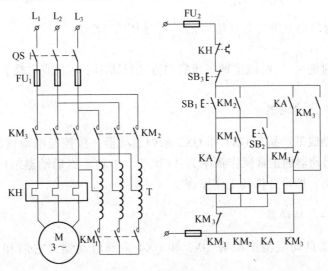

图 2-33　按钮、接触器控制的自耦变压器降压启动控制线路

（2）时间继电器控制的自耦变压器降压启动控制线路（如图 2-34 所示）。

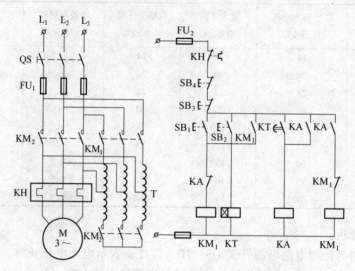

图 2-34　时间继电器控制的自耦变压器降压启动控制线路

三、丫-△降压启动控制线路

正常运行时定子绕组接成三角形的笼型三相异步电动机可采用星形-三角形降压启动的方法达到限制启动电流的目的。

图 2-35 为电动机定子绕组星-三角形接线示意图。启动时，定子绕组接成星形，使电动机每相绕组承受的电压降低，待转速上升到接近额定转速时，再将定子绕组的接线换接成三角形，电动机进入全电压正常运行状态。由电路基础知识可知：

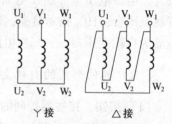

$$I_{\Delta L} = 3 I_{YL}$$

因此，丫接时启动电流仅为联接时的 $\dfrac{1}{3}$，相应的启动

图 2-35　星-三角形接线示意图

转矩也是△联接时的 $\dfrac{1}{3}$。所以这种降压启动方法只适用于轻载或空载下启动。

（一）手动丫-△启动器

降压启动手动成型产品有 QX1 和 QX2 系列启动器，按控制电动机的容量分为 13kW 和 30kW 两种，启动器的正常操作频率为 30 次/h。手动丫-△启动器结构较简单，可参考相应产品的说明书，即可分析其工作原理。

（二）自动丫-△启动器

丫-△降压启动自动成型产品有 QX3 和 QX4 系列启动器，它们和主要技术数据见表2-3。

表 2-3 Ｙ-△自动启动器的技术数据

启动器型号	控制功率/kW			配用热元件的额定电流/A	延时调整范围/s
	220V	380V	500V		
QX3-13	7	13	13	11、16、22	4~16
QX3-30	17	30	30	32、45	4~16
QX4-17		17	13	15、19	11、13
QX4-30		30	22	25、34	15、17
QX4-55		55	44	45、61	20、24
QX4-75		75		85	30
QX4-125		125		100~160	14~60

　　QX3-13 型Ｙ-△自动启动器电路图如图 2-36 所示。该电路由接触器 KM_1、KM_2、KM_3，热继电器 KH，时间继电器 KT，按钮 SB_1、SB_2 等元件组成，并具有短路保护、过载保护和失压保护等功能。

　　线路工作原理如下：

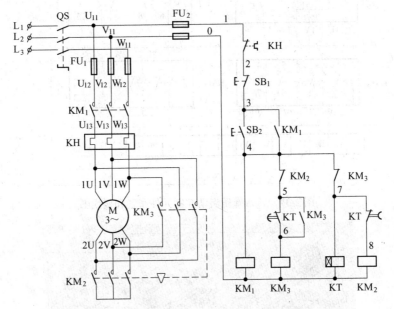

图 2-36　QX3-13 型Ｙ-△自动启动器电路图

　　合上电源隔离开关 QS，按下启动按钮 SB_2，KM_1、KT、KM_2 线圈同时通电并自锁，电动机三相定子绕组联接成星形接入三相交流电源进行减压启动；当电动机转速接近额定转速时，通电延时型时间继电器动作，KT 常闭触点断开，KM_2 线圈断电释放；同时 KT 常开触点闭合，KM_3 线圈通电吸合并自锁，电动机绕组联接成三角形全压运行。当 KM_3 通电吸合后，KM_3 常闭触点断开，使 KT 线圈断电，避免时间继电器长期工作。KM_2、KM_3 触点为互锁触点，以防止同时接成星形和三角形造成电源短路。

　　QX3-13 型丫-△自动启动器适用于 13～125kW 的三相笼型异步电动机作丫-△减压启动和停止控制。其元件布置和接线图如图 2-37 所示，实验模拟图如图 2-38 所示。

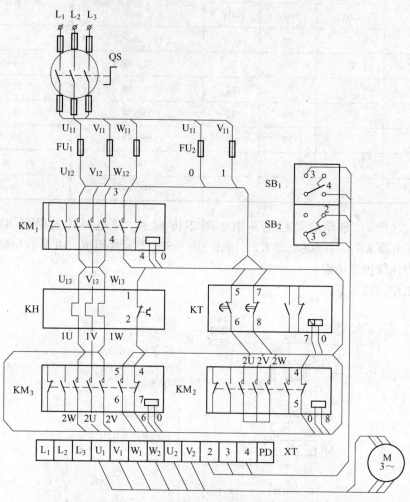

图 2-37　丫-△降压启动控制元件布置和接线图

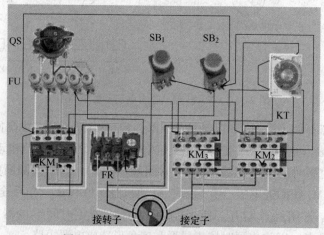

图 2-38　丫-△降压启动控制实验模拟图

（三）时间继电器自动控制丫-△降压启动控制线路

时间继电器自动控制丫-△降压启动控制线路如图 2-39 所示。与 QX3-13 型丫-△自动启动器电路图相似，由接触器 KM_1、KM_2、KM_3，热继电器 FR，时间继电器 KT，按钮 SB_1、SB_2 等元件组成，并具有短路保护、过载保护和失压保护等功能。

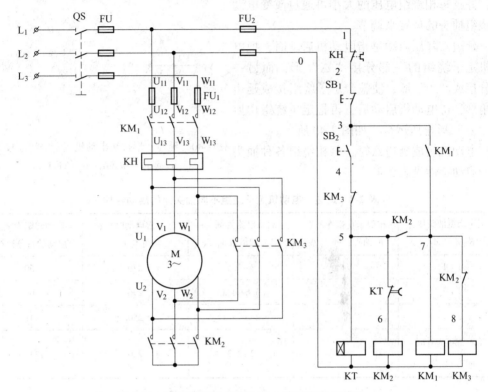

图 2-39　时间继电器控制的丫-△降压启动电路图

线路的工作原理如下：

合上电源隔离开关 QS，按下启动按钮 SB_2，KT、KM_2 线圈同时通电，触头闭合，KM_1 线圈得电并自锁，电动机三相定子绕组联接成星形接入三相交流电源进行减压启动；当电动机转速接近额定转速时，通电延时型时间继电器动作，KT 常闭触点断开，KM_2 线圈断电释放，触头复位；KM_3 线圈通电吸合并自锁，电动机绕组联接成三角形全压运行。当 KM_2 断电释放、触头复位时，使 KT 线圈断电，避免时间继电器长期工作。KM_2、KM_3 触点为互锁触点，以防止同时接成星形和三角形造成电源短路。

停止时，按下 SB_1 即可。

该线路设计巧妙，具有如下特点：

（1）与 SB_2 串联 KM_3 常闭触头，可防止两种意外事故的发生：第一种，电动机运行时，误操作按下 SB_2，使 KT、KM_2 线圈得电，造成电源短路；第二种，KM_3 触头熔焊或机械故障没有断开时，若按下 SB_2，使 KT、KM_2 线圈得电，造成电源短路。

（2）接触器 KM_2 得电后，通过 KM_2 的辅助常开触头使接触器 KM_1 得电动作，这样 KM_2 的主触头是在无负载的条件下进行闭合的，故可延长接触器 KM_2 主触头的使用寿命。

四、延边三角形降压启动控制线路

Ｙ-△降压启动方法启动电压偏低，启动转矩偏小，只适用于三角形接法的电动机轻载或空载启动。为此，改进而形成一种新的启动方式，它把Ｙ形和△形两种接法结合起来，使电动机每相定子绕组承受的电压小于△接法时的相电压，而大于Ｙ形接法时的相电压，并且每相绕组电压的大小可通过改变电动机绕组抽头的位置来调节。

延边△降压启动是指电动机启动时，把电动机定子绕组的一部分接"△"形，而另一部分接成"Ｙ"形，使整个定子绕组接成延边三角形，待电动机启动后，再把定子绕组切换成"△"形全压运行，如图 2-40 所示。

电动机接成延边△时，每相绕组各种抽头比的启动特性见表 2-4。

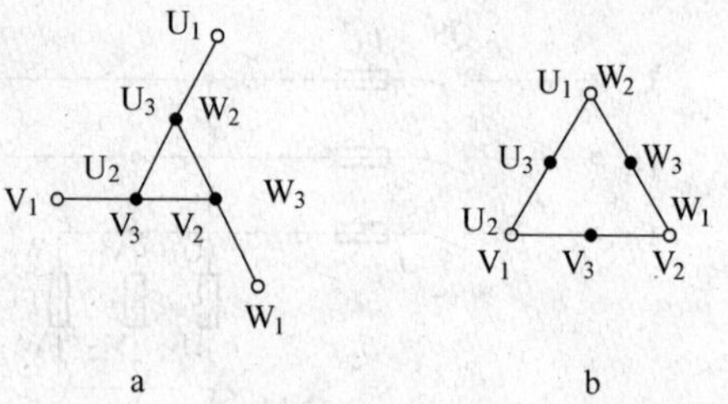

图 2-40　延边△形接法电动机定子绕组连接方式
a—延边△形接法；b—△形接法

表 2-4　延边△电动机定子绕组不同抽头比的启动特性

定子绕组抽头比 $K=Z_1:Z_2$	相似于自耦变压器的抽头百分比/%	启动电流为额定电流的倍数 I_{st}/I_N	延边△启动时每相绕组电压/V	启动转矩为全压启动的百分比/%
1∶1	71	3~3.5	270	50
1∶2	78	3.6~4.2	296	60
2∶1	66	2.6~3.1	250	42
当 Z_2 绕组为 0 时即为Ｙ连接	58	2~2.3	220	33.3

由图 2-40 和表 2-4 可知，采用延边△启动的电动机需要 9 个出线端，这样不用自耦变压器，通过调节定子绕组的抽头比 K，就可以得到不同数值的启动电流和启动转矩，从而满足不同的使用要求。

（一）XJ1 系列减压启动箱

XJ1 系列减压启动箱是应用延边△降压启动方法而制成的一种启动设备，箱内无降压自耦变压器，可允许频繁操作，并可作Ｙ-△降压启动。电路图如图 2-41 所示，图中采用多地控制。

线路的工作原理如下：

合上电源隔离开关 QS，按下启动按钮 SB_2 或 SB_{22}，KM_3 线圈通电并自锁，电动机三相定子绕组联接成延边△，然后 KM_1 线圈通电并自锁，接入三相交流电源进行减压启动；当电动机转速接近额定转速时，通电延时型时间继电器动作，KT 常开触点闭合，KA 线圈通电并自锁；KA 常开触头闭合后 KM_2 线圈通电，触头闭合，电动机三相定子绕组联接成△全压运行。

停止时，按下 SB_1 或 SB_{11} 即可。

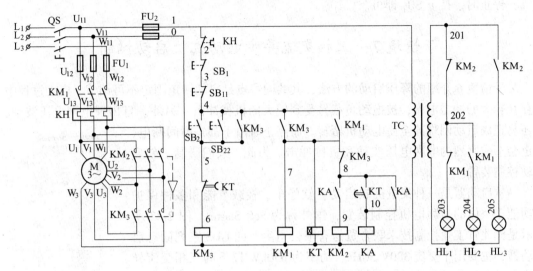

图 2-41 XJ1 系列延边△降压启动控制

(二) 时间继电器自动控制的延边三角形降压启动控制线路

电气控制原理图如图 2-42 所示，工作原理如下：

合上电源隔离开关 QS，按下启动按钮 SB₂，KM₁、KM₃、KT 线圈通电，KM₁、KM₃ 触头闭合并自锁，电动机三相定子绕组联接成延边△，接入三相交流电源进行减压启动；当电动机转速接近额定转速时，通电延时型时间继电器动作，KT 常闭触点先分断，KM₃ 线圈断电，触头复位，然后，KT 常开触头后闭合，KM₂ 线圈通电并自锁，电动机三相定子绕组联接成△全压运行。

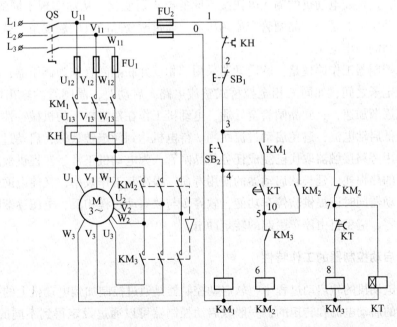

图 2-42 时间继电器自动控制的延边三角形降压启动控制线路

停止时，按下 SB$_1$ 即可。

子情境 7　三相交流异步电动机软启动控制

子情境 6 介绍的降压启动的方法，其共同特点是启动转矩固定不可调节，启动过程中存在较大的冲击电流，被拖动负载易受到较大的机械冲击。另外一旦出现电网电压波动，还易造成启动困难甚至使电动机堵转。而停止时由于都是瞬间断电，也会造成剧烈的电网电压波动和机械冲击。为此，人们研制了软启动控制装置。

软启动器是一种集电机软启动、软停车、轻载节能和多种保护功能于一体的新颖电机控制装置，国外称为 Soft Starter。图 2-43 所示是湖北省工业控制技术联合贸易有限公司生产的 GDS 系列固态启动器，主要用于交流 380V 50Hz、功率为 630kW 以下的三相交流异步电动机的降压启动。其主要特点：全数字自动控制；启动电流小、启动转矩大而平稳；启动参数可根据负载类型任意调整；可连续、频繁启动；可分别启动多台电机；具有完善、可靠的保护功能。

图 2-43　GDS 系列
固态启动器

一、固态降压启动器组成及工作原理

固态降压启动器由电动机的启停控制装置和软启动控制器组成。软启动控制器是其核心部件，由功率半导体器件和其他电子元器件组成，是利用电力电子技术与自动控制技术，将强电和弱电结合起来的控制技术，其主要结构是一组串接于电源与被控电动机之间的三相反并联晶闸管及其电子控制电路，利用晶闸管移相控制原理，控制三相反并联晶闸管的导通角，使被控电动机的输入电压按不同的要求而变化，从而实现不同的启动功能。可见，软启动实际上是一个晶闸管交流调压器。通过改变晶闸管的触发角，就可以调节晶闸管调压电路的输出电压。

软启动控制器工作原理是：软启动器采用三相反并联晶闸管作为调压器，将其接入电源和电动机定子之间，如同三相全控桥式整流电路。启动时，晶闸管的输出电压逐渐增加，电动机逐渐加速，直到晶闸管全导通，电动机工作在额定电压的机械特性上，实现平滑启动，降低启动电流，避免启动过流跳闸。待电机达到额定转数时，启动过程结束，软启动器自动用旁路接触器取代已完成任务的晶闸管，为电动机正常运转提供额定电压，以降低晶闸管的热损耗，延长软启动器的使用寿命，提高其工作效率，又使电网避免了谐波污染。软启动器同时还提供软停车功能，软停车与软启动过程相反，电压逐渐降低，转数逐渐下降到零，避免自由停车引起的转矩冲击。

二、软启动控制器的工作特性

在异步电动机的软启动过程中，软启动控制器是通过控制加到电动机上的平均电压来控制电动机的启动电流和转矩的，一般软启动控制器可以通过设定得到不同的启动特性，以满足不同的负载特性的要求。

（一）斜坡恒流升压启动

斜坡恒流升压启动曲线如图 2-44 所示。这种启动方式是在晶闸管的移相电路中引入电动机电流反馈使电动机在启动过程中保持恒流，使启动平稳。

在电动机启动的初始阶段启动电流逐渐增加，当电流达到预先所设定的限流值后保持恒定，直至启动完毕。启动过程中，电流上升的速率可以根据电动机负载调整设定。斜坡陡，电流上升速率大，启动转矩大，启动时间短。当负载较轻或空载启动时，所需启动转矩较低，应使斜坡缓和一些，当电流达到预先所设定的限流点值后，再迅速增加转矩，完成启动。由于是以启动电流为设定值，当电网电压波动时，通过控制电路自动增大或减小晶闸管导通角，可以维持原设定值不变，保持启动电流恒定，不受电网电压波动的影响。这种软启动方式应用最多，尤其适用于风机和泵类负载的启动。

（二）脉冲阶跃启动

脉冲阶跃启动特性曲线如图 2-45 所示。在启动开始阶段，晶闸管在极短时间内以较大电流导通，经过一段时间后回落，再按原设定值线性上升，进入恒流启动状态。该启动方法适用于重载并需克服较大静摩擦的启动场合。

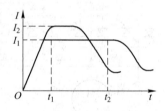

图 2-44　斜坡恒流升压启动

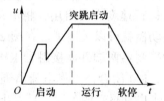

图 2-45　脉冲阶跃启动

（三）减速软停控制

传统的停机控制方式都是通过瞬间断电完成的。但有许多应用场合不允许电动机瞬间关机。例如，高层建筑和楼宇的水泵系统，如果瞬间停机，会产生巨大的"水锤"效应，使管道甚至水泵遭到损坏。为减小和防止"水锤"效应，需要电动机逐渐停机，采用软启动控制器的软停机就能满足这一要求。

减速软停控制在电动机需要停机时，不是立即切断电动机的电源，而是通过调节晶闸管的导通角，从全导通状态逐渐减小，从而使电动机的端电压逐渐降低电源，此过程时间较长故称为软停控制。减速软停控制曲线如图 2-45 所示。停车的时间根据实际需要可在 0～120s 范围内调整。

（四）节能特性

软启动控制器可以根据电动机功率因数的高低，自动判断电动机的负载率，当电动机处于空载或负载率很低时，通过相位控制使晶闸管的导通角发生变化，从而改变输入电动机的功率，达到节能的目的。

（五）制动特性

当电动机需要快速停止时，软启动控制器具有能耗制动功能。能耗制动功能即当接到制动命令后，软启动控制器改变晶闸管的触发方式，使交流电转变为直流电，然后在关闭电路后，立即将直流电压加到电动机定子绕组上，利用转子感应电流与静止磁场的作用达到制动的目的。

三、固态降压启动器的应用

在工业自动化程度要求比较高的场合，为便于控制和应用，通常将软启动控制器、断路器和控制电路组成一个较完整的电动机控制中心，以实现电动机的软启动、软停车、故障保护、报警、自动控制等功能。控制中心同时具有运行和故障状态监视、接触器操作次数、电动机运行时间和触头弹跳监视、试验等辅助功能。另外还可以附加通信单元、图形显示操作单元和编程器单元等，还可直接与通信总线联网。

（一）软启动控制器与旁路接触器

软启动控制器可以实现软启动、软停车。但软启动器并不需要一直运行。集成的旁路接触器在电动机达到正常运行速度之后启用，将电动机连到线路上，这时软启动器就可以关闭了。在图 2-46 所示电路中，在软启动控制器两端并联接触器 KM，当电动机软启动结束后，KM 闭合，工作电流将通过 KM 送至电动机。若要求电动机软停车，一旦发出停车信号，先将KM 分断，然后再由软启动器对电动机进行软停车。该电路有如下优点：

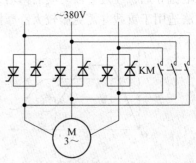

图 2-46　软启动控制器主电路原理图

（1）在电动机运行时可以避免软启动器产生的谐波；

（2）软启动器仅在启动和停车时工作，可以避免长期运行使晶闸管发热，延长了使用寿命；

（3）一旦软启动器发生故障，可由旁路接触器作为应急备用。

（二）单台软启动器控制器启动多台电动机

往往有多台电动机需要启动，每台单独安装一台软启动控制器，这样既方便控制，又能充分发挥软启动控制器的故障检测等功能。但在一些情况下，也可用一台软启动控制器对多台电动机进行软启动，以节约资金投入。图 2-47 所示就是用一台软启动器分别控制两台电动机启动和停止的控制线路。

＊四、交流电动机软启动装置系列产品

（一）JDRQ 系列软启动装置系列产品介绍

JDRQ 系列软启动器是微电脑全数字自动控制的交流电机软启动器，外形图如图 2-48

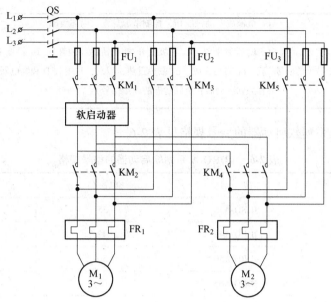

图 2-47　一台软启动器分别控制两台
电动机启动和停止的控制线路

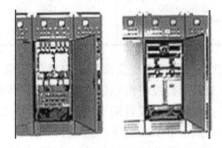

图 2-48　JDRQ-A 软启动器

所示。该装置采用双向晶闸管输出，利用晶闸管的输出随着触发脉冲宽度的变化而变化的软特性实现控制，适用于普通的笼型感应电动机软启动和软制动的控制。

（1）JDRQ 系列软启动器技术数据见表 2-5。

表 2-5　JDRQ 系列交流电动机软启动器技术数据

电源电压/V	AC 380±10%，三相，50Hz
斜坡上升时间/s	0.5~60（可选 2~240）
斜坡下降时间/s	1~120（可选 4~480）（斜坡上升时间和斜坡下降时间是完全独立的）
阶跃下降电平	50%、60%、70%、80%电源电压
最大电流极限上升保持时间/s	30（可选 240）
起始电压	25%、40%、55%、75%电源电压
突跳启动	可选有效或无效
突跳启动电压	70%或 90%电源电压
突跳启动时间/s	0.25、0.5、1.0、2.0

故障检测	电源或电动机缺相、控制电源异常、内部故障
微电脑和显示器能诊断显示的信号	L_1 控制电源，L_2 斜坡上升/相序错误（闪烁），L_3 斜坡下降，L_4 故障，L_5 限流，L_6 启动完成，L_7 散热过热，因此，利用 LED 和继电器信号，能使用户掌握有关软启动器和负载状态的详细信号

（2）JDRQ-A 系列软启动器的型号规格见表 2-6。

表 2-6　JDRQ-A 系列软启动器的型号规格

序　号	型　号	电流/A	功率/kW
1	JDRQ-A35	35	15
2	JDRQ-A42	42	18.5
3	JDRQ-A50	50	22
4	JDRQ-A65	65	30
5	JDRQ-A80	80	37
6	JDRQ-A100	100	45
7	JDRQ-A120	120	55
8	JDRQ-A160	160	75

　　JDRQ-A 系列交流电机软启动器可实现交流感应电机的软启动、软制动功能。软启动指装置输出电压按一定规律上升，被控电机电压由起始电压升到全电压，且其转速相应地由零平滑加速至额定的过程；软制动指装置输出电压按一定要求降落，使被控电机由全电压降到零，且其转速相应地由额定平滑减至零的过程。

　　（3）JDRQ 系列交流电动机软启动器电气主电路如图 2-49 所示，控制电路原理图如图 2-50 所示，主控板布置图如图 2-51 所示，端子及其功能表见表 2-7。

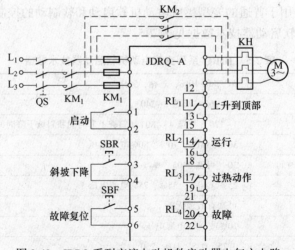

图 2-49　JDRQ 系列交流电动机软启动器电气主电路

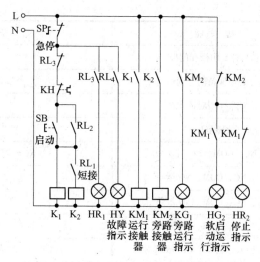

图 2-50　JDRQ 系列软启动器控制电路

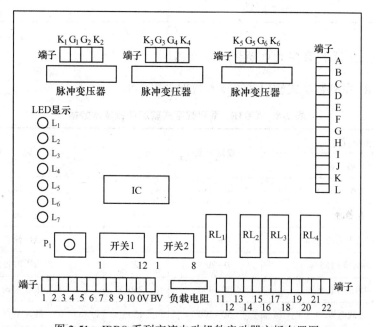

图 2-51　JDRQ 系列交流电动机软启动器主板布置图

表 2-7　JDRQ 系列软启动器端子及其功能表

端子	功　能	备　注
K_1、G_1	晶闸管 1 阴极和门极	
K_2、G_2	晶闸管 2 阴极和门极	
K_3、G_3	晶闸管 3 阴极和门极	
K_4、G_4	晶闸管 4 阴极和门极	
K_5、G_5	晶闸管 5 阴极和门极	

端　子	功　　能	备　　注
K_6、G_6	晶闸管 6 阴极和门极	
1、2	启动（必须保持闭合到运行）	
3、4	斜坡下降（瞬时或永久）	
5、6	故障复位	
11、12、13	RL_1：NC、COM、NO 启动完成	NC = 常闭，NO = 常开
14、15、16	RL_2：NC、COM、NO 运行	
17、18、19	RL_3：NC、COM、NO 过热	
20、21、22	RL_4：NC、COM、NO 故障	
C、D、E	CT_1 输入、公共、CT_2 输入	CT_1、CT_2 为电流互感器二次
K、L、I、J	交流控制电源输入	
G、H	交流触发电源输入	

（二）CDJR1 系列数字式电动机软启动器

（1）CDJR1 系列数字式软启动器技术数据见表 2-8。

表 2-8　CDJR1 系列数字式软启动器技术数据

功　能		设定范围	出厂值	说　　明
代号	名　　称			
0	起始电压/V	40~380	120	电压模式有效
1	起始时间/s	0~20	5	电压模式有效
2	启动上升时间/s	0~500	10	电压模式有效
3	软停车时间/s	0~200	2	设为零时自由停车
4	启动限制电流/%	50~400	250	限流模式有效
5	过载电流/%	50~200	150	额定值百分比
6	运行电流/%	50~300	200	额定值百分比
7	启动延时/s	0~999	0	外控延时启动
8	控制模式	0~1	0	0：限流启动；1：斜坡电压启动
9	键盘控制	1~6	1	1：键盘；2：外控；3：键盘+外控；4：PC；5：PC+键盘；6：PLC+外控
A	输出断相保护	0~1	0	0：有；1：无
B	显示方式	0~500		0：按额定电流百分比；XXX：选实际功率额定值

续表 2-8

功 能		设定范围	出厂值	说 明
代号	名 称			
C	外部故障控制	0~2	0	0：不用；1：用；2：多用一备
D	远控方式	0~1	0	0：三线控制；1：双线控制
E	本机地址	0~60	0	用于串口通信
F	参数设定保护	0~1	0	0：允许修改；1：不允许修改
EY	修改设定保护	此状态下允许改变数据		
A	启动上升状态	1. 显示电流值 XXXA 或额定值百分比； 2. 延时启动时显示时间 DETTT		
−A	运行状态			
−−A	软停车状态			

（2）CDJR1 系列数字式软启动器电气设备电路连接图如图 2-52 所示，基本电路框图如图 2-53 所示，端子及其功能表见表 2-9。

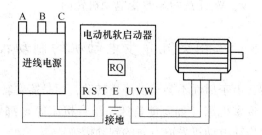

图 2-52 CDJR1 系列软启动器电气设备电路连接图

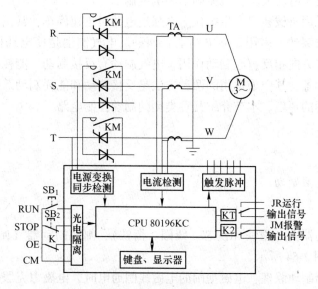

图 2-53 CDJR1 系列软启动器基本电路框图

表 2-9　CDJR1 系列数字式软启动器主电气回路和控制回路接线端子表

<table>
<tr><td colspan="2">端子标记</td><td>端子名称</td><td>说　明</td></tr>
<tr><td rowspan="3">主回路</td><td>R S T</td><td>主回路电源端</td><td>连接三相电源</td></tr>
<tr><td>U V W</td><td>启动器输出端</td><td>连接三相电动机</td></tr>
<tr><td>E</td><td>接地端</td><td>金属框架接地（防电击事故和接扰）</td></tr>
<tr><td rowspan="6">控制回路</td><td>CM</td><td>接点输入公共端</td><td>接点输入信号的公共端</td></tr>
<tr><td>RUN</td><td>启动输入端</td><td>RUN-CM 接通时电动机开始运行</td></tr>
<tr><td>STOP</td><td>停止输入端</td><td>STOP-CM 断开时电动机进入停止状态</td></tr>
<tr><td>OE1、OE2、OE3</td><td>外部故障输入端</td><td>OE-CM 断开时电动机立即停止</td></tr>
<tr><td>JRA、JRB、JRC</td><td>运行输出信号</td><td>JRA-JRB 为常开接点，JRB-JRC 为常闭接点</td></tr>
<tr><td>JMA、JMB、JMC</td><td>报警输出信号</td><td>JMA-JMB 为常开接点，JMB-JMC 为常闭接点</td></tr>
</table>

从表 2-9 可知，启动控制器有七个接线端，R、S、T 通过空气断路器接入（无相序要求）。E 端必须牢固接地，U、V、W 为输出端与电动机连接。经试运转可通过换接 R、S、T 中任意两端或换接 U、V、W 任意两端改变电动机转向。

子情境8　三相交流异步电动机的制动控制线路

电动机断开电源后，由于惯性不会马上停止转动，而是需要转动一段时间才会完全停下来。在生产过程中，许多机床（如万能铣床、组合机床等）都要求能迅速停车和准确定位，这就要求必须对拖动电动机采取有效的制动措施。

制动就是给电动机一个与转动方向相反的转矩使它迅速停转（或限制其转速）。

制动控制的方法有两大类：机械制动和电气制动。

机械制动是采用机械装置产生机械力来强迫电动机迅速停车，常用的方法有电磁抱闸制动和电磁离合器制动（多用于断电制动）两种。电气制动是使电动机产生的电磁转矩方向与电动机旋转方向相反，起制动作用。电气制动有反接制动、能耗制动、再生制动以及派生的电容制动等，其中最常用的两种方法是反接制动和能耗制动。这些制动方法各有特点，适用于不同的环境。本节介绍几种类型的制动控制电路。

一、机械制动

（一）电磁抱闸制动

1. 制动原理

电磁抱闸制动器由电磁铁（铁芯、线圈、衔铁），闸瓦制动器（闸轮、闸瓦、杠杆、弹簧）组成，如图 2-54 所示。

断电电磁抱闸制动原理：电磁抱闸的电磁线圈通电时，电磁力克服弹簧的作用，闸瓦与闸轮松开，无制动作用，电动机可以运转；当线圈失电时，闸瓦紧紧抱住闸轮制动。

通电电磁抱闸制动原理：当线圈得电时，闸瓦紧紧抱住闸轮制动；当线圈失电时，闸瓦与闸轮分开，无制动作用。

2. 电磁抱闸制动器断电制动控制线路

电磁抱闸制动器断电制动控制线路如图 2-55 所示。

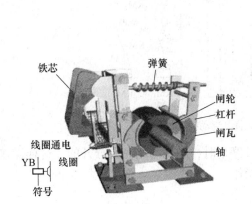

图 2-54　电磁抱闸制动器

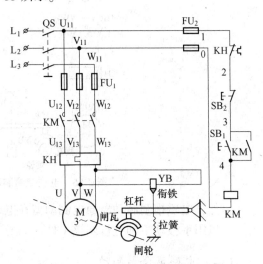

图 2-55　电磁抱闸制动器断电制动控制线路

线路工作原理如下：先合上电源开关 QS。

启动运转：按下启动按钮 SB_1，接触器 KM 线圈得电，其自锁触头和主触头闭合，电动机 M 接通电源，同时电磁抱闸制动器 YB 线圈得电，衔铁与铁芯吸合，衔铁克服弹簧拉力，迫使制动杠杆向上移动，从而使制动器的闸瓦与闸轮分开，电动机正常运转。

制动停转：按下停止按钮 SB_2，接触器 KM 线圈失电，其自锁触头和主触头分断，电动机 M 失电，同时电磁抱闸制动器 YB 线圈失电，衔铁与铁芯分开，在弹簧拉力的作用下，制动器的闸瓦紧紧抱住闸轮，使电动机被迅速制动而停转。

电磁抱闸制动器断电制动在起重机械上被广泛采用。其优点是能够准确定位，同时可防止电动机突然断电时重物自行坠落。但由于电磁抱闸制动器线圈耗电时间与电动机一样长，不够经济。另外，由于电磁抱闸制动器在切断电源后的制动作用，使手动调整工作很困难。

3. 电磁抱闸制动器通电制动控制线路

电磁抱闸制动器通电制动控制线路如图 2-56 所示。

启动运转：按下启动按钮 SB_1，接触器 KM 线圈得电，其自锁触头和主触头闭合，电动机 M 启动运转。同时 KM_1 联锁触头分断，KM_2 线圈不能得电，即电磁抱闸制动器 YB 线圈不会得电，衔铁与铁芯分开，在弹簧拉力的作用下，制动器的闸瓦与闸轮分开，电动机不受制动正常运转。

制动停转：按下复合按钮 SB_2，其常闭触头先分断，使接触器 KM_1 线圈失电，其自锁触头和主触头分断，电动机 M 失电，KM_1 联锁触头恢复闭合。待 SB_2 常开触头闭合后，接触器 KM_2 线圈得电，KM_2 主触头闭合，电磁抱闸制动器 YB 线圈得电，铁芯吸合衔铁，衔铁克服弹簧拉力，带动杠杆向下移动，使闸瓦紧抱闸轮，电动机被迅速制动而停转，KM_2 联锁触头分断对 KM_1 联锁。

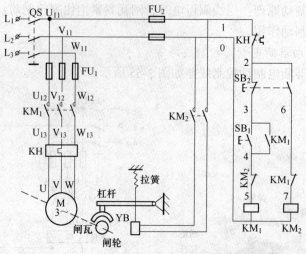

图 2-56　电磁抱闸制动器通电制动控制线路

显然，电磁抱闸制动器通电制动型在电动机停止时，闸瓦与闸轮是分开的，这样操作人员可以用手板动主轴进行调整工件、对刀等操作。

（二）电磁离合器制动

1. 电磁离合器结构

断电制动型电磁离合器的结构示意图如图 2-57 所示，主要由制动电磁铁（包括动铁芯、静铁芯、线圈）、静摩擦片、动摩擦片、制动弹簧等组成。

电磁铁的静铁电靠导向轴连接在电动葫芦本体上，动铁芯与静摩擦片固定在一起，并只能作轴向移动而不能绕轴转动。动摩擦片通过连接法兰与绳轮轴由键固定在一起，可随电动机一起转动。

2. 制动原理

电动机静止时，线圈无电，制动弹簧将静摩擦片紧紧地压在动摩擦片上，此时电动机通过绳轮轴被制

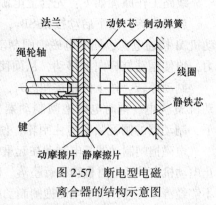

图 2-57　断电型电磁
离合器的结构示意图

动。当电动机通电运转时，线圈也同时得电，电磁铁的动铁芯被静铁芯吸合，使静摩擦片与动摩擦片分开，于是动摩擦片连同绳轮轴在电动机的带动下正常启动运转。当电动机切断电源时，线圈出同时失电，制动弹簧立即将静摩擦片连同铁芯推向转动的动摩擦片，强大的弹簧张力迫使动、静摩擦片之间足够大的摩擦力，使电动机断电后立即制动停转。电磁离合器的制动控制线路与图 2-52 所示线路基本相同，读者可自行画出并进行分析。

二、电气制动

（一）能耗制动

1. 能耗制动原理

在图 2-58 所示电路中，制动时断开 QS，将正在动转的三相笼型电动机从交流电源上

切除，向定子绕组通入直流电流，便
在空间产生静止的磁场。此时电动机
转子因惯性而继续运转，切割磁感应
线，产生感应电动势和转子电流，转
子电流与静止磁场相互作用，产生制
动力矩，使电动机迅速减速停车。

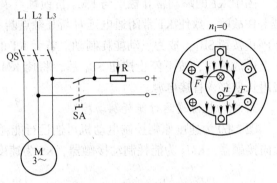

　　能耗制动就是在电动机脱离三相
交流电源之后，向定子绕组内通入直
流电流，建立静止磁场，利用转子感
应电流与静止磁场的作用产生制动的
电磁转矩，达到制动目的。这种方法

图 2-58　能耗制动原理图

是通过在定子绕组中通入直流电以消耗转子惯性运转的动能来进行制动的，所以又称动能
制动。

　　在制动过程中，电流、转速和时间三个参量都在变化，原则上可以任取其中一个参量
作为控制信号。我们就分别以时间原则和速度原则控制能耗制动电路为例进行分析。

　　2. 电动机单向运行能耗制动控制

　　图 2-59 为电动机单向运行时间原则控制能耗制动电路图。图中 KM_1 为单向运行接触
器，KM_2 为能耗制动接触器，KT 为时间继电器，T 为整流变压器，UR 为桥式整流电路。

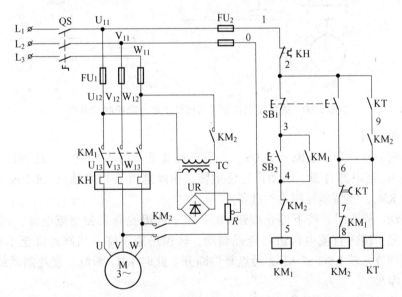

图 2-59　电动机单向运行时间原则控制能耗制动电路图

　　电路工作原理如下：首先合上电源隔离开关 QS。

　　按下 SB_2，KM_1 通电并自锁，电动机单向正常运行。此时若要停机，按下停止按钮
SB_1，KM_1 断电，电动机定子脱离三相交流电源；同时 KM_2 通电并自锁，将二相定子接入
直流电源进行能耗制动，在 KM_2 通电同时 KT 也通电。电动机在能耗制动作用下转速迅速
下降，当接近零时，KT 延时时间到，其延时触点动作，使 KM_2、KT 相继断电，制动过程
结束。

图中 KT 的瞬动常开触点与 KM₂ 自锁触点串接，其作用是：当发生 KT 线圈断线或机械卡住故障，致使 KT 常闭通电延时断开触点断不开，常开瞬动触点也合不上时，只有按下停止按钮 SB₁，成为点动能耗制动。若无 KT 的常开瞬动触点串接 KM₂ 常开触点，在发生上述故障时，按下停止按钮 SB₁ 后，将使 KM₂ 线圈长期通电吸合，使电动机两相定子绕组长期接入直接电源。

3. 电动机可逆运行能耗制动控制

图 2-60 为速度原则控制电动机可逆运行能耗制动电路。图中 KM₁、KM₂ 为电动机正、反向接触器，KM₃ 为能耗制动接触器，KS 为速度继电器。

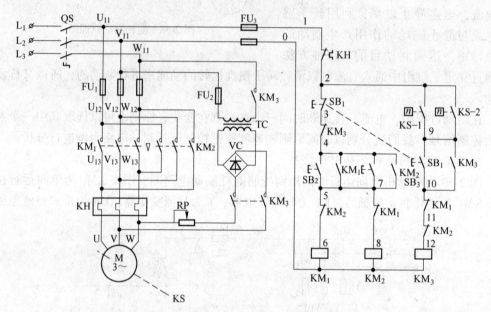

图 2-60　速度原则控制电动机可逆运行能耗制动电路

电路工作分析：

正、反向启动：合上电源开关 QS，按下正转或反转启动按钮 SB₂ 或 SB₃，相应接触器 KM₁ 或 KM₂ 通电并自锁，电动机正常运转。速度继电器相应触点 KS-1 或 KS-2 闭合，为停车接通 KM₃，实现能耗制动作准备。

能耗制动：停车时，按下停止按钮 SB₁，定子绕组脱离三相交流电源，同时 KM₃ 通电，电动机定子接入直流电源进行能耗制动，转速迅速下降。当转速降至 100r/min 时，速度继电器释放，其 KS-1 或 KS-2 触点复位断开，此时 KM₃ 断电。能耗制动结束，以后电动机自然停车。

对于负载转矩较为稳定的电动机，能耗制动时采用时间原则控制为宜，因为此时对时间继电器的延时整定较为固定。

4. 无变压器单管能耗制动控制电路

为简化能耗制动电路，减少附加设备，在制动要求不高、电动机功率在 10kW 以下时，可采用无变压器的单管能耗制动电路。它是采用无变压器的单管半波整流作为直流电源，这种电流体积小，成本低。

图 2-61 为无变压器单管能耗制动电路。图中 KM₁ 为线路接触器，KM₂ 为制动接触

器，KT 为能耗制动时间继电器。该电路其整流电源电压为 220V，它由制动接触器 KM₂ 主触点接至电动机定子两相绕组，并由另一相绕组经整流二极管 VD 和电阻 R 接到零线，构成回路。该电路工作情况与图 2-60 相似，读者可自行分析。

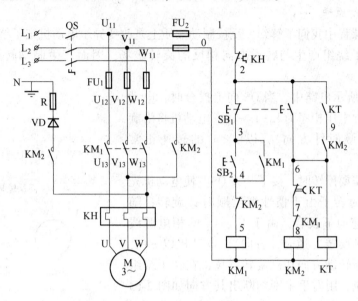

图 2-61　无变压器单管能耗制动电路

5. 能耗制动所需直流电流

一般用以下方法估算能耗制动所需的直流电源，其具体步骤是（以常用的电动机单向运行能耗制动控制电路为例）：

（1）首先测量出电动机三根进线中任意两根之间的电阻 $R(\Omega)$。

（2）测量出电动机的进线空载电流 $I_0(\mathrm{A})$。

（3）能耗制动所需的直流电流 $I_\mathrm{L}(\mathrm{A}) = KI_0$，所需的直流电压 $U_\mathrm{L}(\mathrm{V}) = I_\mathrm{L}R$。其中系数 K 一般取 3.5~4。若考虑到电动机定子绕组的发热情况，并使电动机达到比较满意的制动效果，对转速高、惯性大的传动装置可取其上限。

（4）单相桥式整流电源变压器二次绕组电压和电流有效值分别为：

$$U_2 = U_\mathrm{L}/0.9\ (\mathrm{V})$$

$$I_2 = I_\mathrm{L}/0.9\ (\mathrm{A})$$

变压器计算容量为：

$$S = U_2 I_2\ (\mathrm{V} \cdot \mathrm{A})$$

如果制动不频繁，可取变压器实际容量为：

$$S^1 = (1/3 \sim 1/4)S(\mathrm{V} \cdot \mathrm{A})$$

（5）可调电阻 $R \approx 2\Omega$，电阻功率 $P_\mathrm{R}(\mathrm{W}) = I_\mathrm{L}^2 R$，实际选用时，电阻功率的值也可适当选小一些。

6. 能耗制动优缺点

能耗制动优点是制动准确、平稳，且能量消耗较小。缺点是需是附加直流电源装置，设备费用较高，制动力较弱，在低速时制动力矩小。因此能耗制动一般用于要求制动准确、平稳的场合，如磨床、立式铣床等的控制线路中。

（二）反接制动

1. 反接制动原理

在电工学课程中我们了解到，反接制动实质上是改变异步电动机定子绕组中的三相电源相序，使定子绕组产生与转子方向相反的旋转磁场，因而产生制动转矩的一种制动方法。

在图 2-62 所示电路中，当 QS 向上投合时，电动机定子绕组电源电压相序为 L_1-L_2-L_3，电动机将沿旋转磁场方向（顺时针方向），以 $n<n_1$ 的转速正常运转。

当电动机需要停转时，接下开关 QS，使电动机先脱离电源，此时转子由于惯性继续顺时针旋转；随后，将开关迅速向下投合，由于 L_1、L_2 两相电源线对调，旋转磁场反转（逆时针方向），电动机以 $n+n_1$ 的相对转速沿原转动方向切割旋转磁场，在转子绕组中产生感应电流，用右手定则判断出其方向如图 2-63

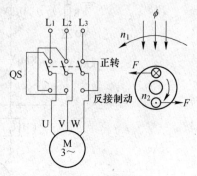

图 2-62　反接制动原理

所示。而转子绕组一旦产生电流，又受到旋转磁场的作用，产生电磁转矩，其方向由左手定则判断，如图 2-63 所示。可见，此转矩方向与电动机的转动方向相反，使电动机受制动迅速停转。

反接制动就是依靠改变电动机定子绕组的电源相序来产生制动力矩，迫使电动机迅速停转的制动方法。

电动机反接制动时，转子与旋转磁场的相对速度为 $n+n_1$，接近于两倍的同步转速，所以定子绕组流过的反接制动电流相当于全压启动电流的两倍。因此，反接制动的制动转矩大，制动迅速，但冲击大，通常适用于 10kW 及以下的小容量电动机。为防止绕组过热、减小冲击电流，通常在笼型异步电动机定子电路中串入反接制动电阻。另外，采用反接制动，当电动机转速降至零时，要及时将反接电源切断，防止电动机反向再启动，通常控制电路是用速度继电器来检测电动机转速并控制电动机反接电源的断开。

2. 电动机单向反接制动控制

图 2-63 为电动机单向反接制动控制电路。图中 KM_1 为电动机单向运行接触器，KM_2 为反接制动接触器，KS 为速度继电器，R 为反接制动电阻。

电路工作分析：

单向启动及运行：合上电源开关 QS，按下 SB_2，KM_1 通电并自锁，电动机全压启动并正常运行，与电动机有机械联接的速度继电器 KS 转速超过其动作值（通常为大于 120r/min）时，其相应的触点闭合，为反接制动作准备。

反接制动：停车时，按下 SB_1，其常闭触点断开，KM_1 线圈断电释放，KM_1 常开主触点和常开辅助触点同时断开，切断电动机原相序三相电源，电动机惯性运转。当 SB_1 按到底时，其常开触点闭合，使 KM_2 线圈通电并自锁，KM_2 常闭辅助触点断开，切断 KM_1 线圈控制电路。同时其常开主触点闭合，电动机串三相对称电阻接入反相序三相电源进行反

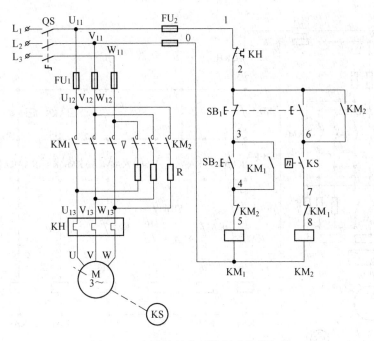

图 2-63 电动机单向反接制动控制电路

接制动，电动机转速迅速下降。当转速下降到速度继电器 KS 释放转速（通常小于 100r/min）时，KS 释放，其常开触点复位断开，切断 KM₂ 线圈控制电路，KM₂ 线圈断电释放，其常开主触点断开，切断电动机反相序三相交流电源，反接制动结束，电动机自然停车。

3. 电动机可逆运行反接制动控制

图 2-64 所示为电动机可逆运行反接制动控制电路。图中 KM₁、KM₂ 为电动机正、反向控制接触器，KM₃ 为短接电阻接触器，KA₁、KA₂、KA₃、KA₄ 为中间继电器，KS 为速度继电器，其中 KS-1 为正向闭合触点、KS-2 为反向闭合触点，R 为限流电阻，具有限制启动电流和制动电流的双重作用。

电路工作分析：

正向减压启动：合上电源开关 QS，按下 SB₂，正向中间继电器 KA₃ 线圈通电并自锁，其常闭触点断开互锁了反向中间继电器 KA₄ 的线圈控制电路；KA₃ 常开触点闭合，使 KM₁ 线圈控制电路通电，KM₁ 主触点闭合使电动机定子绕组串电阻 R 接通正相序三相交流电源，电动机减压启动。同时 KM₁ 常闭触点断开互锁了反向接触器 KM₂，其常开触点闭合为 KA₁ 线圈通电作准备。

全压运行：当电动机转速上升至一定值（通常为大于 120r/min）时，速度继电器 KS 正转常开触点 KS-1 闭合，KA₁ 线圈通电并自锁。此时 KA₁、KA₃ 的常开触点均闭合，接触器 KM₃ 线圈通电，其常开主触点闭合短接限流电阻 R，电动机全压运行。

反接制动：需停车时，按下 SB₁，KA₃、KM₁、KM₃ 线圈相继断电释放，KM₁ 主触点断开，电动机惯性高速旋转，使 KS-1 维持闭合状态，同时 KM₃ 主触点断开，定子绕组串电阻 R。由于 KS-1 维持闭合状态，使得中间继电器 SA₁ 仍处于吸合状态。KM₁ 常闭触点复位后，反向接触器 KM₂ 线圈通电，其常开主触点闭合，使电动机定子绕组串电阻 R 获得反相序三相交流电源，对电动机进行反接制动，电动机转速迅速下降。同时，KM₂ 常

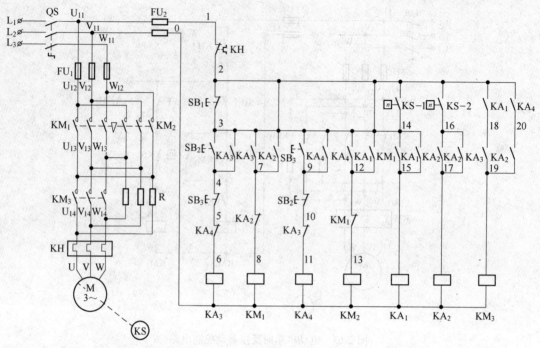

图 2-64　电动机可逆运行反接制动控制电路

闭触点断开互锁正向接触器 KM_1 线圈控制电路。当电动机转速低于速度继电器释放值（通常小于 100r/min）时，速度继电器常开触点 KS-1 复位断开，KA_1 线圈断电释放，其常开触点断开，切断接触器 KM_2 线圈控制电路，KM_2 线圈断电释放，其常开主触点断开，反接制动过程结束。

电动机反向启动和反接制动停车控制电路工作情况与上述相似，在此不再复述。所不同的是速度继电器起作用的是反向触点 KS-2，中间继电器 KA_2 替代了 KA_1，请读者自行分析。

4. 计算反接制动限流电阻 R

在电源电压为 380V 时，若要使反接制动电流为电动机直接启动电流的 1/2，即 $1/2 I_{st}$，则三相电路每相应串入的电阻 $R(\Omega)$ 值可取为：

$$R \approx 1.5 \times 220 / I_{st}$$

若要使反接制动电流等于启动电流 I_s，则每相应串入的 $R^1(\Omega)$ 值可取为：

$$R^1 \approx 1.3 \times 220 / I_{st}$$

如果反接制动时，只在电源两相中串接电阻，则电阻值应加大，分别取上述电阻值的 1.5 倍。

5. 反接制动的优缺点

反接制动的优点是制动力强，制动迅速。缺点是制动准确性差，制动过程中冲击强烈，易损坏传动零件，制动能量消耗大，不宜经常制动。因此，反接制动一般适用于制动要求迅速、系统惯性大、不经常启动与制动的场合，台铣床、镗床、中型车床等主轴的制动控制。

（三）电容制动

当电动机切断交流电源后，通过立即在电动机定子绕组的出线端接入电容器迫使电动机迅速停转的方法叫电容制动。

1. 电容制动的原理

当旋转着的电动机断开交流电源时，转子内仍有剩磁。随着转子的惯性转动，形成一个随转子转动的旋转磁场。该磁场切割定子绕组产生感应电动势，并通过电容器回路形成感应电流，这个电流产生的磁场与转子绕组中的感应电流相互作用，产生一个与旋转方向相反的制动力矩，使电动机受制动迅速停转。

2. 电容制动控制

电容制动控制线路如图 2-65 所示，电阻 R_1 是调节电阻，用以调节制动力矩的大小，电阻 R_2 为放电电阻。经验证明，电容器的电容，对于 380V、50Hz 的笼型异步电动机，每千瓦每相约需要 150μF 左右。电容器的耐压应不小于电动机的额定电压。

工作原理请读者自行分析。

3. 电容制动的特点

实验证明，对于 5.5kW，△形接法的三相异步电动机，无制动停车时间为 22s，采用电容制动后其停车时间仅需 1s。对于 5.5kW，丫形接法的三相异步电动机，无制动停车时间为 36s，采用电容制动后其停车时间仅需 2s。所以电容制动是一种制动迅速、能量损耗小、设备简单的制动方法，一般用于 10kW 以下的小容量电动机，特别适用于存在机械摩擦和阻尼的生产机械和需要多台电动机同时制动的场合。

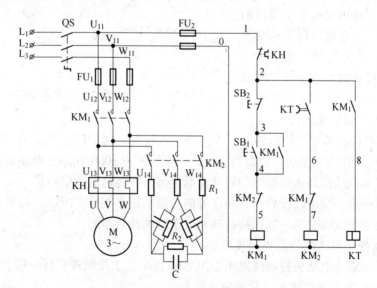

图 2-65　电容制动控制线路

子情境 9　多速异步电动机控制线路

为使生产机械获得更大的调速范围，除采用机械变速外，还可采用电气控制方法实现电动机的多速运行。

由三相异步电动机感应电动机转速公式 $n = 60f_1(1-s)/p$ 可知，改变三相异步电动机转速可通过三种方法来实现：变极调速、变转差率调速和变频调速。变极调速是通过改变定子绕组的连接方式来实现的，它是有极调速，一般仅适用于笼型异步电动机；变转差率调速可通过调节定子电压、改变转子电路中的电阻以及采用串级调速来实现，一般适用于绕线式异步电动机；变频调速是现代电力传动的一个主要发展方向，已广泛应用于工业自动控制中。本节介绍三相笼型异步电动机变极调速控制电路和电磁滑差离合器调速以及三相异步电动机变频调速的基础知识。三相绕线式转子电动机串电阻调速控制电路放在第十节介绍。

一、笼型多速异步电动机控制线路

变极调速是通过接触器触点来改变电动机绕组的接线方式，以获得不同的极对数来达到调速目的。变极电动机一般有双速、三速、四速之分。

（一）笼型双速异步电动机控制线路

1. 笼型双速异步电动机定子绕组的连接

笼型双速异步电动机定子绕组的连接图如图 2-66 所示。图中，三相定子绕组有六个接线端，分别为 U_1、V_1、W_1、U_2、V_2、W_2。

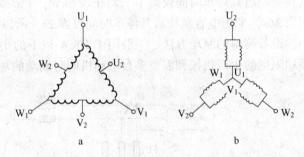

图 2-66a 是将电动机定子绕组的 U_1、V_1、W_1 三个接线端接三相交流电源，而将电动机定子绕组的 U_2、V_2、W_2 三个接线端空着不接，构成 △接法，磁极为 4 极，同步转速为 1500r/min，电动机低速运行。

图 2-66　4/2 极双速异步电动机定子绕组连接图

图 2-66b 将电动机定子绕组的 U_1、V_1、W_1 并接在一起，U_2、V_2、W_2 三个接线端接三相交流电源，构成丫丫接法，磁极为 2 极，同步转速为 3000r/min，电动机高速运行。

可见，双速电动机高速运行时的转速是低速运行时转速的两倍。

值得注意的是，绕组改极后，其相序方向与原来相序相反。所以，在变极时，必须把电动机任意两个出线端对调，以保持高速和低速时的转向相同。

2. 接触器控制双速电动机控制线路图

接触器控制双速电动机控制线路图如图 2-67 所示，工作原理自行分析。

3. 时间继电器控制双速电动机控制线路

图 2-68 为时间继电器控制双速电动机变极调速控制线路图。图中 KM_1 为电动机三角形联接接触器，KM_2、KM_3 为电动机双星形联接接触器。KT 为电动机低速换高速时间继电器，SA 为高、低速选择开关，其有三个位置："左"位为低速，"右"位为高速，"中间"位为停止。

线路工作原理：合上电源隔离开关 QS。

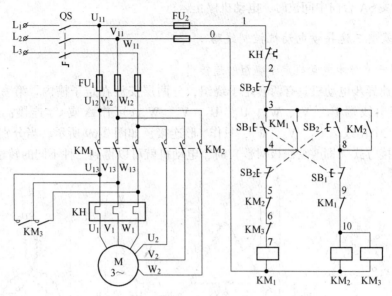

图 2-67　接触器控制双速电动机控制线路图

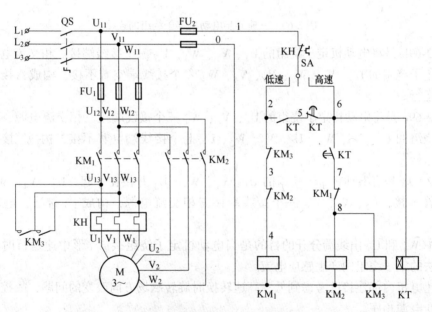

图 2-68　时间继电器控制双速电动机变极调速线路图

选择开关 SA 打向低速→KM$_1$ 线圈通电→KM$_1$ 主触头闭合→定子绕组的接线端 U$_1$、V$_1$、W$_1$ 接到三相电源上，而此时 KM$_1$、KM$_2$ 线圈不得电，主触头不闭合，电动机定子绕组△连接，电动机 M 低速运行。

选择开关 SA 打向高速→时间继电器 KT 线圈通电延时→KM$_1$ 线圈通电→KM$_1$ 主触头闭合，电动机定子绕组△连接，电动机 M 低速运行→KT 延时时间到→KT 延时常闭触头断开→KM$_1$ 线圈断电复位→KM$_2$、KM$_3$ 线圈通电→KM$_2$、KM$_3$ 主触头闭合→电动机定子绕组丫丫连接，电动机 M 高速运行。

选择开关 SA 合向中间位时，电动机停止运行。

（二）笼型三速异步电动机控制线路

1. 笼型三速异步电动机定子绕组的连接

笼型三速异步电动机具有两套定子绕组，分两层安放在定子槽内。第一套绕组（双速）有七个出线端 U_1、V_1、W_1、U_3、U_2、V_2、W_2，可作 △ 或 丫丫 连接；第二套绕组（单速）有三个出线端 U_4、V_4、W_4，只作丫形连接，如图 2-69 所示。当分别改变两套定子绕组的连接方式（即改变磁极对数）时，电动机就可以得到三种不同的转速。

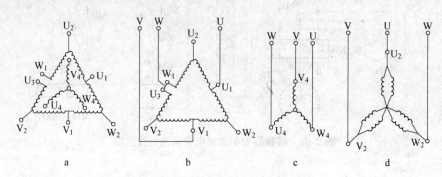

图 2-69　三速异步电动机定子绕组的连接

图 2-69b 是将电动机定子绕组的 U_1、V_1、W_1、U_3 三个接线端接三相交流电源，而将电动机定子绕组的 U_2、V_2、W_2、U_4、V_4、W_4 六个接线端空着不接，构成 △ 接法，电动机低速运行。

图 2-69c 是将电动机定子绕组的 U_4、V_4、W_4 三个接线端接三相交流电源，而将电动机定子绕组的 U_1、V_1、W_1、U_2、V_2、W_2、U_3 七个接线端空着不接，构成丫接法，电动机中速运行。

图 2-69d 是将电动机定子绕组的 U_1、V_1、W_1、U_3 并接在一起，U_4、V_4、W_4 三个接线端空着不接，U_2、V_2、W_2 三个接线端接三相交流电源，构成丫丫接法，电动机高速运行。

图中 W_1 和 U_3 出线端分开的目的是当电动机定子绕组接成丫形中速运行时，避免在 △ 形接法的定子绕组中产生感应电流。

三速电机内部连接已考虑到低、高速转换时旋转磁场方向改变的问题，故控制线路不需要改变电源相序。

2. 接触器控制笼型三速电动机的控制线路

接触器控制笼型三速电动机的控制线路如图 2-70 所示，工作原理自行分析。

3. 时间继电器控制笼型三速电动机的控制线路

用时间继电器控制笼型三速电动机的控制线路如图 2-71 所示。其中，SB_1、KM_1 控制电动机 △ 接法下低速启动运行；SB_2、KT_1、KM_2 控制电动机从 △ 接法下低速启动到丫接法下中速运行的自动切换；SB_3、KT_1、KT_2、KM_3、KM_4 控制电动机从 △ 接法下低速启动到丫中速过渡到丫丫接法下高速运行的自动切换。

注意：KT_2 延时时间大于 KT_1 延时时间。

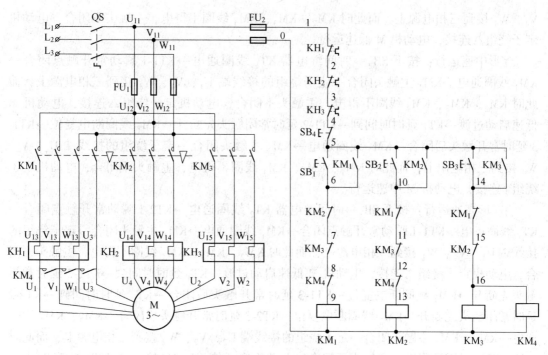

图 2-70　接触器控制三速电动机的控制线路

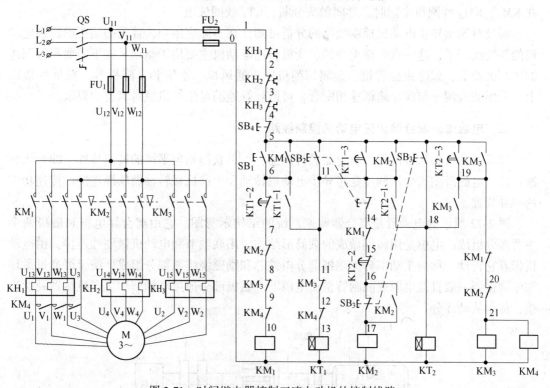

图 2-71　时间继电器控制三速电动机的控制线路

线路工作原理如下：先合上电源隔离开关 QS。

△形低速运行：按下 SB₁→KM₁ 线圈通电→KM₁ 主触头闭合→定子绕组的接线端 U₁、

V_1、W_1 接到三相电源上，而此时 KM_2、KM_3、KM_4 线圈不得电，主触头不闭合，电动机定子绕组△连接，电动机 M 低速运行。

Y形中速运行：按下 SB_2→时间继电器 KT_1 线圈通电→KT1-1 瞬动常开触点闭合→KM_1 线圈通电→KM_1 主触头闭合→定子绕组的接线端 U_1、V_1、W_1 接到三相电源上，而此时 KM_2、KM_3、KM_4 线圈不得电，主触头不闭合，电动机定子绕组△连接，电动机 M 低速启动过渡→KT_1 延时时间到→KT1-2 延时常闭触头先断开→KM_1 线圈断电复位→KT1-3 延时常开触头后闭合→KM_2 线圈通电→KM_2 主触头闭合→定子绕组的接线端 U_4、V_4、W_4 接到三相电源上，而此时 KM_1、KM_3、KM_4 线圈不得电，主触头不闭合，电动机定子绕组Y连接，电动机 M 中速运行。

YY形高速运行：按下 SB_3→时间继电器 KT_2 线圈通电→KT2-1 瞬动常开触点闭合→KT_1 线圈得电→KT1-1 瞬动常开触点闭合→KM_1 线圈通电→KM_1 主触头闭合→定子绕组的接线端 U_1、V_1、W_1 接到三相电源上，而此时 KM_2、KM_3、KM_4 线圈不得电，主触头不闭合，电动机定子绕组△连接，电动机 M 低速启动过渡→KT_1 延时时间到→KT1-2 延时常闭触头先断开→KM_1 线圈断电复位→KT1-3 延时常开触头后闭合→KT_2 延时时间到→KT2-2 延时常闭触头先断开→KM_2 线圈断电复位→KT2-3 延时常开触头后闭合→KM_3、KM_4 线圈通电→KM_3、KM_4 主触头闭合→定子绕组的接线端 U_2、V_2、W_2 接到三相电源上，而此时 KM_1、KM_2 线圈不得电，主触头不闭合，电动机定子绕组YY连接，电动机 M 高速运行。在 KM_3、KM_4 线圈得电同时，常闭触头分断，KT_1 线圈失电。

通过对笼型异步电动机控制线路的分析可知，在实际应用中，首先必须正确识别电动机的各接线端子，这一点是很重要的。变极多速电动机主要用于驱动某些不需要平滑调速的生产机械上，如冷拔拉管机、金属切削机床、通风机、水泵和升降机等。在某些机床上，采用变极调速与齿轮箱调速相配合，可以较好地满足生产机械对调速的要求。

二、电磁滑差离合器调速电动机控制线路

异步电动机利用电磁滑差离合器进行调速，可以获得均匀平滑的调速特性，即无级调速特性。电磁滑差离合器调速是将异步电动机转轴和生产机械转轴做软性连接以传递功率的一种装置。

图 2-72 所示为电磁滑差离合器调速系统的结构示意图。它由离合器电枢和磁极两个主要部分组成，电枢是用铸钢做成的圆筒形结构，用联轴节和电动机做硬性连接，由电动机带着它转动，称为主动部分。磁极部分由铁芯和励磁绕组两部分组成，绕组可通过滑环和电刷接到一般直流电源或晶闸管整流电源上。磁极部分通过联轴节和生产机械做硬性连接，称为从动部分。

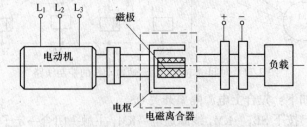

图 2-72　电磁离合器结构示意图

当电动机带着电枢旋转时，因切割磁极的磁感应线，在电枢内感应出涡流，涡流再与磁极相互作用产生转矩，推动着磁极跟随电枢而旋转，从而带着生产机械转动起来。显然，当励磁电流等于零时，磁极没有磁通，电枢不会产生涡流，不能产生转矩，磁极和生产机械也就不会转动；一旦加上励磁电流，磁极即刻转动起来，生产机械也转动起来。此外还可以看出，电磁离合器的工作原理与异步电动机类似，磁极和电枢的转速不能相同，如果相同，电枢也就不会切割磁感应线产生涡流，也就不会带动生产机械旋转的转矩。这就好像异步电动机的转子导体和定子旋转磁场的作用一样，依靠这个"转差"才能工作。当负载一定时，如果减励磁电流，将使磁场的磁通减小，因此磁极与电枢"转差"被迫增大，这样才能产生比较大的涡流，以便获得同样大的转矩，使负载稳定在比较低的转速下运行。所以，通过调节励磁绕组的电流，就可以调节生产机械的转速。

图 2-73 所示为电磁滑差离合器的机械特性，它表示从动轴的转速 n 与转矩 T 的关系，它的理想空载转速 n_1 就是电动机的转速。改变励磁电流的大小，就改变了磁场的强弱，实质上和异步电动机改变定子电压相似。当从动部分的转轴带有一定的负载转矩时，励磁电流的大小便决定了转速的高低。励磁电流愈大，转速愈高；反之，励磁电流愈小，转速愈低。

如果励磁电流大小，磁通太弱，产生的转矩太小，从动轴转动不起来，就会失控；在一定的磁场下，如果负载过大，从动轴转速太低，也会形成从动部分跟不上主动部分而失控。因此，应避免工作在失控区。

从图 2-73 中可以看出，电磁离合器机械特性较软，稳定性差，因此在工程实践中，常常采用带转速负反馈的闭环系统提高机械特性的硬度。

图 2-74 所示为能够自动换极的电磁滑差离合器，可以调速 4/8 极异步电动机控制线路。在电动机定子绕组丫丫连接时，如果电磁离合器从动部分的转速由于励磁电流减小而下降到 600r/min 以下时，则该控制线路便能够使电动机定子绕组自动变换到△连接运行，即由 4 极变换到 8 极转速，其目的主要是为了提高电磁滑差离合器低速运行时的效

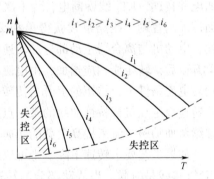

图 2-73　电磁离合器机械特性

率。同样，如果电动机运行在定子绕组△连接时，从动部分的转速由于励磁电流的增大而上升到 600r/min 以上时，为了使速度进一步提高，该控制线路能够使电动机的定子绕组自动变换到丫丫连接。电磁滑差离合器的励磁电流是由单结晶体管触发的单相半控桥式整流电路提供的，调节电阻 R_P 可以改变励磁电流的大小，也就改变了生产机械的转速。为了使电动机在 4/8 极或者 8/4 极变换时，其转向维持不变，在具体接线时，将 U_2、V_2 对调。

线路的工作原理如下：合上电源隔离开关 QS。

按下启动按钮 SB_2，接触器 KM_1 线圈通电并自锁，KM_1 的主触头闭合，将电动机定子绕组接成△，电动机从 8 极开始启动运行，电磁离合器的主动部分在它的拖动下一起运行，同时信号灯 HL_1 亮。由于 KM_1 的常闭辅助触点断开，接触器 KM_2、KM_3 线圈不能接通，而 KM_1 的常开辅助触点闭合，使晶闸管调压线路的触发部分和可控桥部分获得单相

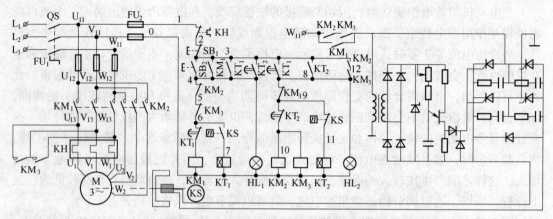

图 2-74　自动换极的电磁调速控制线路图

的交流电源。调节电阻 R_p 为某一适当值，励磁绕组流过一个直流电流，于是离合器从动部分开始跟随主动部分一起旋转。在此可以通过调节电阻 R_p 改变励磁线圈中的电流，使从动部分所带的负载稳定在所需要的转速上。在调节过程中，若转速升高到 600r/min 以上时，安装在从动部分转轴上的速度继电器 KS 的常开触点闭合，时间继电器 KT_1 线圈通电并用其瞬动常开触点闭合自锁。当 KT_1 的整定时间到达时，其延时打开的常闭触点断开使 KM_1 线圈断电，触点复位；KT_1 延时闭合的常开触点闭合，接触器 KM_2、KM_3 线圈通电并自锁，KT_1 线圈断电，为下次工作做好准备。KM_2、KM_3 的常开触头闭合，它一方面使晶闸管调压线路继续获得单相交流电源；另一方面使电动机定子绕组丫丫接线的时候，电动机与离合器主动部分的转速升高到 4 极转速，从动部分的转速也随之升高。转速上升以后，转矩便相应增加，由电磁滑差离合器调速异步电动机机械特性可知，在一定的励磁电流条件上，转矩的上升会使转速自动下降，而随着转速的下降，转矩又会增加，最后转速稳定在机械特性曲线的某一点上。假如此时的转速还需要进一步提高，则可以通过继续增加励磁电流来提高负载的转速，但提高是有一定限度的。

　　如果工艺要求转速下降，则可以通过减小励磁电流来达到。如果电动机运行在定子绕组丫丫接线是时候，当从动部分的转速由于励磁电流的减小等原因下降到 600r/min 以下时，速度继电器 KS 的常闭触头复位，时间继电器 KT_2 线圈通过瞬动触点自锁。当 KT_2 的整定时间到达时，其延时打开的常闭触头断开接触器 KM_2、KM_3 的线圈通路，则电动机 U_2、V_2、W_2 失去三相交流电源，U_1、V_1、W_1 三个接线端也不再短接，KT_2 延时闭合的常开触点闭合使 KM_1 线圈通电并自锁，KT_2 线圈断电，为下次工作做好准备。KM_1 的常开触头闭合，它一方面使晶闸管调压线路继续获得三相交流电源；另一方面使电动机定子绕组又在 △ 连接下运行，电动机与离合器的主动部分的转速迅速下降，从动部分的转速也随之降低。但是由于转速突然下降后转矩相应减小，转速又会自动上升，最后稳定在机械特性曲线的某一点上。假若此时的转速仍需进一步减小，则可以通过继续减小励磁电流来降低负载转速，但这也是有一定限度的。

　　在速度继电器 KS 两对触点转换的过程中，即在电动机定子绕组极数变换，接触器 KM_1、KM_2 在瞬间存在同时处于释放状态的时候，此时电动机、电磁离合器的主动部分和从动部分均依靠惯性旋转。

当需要负载停止运行时，首先将励磁电流减为零，然后按下停止按钮 SB₁。

子情境 10　绕线式异步电动机控制线路

绕线式异步电动机可以通过滑环在转子绕组中串接电阻来改善电动机的机械特性，从而达到减小启动电流、增大启动转矩以及调节转速的目的。在要求启动转矩较大且有一定调速要求的场合，如起重机、卷扬机等，常常采用三相绕线转子异步电动机拖动。绕线转子异步电动机常用的控制线路有转子绕组串接电阻启动控制线路、转子绕组串接频繁变阻器启动控制线路和凸轮控制器控制线路。

一、转子绕组串接电阻启动控制线路

（一）转子串接三相电阻启动原理

启动时，在转子回路串入作丫形连接、分级切换的三相启动电阻器，以减小启动电流、增加启动转矩。随着电动机转速的升高，逐级减小可变电阻。启动完毕后，切除可变电阻器，转子绕组被直接短接，使电动机在额定状态下运行。

电动机转子绕组中串接的外加电阻在每段切除前和切除后，三相电阻始终是对称的，称为三相对称电阻器，如图 2-75a 所示。启动过程依次切除 R_1、R_2、R_3，最后全部电阻被切除。若启动时串入的全部三相电阻是不对称的，且每段切除后三相仍不对称，则称为三相不对称电阻器，如图 2-75b 所示。启动过程依次切除 R_1、R_2、R_3、R_4，最后全部电阻被切除。

（二）按钮、接触器控制的串电阻启动控制线路图

按钮、接触器控制的串电阻启动控制线路图如图 2-76 所示，该线路工作原理较简单，请自行分析。线路操作不方便、工作安全性和可靠性差，在生产实际中常采用按时间原则、电流原则设计的控制线路图。

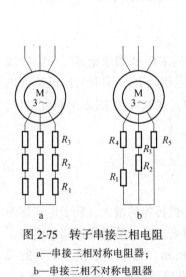

图 2-75　转子串接三相电阻

a—串接三相对称电阻器；

b—串接三相不对称电阻器

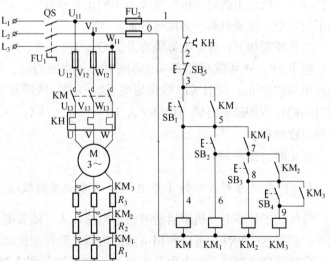

图 2-76　按钮、接触器控制的串电阻启动控制线路图

（三）时间继电器自动控制

按时间原则控制转子串电阻分级启动控制线路图如图 2-77 所示。该线路利用三个时间继电器 KT_1、KT_2、KT_3 和三个接触器 KM_1、KM_2、KM_3 的相互配合来依次自动切除转子绕组中的三级电阻。

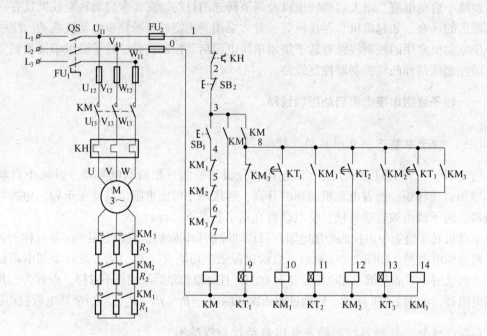

图 2-77　时间原则控制转子串电阻分级启动控制线路

为了保证电动机只有转子绕组全部串入外加电阻的情况下才能启动，将接触器 KM_1、KM_2、KM_3 的辅助常闭触头与启动按钮 SB_1 串联，这样，如果接触器 KM_1、KM_2、KM_3 中的任何一个因触头熔焊或机械故障而不能正常释放时，即使按下启动按钮 SB_1，控制电路也不会得电，电动机就不会接通电源。

工作原理如下：合上电源隔离开关 QS。

按下 SB_2→KM 线圈自锁→电动机 M 串全电阻启动，同时 KT_1 线圈通电延时→KM_1 线圈通电→切除 R_1，同时 KT_2 线圈通电延时→KM_2 线圈通电→切除 R_2，同时 KT_3 线圈通电延时→KM_3 线圈通电自锁→切除 R_3，KT_1、KM_1、KT_2、KM_2、KT_3 等线圈依次断电复位，启动过程结束。

停止时，按下 SB_2 即可。

（四）电流原则控制转子串电阻分级启动控制线路

绕线转子异步电动机刚启动时转子电流较大，随着电动机转速的增大，转子电流逐渐减小，根据这一特性，可以利用电流继电器自动控制接触器来逐级切除转子回路的电阻。

电流原则控制转子串电阻分级启动控制线路如图 2-78 所示。三个欠电流继电器的线圈串接在转子回路中，电流继电器的吸合电流一样，电动机启动时转子电流最大，KA_1、

KA_2、KA_3 都吸合，其常闭触头都打开，KM_1、KM_2、KM_3 主触头处于断开状态，全部启动电阻均串接在转子绕组中。但三个欠电流继电器释放电流不同，KA_1 的释放电流最大，KA_2 其次，KA_3 最小；电动机转速逐渐升高，转子电流逐渐减小，当电流减小至 KA_1 的释放电流时，KA_1 首先释放，其常闭触头复位，使接触器 KM_1 得电主触头闭合，切除第一级电阻 R_1；R_1 被切除后，转子电流重新增大，电动机转速继续升高，转子电流又减小，当减小至 KA_2 的释放电流时，KA_2 释放，KA_2 的常闭触头复位，KM_2 线圈得电主触头闭合，第二级电阻 R_2 被切除；同理，切除第三级电阻，全部电阻被切除，电动机启动完毕，进入正常运行状态。

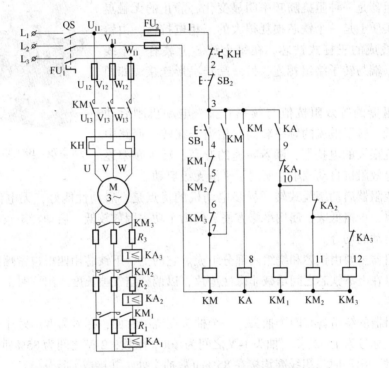

图 2-78　电流原则控制转子串电阻分级启动控制线路

工作原理如下：合上电源隔离开关 QS。

按动启动按钮 SB_1→KM 线圈通电自锁→中间继电器 KA 线圈通电、转子串全电阻启动→转速 n↑，电流 I↓→过流继电器 KA_1 复位→KM_1 线圈通电→切除转子电阻 R_1、I↑→随着转速 n↑，电流 I↓→过流继电器 KA_2 复位→KM_2 线圈通电→切除转子电阻 R_2、I↑→转速 n↑，电流 I↓→过流继电器 KA_3 复位→KM_3 线圈通电→切除 R_3，转速 n 上升直到电动机启动过程结束。

停止时，按下 SB_2 即可。

中间继电器 KA 的作用是保证电动机在转子电路中接入全部电阻的情况下开始启动。因为电动机开始启动时，转子电流从零增大到最大值需要一定的时间，这样有可能电流继电器 KA_1、KA_2、KA_3 还未动作，接触器 KM_1、KM_2、KM_3 就已经吸合而把电阻 R_1、R_2、R_3 短接，造成电动机直接启动。接入 KA 后，启动时由 KA 的常开触头断开 KM_1、KM_2、KM_3 线圈的通电回路，保证了启动时转子回路串入全部电阻。

二、转子绕组串接频繁变阻器启动控制线路

绕线转子异步电动机采用转子绕组串电阻的方法启动，要想获得良好的启动特性，一般需要将启动电阻分为多级，这样所用的电器较多，控制线路复杂，设备投资大，维修不便，并用在逐级切除电阻的过程中，会产生一定的机械冲击。因此，在工矿企业中对不频繁启动的设备，广泛采用频敏变阻器代替启动电阻来控制绕线转子异步电动机的启动。

（一）频敏变阻器

频敏变阻器是一种阻抗随频率明显变化、静止的无触点电磁元件。实质上是一个铁芯损耗很大的三相电抗器，由铸铁板或钢板叠成的三柱式铁芯，在每个铁芯上装有一个线圈，线圈的一端与转子绕组相连，另一端作星形连接。如图2-79所示。

图 2-79　BP1 频敏变阻器

频敏变阻器的等效阻抗值与频率有关，电动机刚启动时，转速较低，转子电流的频率较高，相当于在转子回路中串接一个阻抗很大的电抗器，随着转速的升高，转子频率逐渐降低，其等效阻抗自动减小，实现了平滑无级启动。

用频敏变阻器启动绕线式转子异步电动机的优点是：启动性能好，无电流和机械冲击，结构简单，价格低廉，使用维修方便。但由于功率因数较低，启动转矩较小，一般不宜用于重载启动的场合。

频敏变阻器主要由铁芯和绕组两部分组成。它的上、下铁芯用四根拉紧螺栓固定，拧开螺母，可以在上下铁芯之间增减非磁性垫片，以调整空气隙长度。出厂时上下铁芯间的空气隙为零。

频敏变阻器的绕组备有四个抽头，一个抽头在绕组背面，标号为 N；另外三个抽头在绕组的正面，标号为 1、2、3。抽头 1-N 之间为 100%匝数，2-N 之间为 85%匝数；3-N 之间为 71%匝数。出厂时三相线圈均接在 85%匝数抽头处，并接成丫形。

常用的频敏变阻器有 BP1、BP2、BP3、BP4、BP6 等系列。使用时应根据电动机所拖动的生产机械的启动负载特性和操作频繁程度来选择。一般轻载、偶尔启动可用 BP1、BP2、BP4；轻载、频繁启动可用 BP1、BP2、BP3；重载、偶尔启动可用 BP4G、BP6。

在安装和使用时，频繁变阻顺应牢固地固定在基座上，当基座为铁磁物质时应在中间垫放 10mm 以上的非磁性垫片，以防影响频敏变阻器的特性。连接线应按电动机转子额定电流选用相应截面的电缆线。同时频敏变阻器还应可靠接地。

使用前，应先测量频敏变阻器对地绝缘电阻，其值应不小于 1MΩ，否则须先进行烘干处理后方可使用。使用时，若发现启动转矩或启动电流过大或过小，应按下述方法调整频敏变阻器的匝数和气隙。

（1）启动电流和启动转矩过大、启动过快时，应换接抽头，使匝数增加，以减小启动电流和启动转矩。

（2）启动电流和启动转矩过小、启动太慢时，应换接抽头，使匝数减小，以增大启动电流和启动转矩。

（3）如果刚启动时，启动转矩偏大，有机械冲击现象，而启动完毕后，稳定转速又偏低，这时可在上下铁芯间增加气隙。可拧开变阻器两面上的四个拉紧螺栓的螺母，在上下铁芯之间增加非磁性垫片。增加气隙可使启动电流略微增加，启动转矩稍有减小，而启动完毕时的转矩有增大，从而使稳定转速得以提高。

（二）单向旋转转子串频敏变阻器启动控制线路

单向旋转转子串频敏变阻器启动控制线路如图 2-80 所示，工作原理自行分析。

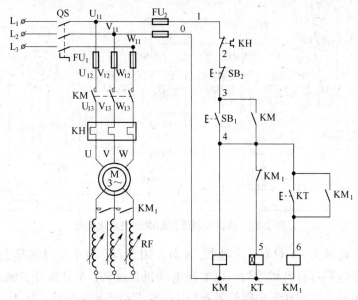

图 2-80 转子串频敏变阻器启动控制线路

（三）转子串频敏变阻器正反转启动控制线路

转子串频敏变阻器正反转启动控制线路如图 2-81 所示，工作原理自行分析。

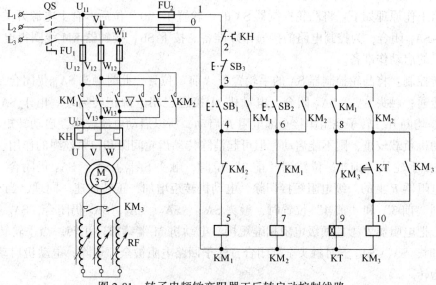

图 2-81 转子串频敏变阻器正反转启动控制线路

三、凸轮控制器控制线路

中、小容量绕线转子异步电动机的启动、调速及正反转控制，常常采用凸轮控制器来实现，以简化操作，如桥式起重机上大部分采用凸轮控制器控制线路。

图 2-82 为凸轮控制器控制电动机调速电路。图中 KM 为线路接触器，KA 为过电流继电器，R 是电阻器，SQ_1、SQ_2 分别为向前、向后限位开关，SA 为凸轮控制器。

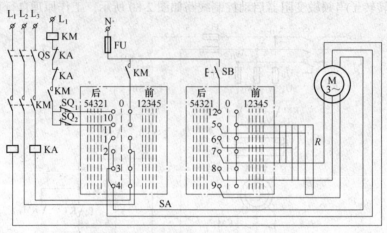

图 2-82　凸轮控制器控制电动机调速电路

SA 共有 12 对触头，9 对常开主触点，3 对常闭触点。其中 4 对常开主触点 $SA_1 \sim SA_4$ 接于电动机定子电路进行换相控制，以实现电动机正反转；5 对常开主触点 $SA_5 \sim SA_9$ 接于电动机转子电路，实现转子电阻的接入和切除以获得不同的转速，转子电阻采用不对称接法；3 对常闭触点 $SA_{10} \sim SA_{12}$ 中，1 对 SA_{12} 用以实现零位保护，即控制器手柄必须置于 "0" 位，才可启动电动机。另 2 对常闭触点 SA_{10}、SA_{11} 与 SQ_1 和 SQ_2 限位开关串联实现限位保护。

SA 左右各有 5 个工作位置，中间为零位。

线路工作原理如下：将凸轮控制器 SA 的手轮置于 "0" 位后，合上电源开关 QS，此时 $SA_{10} \sim SA_{12}$ 闭合，为控制电路的接通作好准备。按下 SB，接触器 KM 线圈得电并自锁，为电动机的启动作准备。

正转控制：将凸轮控制器 SA 的手轮置于 "前" 位置，此时触头 SA_{10} 仍闭合，保持控制电路接通；触头 SA_1、SA_3 闭合，电动机 M 接通三相电源正转启动。由于 SA 的触头 $SA_5 \sim SA_9$ 均断开，转子绕组串接全部电阻 R 启动，所以启动电流较小，启动转矩也较小。如果电动机负载较重，则不能启动，但可起消除传动齿轮间隙和拉紧丝绳的作用。

当 SA 手轮从 "前 1" 位转到 "前 2" 位时，触头 SA_{10}、SA_1、SA_3 仍闭合，SA_5 闭合，把电阻器 R 上的一级电阻短接切除，电动机转矩增加，正转加速。同理，当 SA 手轮依次转到 "前 3" 和 "前 4" 位置时，触头 SA_{10}、SA_1、SA_3、SA_5 仍闭合，SA_6、SA_7 先后闭合，把电阻器 R 上的两级电阻相继短接，电动机 M 继续加速正转。当手轮转到 "前 5" 位置时，$SA_5 \sim SA_9$ 五对触头全部闭合，转子回路电阻被全部切除，电动机启动完毕进入正常运转。

停止时，将 SA 手轮扳回零位即可。

反转控制：当将 SA 手轮扳到"后1"～"后5"位置时，触头 SA_2、SA_4 闭合，执着入电动机的三相电源相序改变，电动机将反转。反转的控制过程下正转相似，请自行分析。

凸轮控制器的三对触头 SA_{10}～SA_{12} 只有当手轮置于零位时才全部闭合，而手轮在其他各挡位置时都只有一对触头闭合（SA_{10} 或 SA_{11}），而其余两对断开。从而保证了只有手轮置于"零"位时，按下启动按钮 SB 才能使接触器 KM 线圈得电动作。然后通过凸轮控制器 SA 使电动机逐级启动，避免了电动机在转子回路不串启动电阻的情况下直接启动，同时也防止了由于误按 SB 使电动机突然快速运转而产生的意外事故。

情境 2　安装与调试电气控制线路

职业能力：合理布置元器件；元件安装准确和紧固；合理选择导线，布线平直美观；利用万用表进行断电检查线路是否安装正确，通电试车。

一、目的要求

掌握电气控制线路安装的方法。

二、工具、仪表、器材

（1）工具：尖嘴钳、一字起子、十字起子、活动扳手、测电笔、剥线钳、斜口钳、电工刀、冲击钻或引针。

（2）仪表：万用表、兆欧表、钳形电流表。

（3）器材：控制木板或万能板一块；三相异步电动机一台（380V、3kW、丫接法、1420r/min）；Hz10-25/3 转换开关一只；RL1-25/2 熔断器三只；RL1-10/2 熔断器两只；LA10-3H 按钮两只；交流接触器、时间继电器、中间继电器、热继电器、指示灯、控制变压器等按需配备；连接导线若干。

三、训练内容

（1）根据教师给定电动机的规格选配器材，填写元件明细表（见表 2-10）。

表 2-10　元件明细表

序号	元件符号	名称	型号	规格	数量	用途

（2）对所配备的器材进行质量检验。检查所选用的电器元件的外观是否完整无损，附件、备件是否齐全；用万用表、兆欧表检测电器元件及电动机的有关技术数据是否符合要求。

（3）根据给定的电气原理图，用新标准符号（GB 7428—85，GB 7159—87）进行编号。

（4）用编号法根据给定的电气控制线路图进行线路安装。元件在布线板上布置要合理，安装要紧固，配线要紧固、无毛刺、横平竖直或进入行线槽。

（5）通电试车。

四、评分标准

评分标准见表 2-11。

表 2-11　评分标准

项目	配分	评 分 标 准	扣分
安装前检查	20	（1）丢失或损坏零件，每只扣 10 分； （2）改装错误或扩大故障，扣 50 分； （3）整修和改装步骤或方法不正确，每次扣 5 分； （4）整修或改装不熟练，扣 15 分； （5）整修和改装后不能装配，不能通电，扣 70 分	
元器件的安装	10	（1）元件布置不合理、不匀称、不整齐，每只扣 2 分； （2）元件安装不紧固、漏安螺钉，每只扣 2 分； （3）损坏元件每只扣 2 分	
线路的安装	40	（1）电动机运行正常，未按原理图接线，扣 5 分； （2）线路不平直、不集束走线或不进行线槽，每处扣 2 分； （3）接点松动、裸露、反圈、压绝缘层，标记线号不清、漏标、错标，每处扣 0.5 分； （4）损坏线芯或绝缘，每根扣 2 分	
通电试车	30	（1）不能进行通电校验，扣 30 分； （2）校验线路接错，扣 10 分； （3）通电校验时吸合有噪声、铁芯释放缓慢、延时时间误差超 1s、其他原因造成不成功，每次扣 5~10 分； （4）安装元件不牢固或漏接接地线，扣 5 分	
安全文明生产		违反安全，文明生产规程，扣 5~40 分	
时间		时间定额 2~4h，每超时 10min 以内扣 5 分	
备注		除定额时间外，各项目的最高扣分不应超过配分	成绩
开始时间		结束时间　　　　　实际时间	

五、训练情境

子情境 1　安装三相异步电动机的正转控制线路（见图 2-5）

子情境 2　安装电动机正反转控制线路（见图 2-16）

子情境 3　安装顺序控制线路（见图 2-21）

子情境 4　安装星-三角形降压启动线路（见图 2-39）

子情境 5　安装双速电动机控制线路（见图 2-68）

习　题

一、判断题（正确的打√，错误的打×）

1. 三相笼型异步电动机的电气控制线路，如果使用热继电器作过载保护，就不必要再装设熔断器作短路保护。 （　　）

2. 在反接制动的控制线路中，必须采用以时间为变化量进行控制。 （　　）

3. 频敏变阻器的启动方式可以使启动平稳，克服不必要的机械冲击力。 （　　）

4. 频敏变阻器只能用于三相笼型异步电动机的启动控制中。 （　　）

5. 失压保护的目的是防止电压恢复时电动机自启动。 （　　）

6. 接触器不具有欠压保护的功能。 （　　）

7. 电动机采用制动措施的目的是为了停车平稳。 （　　）

8. 交流电动机的控制线路必须采用交流操作。 （　　）

9. 现有四个按钮，要使它们都能控制接触器 KM 通电，则它们的常开触头应串联到 KM 的线圈电路中。 （　　）

10. 自耦变压器降压启动的方法适用于频繁启动的场合。 （　　）

二、选择题（将正确答案的序号填入括号中）

1. 甲、乙两个接触器，要实现互锁控制，则应（　　）。
   A. 在甲接触器的线圈电路中串入乙接触器的常闭触点
   B. 在乙接触器的线圈电路中串入甲接触器的常闭触点
   C. 在两接触器的线圈电路中互串对方的常闭触点
   D. 在两接触器的线圈电路中互串对方的常开触点

2. 甲、乙两个接触器，若要求甲工作后允许乙接触器工作，则应（　　）。
   A. 在乙接触器的线圈电路中串入甲接触器的常闭触点
   B. 在乙接触器的线圈电路中串入甲接触器的常开触点
   C. 在甲接触器的线圈电路中串入乙接触器的常闭触点
   D. 在甲接触器的线圈电路中串入乙接触器的常开触点

3. 下列电器中不能实现短路保护的是（　　）。
   A. 熔断器　　　　B. 热继电器　　　　C. 过电流继电器　　　　D. 空气开关

4. 同一电器的各个部件在图中可以不画在一起的图是（　　）。
   A. 电气原理图　　　B. 电气布置图　　　C. 电气安装接线图　　　D. 电气系统图

三、改错题

1. 分析题图 2-1 所示各控制电路能否实现点动控制？若不能，试分析说明原因，并加以改正。

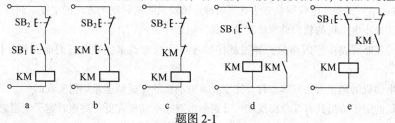

题图 2-1

2. 分析题图 2-2 所示各控制电路能否实现自锁控制。若不能，说明原因，并加以改正。

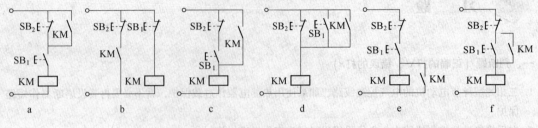

题图 2-2

3. 分析题图 2-3 所示各控制电路能否实现联锁控制？若不能，说明原因，并加以改正。且指出联锁元件。

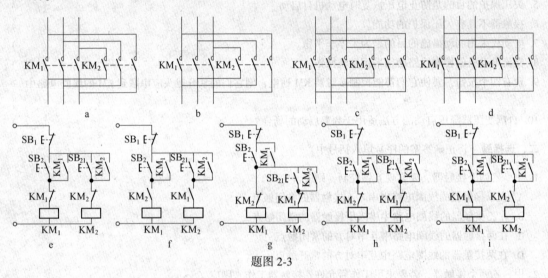

题图 2-3

四、问答题

1. 电动机点动控制与连续运转控制的关键控制环节是什么？其主电路又有何区别？

2. 何为互锁控制？实现电动机正反转互锁控制的方法有哪两种？它们有何不同？

3. 电动机可逆运行控制电路中何为机械互锁？何为电气互锁？

4. 电动机常用的保护环节有哪些？通常它们各由哪些电器来实现其保护？

5. 何为电动机的欠电压与失电压保护？接触器和按钮控制电路如何实现欠电压与失电压保护的？

6. 笼型异步电动机在什么条件下可以直接启动？

7. 某台三相笼型异步电动机，功率为 22kW，额定电流为 44.3A，电压为 380V。问各相应串联多大的启动电阻进行降压启动？

8. 什么叫制动，制动的方法有哪两类？

9. 什么叫电气制动？常用的电气制动方法有哪两种？比较说明两种制动方法的主要不同点。

10. 什么是交流异步电动机的软启动和软制动？其作用是什么？

11. 在电动机的控制线路中，短路保护和过载保护各由什么电器来实现？它们能否相互代替使用？为什么？

12. 三相异步电动机的调速方法有哪三种？笼型异步电动机的变极调速是如何实现的？

13. 双速电动机的定子绕组共有几个出线端？分别画出双速电动机在低、高速时定子绕组的接线图。

14. 三速异步电动机有几套定子绕组？定子绕组共有几个出线端？分别画出三速电动机在低、中、高速时定子绕组的连接图。

15. 绕线转子异步电动机有哪些主要特点？适用于什么场合？

16. 说明图 2-82 凸轮控制器控制线路中中间继电器 KA 的作用是什么？电路中如何实现零位保护？

17. 在生产机械的电气控制线路中，对电动机常采用哪几种保护措施？各由什么电器来实现？

五、分析题

1. 分析图 2-24 三条传送带运输机控制线路工作原理。

2. 分析图 2-33 按钮、接触器控制的自耦变压器降压启动控制线路电路工作原理。

3. 分析图 2-34 时间继电器控制的自耦变压器降压启动控制线路电路工作原理。

4. 分析图 2-65 电动机可逆运行反接制动控制电路反方向启动、制动过程。

5. 分析图 2-66 电容制动控制线路工作原理。

6. 分析图 2-68 接触器控制双速电动机控制线路工作原理。

7. 分析图 2-71 接触器控制笼型三速电动机的控制线路工作原理。

8. 分析图 2-82 转子串频敏变阻器正反转启动控制线路工作原理。

六、设计题

1. 试画出点动的双重联锁正反转控制线路图。

2. 某车床有两台电动机，一台是主轴电动机，要求能正反转控制；另一台是冷却液泵电动机，只要求正转控制；两台电动机都要求具有短路、过载、欠压和失压保护，设计满足要求的控制线路图。

3. 题图 2-4 所示是两条传送带运输机的示意图。请按下述要求画出两条传送带运输机的控制电路图。
（1）1 号启动后，2 号才能启动；（2）1 号必须在 2 号停止后才能停止；（3）具有短路、过载、欠压及失压保护。

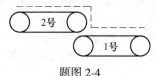

题图 2-4

4. 现有一双速电动机，试按下述要求设计控制线路：（1）分别用两个按钮操作电动机的高速启动与低速启动，用一个总停止按钮操作电动机停止；（2）启动高速时，应先接成低速，然后经延时后再换接到高速；（3）有短路保护和过载保护。

5. 某机床主轴电动机 M_1，要求：
（1）可进行可逆运行；（2）可正向点动、两处启动、停止；（3）可进行反接制动；（4）有短路和过载保护。试画出其电气控制线路图。

6. 有两台电动机 M_1、M_2，要求：
（1）按下控制按钮 SB_1 后，两电动机正转，过 10s 后电动机自动停止，再过 15s 电动机自动反转；
（2）M_1、M_2 能同时或分别停止。
（3）控制电路应有短路、过载和零压保护环节。试画出其电气控制线路图。

7. 某台三相笼型异步电动机 M_1，要求：
（1）能正反转；（2）采用能耗制动停转；（3）有过载、短路、失压及欠压保护。试画出其电气控制线路图。

8. 利用断电延时型时间继电器设计三相交流异步电动机的 $\curlyvee$-$\triangle$ 启动控制线路。

9. 用继电接触器设计三台交流电机相隔 3s 顺序启动同时停止的控制线路。

10. 一台电动机启动后经过一段时间，另一台电动机就能自行启动，试设计控制电路。

11. 两台电机能同时启动和同时停止，并能分别启动和分别停止，试设计控制电路原理图。

12. 某生产机械要求由 M_1、M_2 两台电动机拖动，M_2 能在 M_1 启动一段时间后自行启动，但 M_1、M_2 可单独控制启动和停止。

13. 设计一个小车运行的控制线路，小车由三相交流异步电动机拖动，其动作要求如下：
    （1）小车由原位开始前进，到终端后自动停止。
    （2）在终端停留 3s 钟后自动返回原位停止。
    （3）要求能在前进或后退途中任意位置都能停止或启动。

14. 题图 2-5 所示为一台四级皮带输送机，由四台笼型电动机 M_1-M_4 拖动，试按如下要求设计电路图：
    （1）启动时，要求按 M_1-M_2-M_3-M_4 顺序进行；
    （2）正常停车时，要求按 M_4-M_3-M_2-M_1 顺序进行；
    （3）事故停车时，若 M_2 停车，则 M_3、M_4 立即停车而 M_1 延时停车；
    （4）上述所有动作均按时间原则控制；
    （5）各电动机均可单独启停运行。

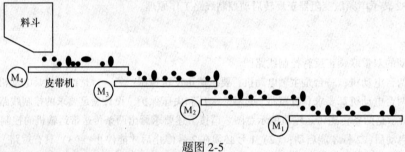

题图 2-5

15. 某电机要求只有在继电器 KA_1、KA_2、KA_3 中任何一个或两个动作时才能运转，而在其他条件下都不运转，试设计其控制电路原理图。

16. 已知两台三相交流异步电动机的数据均为 $P_N = 7.5kW$，$U_N = 380V$，$I_N = 15.4A$，$n_N = 1440r/min$，要求两台机同时启动和同时停车，请设计电气原理图、选择电器元件、列写元器件明细表，并绘制电气接线图。

17. 已知三相交流异步电动机的参数为 $P_N = 22kW$，$U_N = 380V$，$I_N = 43.9A$，$n_N = 1460r/min$，设计一台 Y-$\triangle$ 启动控制电路、选择元器件参数、列写元器件清单、绘制电气安装图、电气接线图，写出简要说明。

18. 有一台生产设备用双速三相异步电动机拖动，双速三相异步电动机型号为 YD123M-4/2，三相异步电动机铭牌数据为 6.5kW/8kW、$\triangle$/2Y、13.8A/17.1A、450/2880r/min，根据加工工艺要求电动机自动切换运转，并且具备过载保护、短路保护、失压保护和欠压保护，试设计出一个具有自动变速双速带反接制动的继电-接触式双速电动机电气控制线路。

19. 有一台生产设备用双速三相异步电动机拖动，双速三相异步电动机型号为 YD123M-4/2，三相异步电动机铭牌数据为 6.5kW/8kW、$\triangle$/2Y、13.8A/17.1A、450/2880r/min，根据加工工艺要求电动机自动切换运转，并且具备过载保护、短路保护、失压保护和欠压保护，试设计出一个具有自动变速双速带能耗制动的继电-接触式双速电动机电气控制线路。

20. 有一台生产设备用双速三相异步电动机拖动，双速三相异步电动机型号为 YD123M-4/2，三相异步电动机铭牌数据为 6.5kW/8kW、$\triangle$/2Y、13.8A/17.1A、450/2880r/min，根据加工工艺要求电动机可以单独低速运行，又可高速运行，但高速运行必须从低速运行一段时间后自动切换到高速，并且具备过载保护、短路保护、失压保护和欠压保护，试设计出一个具有自动变速双速电动机的电气控制线路。

项目三 继电-接触器电气控制系统分析

本章主要学习情境内容如下表所示。

学习情境	工作任务	职业能力	子情境	学习方式	学习地点	学时数
继电-接触器电气控制系统分析	继电-接触器控制线路的识图	根据工况实际要求，独立完成电力拖动控制线路的设计与安装；能根据控制系统要求及工作环境特点，合理选择电气控制元件	C620 卧式车床电气线路识图	原理讲授	多媒体教室	2
	典型机床控制系统分析	了解机床主要结构及运动形式；了解机电对电力拖动的要求和控制特点；掌握机床电气控制线路工作原理	C650 卧式车床	参观实物，多媒体动画讲解，学生讨论	多媒体教室	16
			Z37 摇臂钻床			
			Z3040 摇臂钻床			
			M7130 卧轴矩台平面磨床			
			X62 万能铣床			
			T68 卧式镗床			
			20/5t 桥式起重机			
	典型机床控制线路故障检修	熟读机电电气控制原理图；根据专业知识和技能，正确运用工具、仪表、仪器进行分析，查找故障产生的原因及故障点；排出故障恢复功能	Z37 摇臂钻床	教、学、做	实训室	20
			X62 万能铣床			
			C650 卧式车床			
			电葫芦			

情境1 电气控制线路的读图方法

职业能力：了解电气控制线路类别，掌握识图方法。

从功能分类，可以分为电气原理图、电气装配图、电气接线图和电气布置图。本节主要介绍阅读分析机床电气控制原理图的方法。阅读分析电气控制原理图，主要包括主电路、控制电路和辅助电路等几部分。在阅读分析之前，应注意以下几个问题：

（1）对机床的主要结构、运动形式、加工工艺要求等应有一定的了解，做到了解控制对象，明确控制要求。

（2）应了解机械操作手柄与电器元件的关系；了解机床液压系统与电气控制的关系等。

（3）将整个控制电路按动能不同分成若干局部控制电路，逐一分析，分析时应注意各局部电路之间的联锁关系，然后再统观整个电路，形成一个整体观念。

（4）抓住各机床电气控制的特点，深刻理解电路中各电器元件、各接点的作用，掌握分析方法，养成分析习惯。

一、读图的一般方法和步骤

（一）分析主电路

从主电路入手，根据每台电动机和电磁阀等执行电器的控制要求去分析它们的控制内容。分析主电路，要分清主电路中的用电设备、要搞清楚用什么电器元件控制用电设备、要了解主电路中其他电器元件的作用。

（二）分析控制电路

根据主电路中各电动机和电磁阀等执行电器的控制要求，逐一找出控制电路中的控制环节，利用前面学过的继电-接触器电气控制电路的基本环节的知识，按功能不同划分成若干个局部控制线路来进行分析。其步骤如下：

（1）从执行电器（电动机等）着手，在主电路上看有哪些控制元件的触点，根据其组合规律看控制方式。

（2）在控制电路中由主电路控制元件的主触点的文字符号找到有关的控制环节及环节间的联系。

（3）从按动启动按钮开始，查对线路，观察元件的触点符号是如何控制其他控制元件动作的，再查看这些被带动的控制元件的触点是如何控制执行电器或其他元件动作的，并随时注意控制元件的触点使执行电器有何运动或动作，进而驱动被控机械有何运动。

在分析过程中，要边分析边记录，最终得出执行电器及被控机械的运动规律。

（三）分析辅助电路

辅助电路包括电源显示、工作状态显示、照明和故障报警等部分，它们大多由控制电路中的元件来控制，所以在分析时，要对照控制电路进行分析。

（四）分析联锁与保护环节

生产机械对于安全性和可靠性有很高的要求，实现这些要求，除了合理地选择拖动和控制方案以外，在控制线路中还设置了一系列电气保护和必要的电气联锁。

（五）总体检查

经过"化整为零"，逐步分析了每一个局部电路的工作原理以及各部分之间的控制关系之后，还必须用"集零为整"的方法，检查整个控制线路，看是否有遗漏。特别要从整体角度去进一步检查和理解各控制环节之间的联系，理解电路中每个元件所起的作用。

二、读图实例

下面结合 C620-1 型卧式车床电气控制线路分析实例，如图 3-1 所示，介绍生产机械电气控制线路的分析方法。

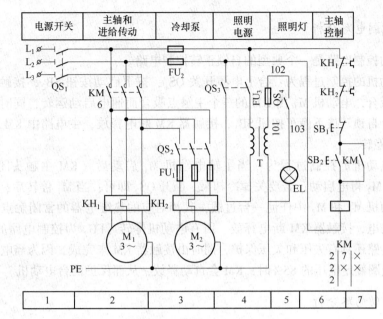

图 3-1　C620-1 型车床电气控制线路

车床是一种应用极为广泛的金属切削机床，能够车削外圆、内圆、端面、螺纹，切断及割槽等，并可以装上钻头或铰刀进行钻孔等加工。

（一）主要结构、运动形式、电力拖动形式及控制要求

C620-1 型卧式车床主要由床身、主轴变速箱、进给箱、溜板箱、溜板、丝杠和刀架等几部分组成。

车削加工的主运动是主轴通过卡盘或顶尖带动工作的旋转运动，且由主轴电动机通过带传动传到主轴变速箱再旋转的，机床的其他进给运动是由主轴传动的。

C620-1 型车床共有两台电动机，一台是主轴电动机，带动主轴旋转，采用普通笼型感应电动机，功率为 7kW，配合齿轮变速箱实行机械调速，以满足车削负载的特点，该电动机属长期工作制运行；另一台是冷却泵电动机，为车削工件时输送冷却液，也采用笼型感应电动机，功率为 0.125kW，属长期工作制运行。机床要求两台电动机单向运动，且采用全压直接启动。

C620-1 型卧式车床电气控制线路是由主电路、控制电路、照明电路等部分组成，如图 3-1 所示。由于向车床供电的电源开关要装熔断器，而电动机 M_1 的电流要比电动机 M_2 及控制电路的电流大得多，所以电动机 M_1 没有再装熔断器。

（二）主电路分析

从主电路看，C620-1 型卧式车床电动机电源采用 380V 的交流电源，由组合开关 QS_1 引入。主轴电动机 M_1 的启停由 KM 的主触头控制，主轴通过摩擦离合器实现正反转；主轴电动机启动后，才能启动冷却泵电动机 M_2，是否需要冷却，由组合开关 QS_2 控制。熔断器 FU_1 为电动机 M_2 提供短路保护。热继电器 FR_1、FR_2 为电动机 M_1 和 M_2 提供过载保护，它们的常闭触点串接后接在控制电路中。

（三）控制电路分析

该车床的控制电路是一个典型的自锁正转控制电路。

主轴电动机的控制过程为：合上电源开关 QS_1，按下启动按钮 SB_2，接触器 KM 线圈通电使铁芯吸合，电动机 M_1 由 KM 的三个主触点吸合而通电启动运转，同时 KM 的自锁常开触头闭合自锁。按下停车按钮 SB_1，接触器 KM 断电释放，主电路中 KM 的三个主触点断开，M_1 停转。

冷却泵电动机的控制过程为：当主轴电动机 M_1 启动后（KM 主触头闭合），合上 QS_2，电动机 M_2 得电启动；若要关掉冷却泵，断开 QS_2 即可；当 M_1 停转后，M_2 也停转。

只要电动机 M_1 和 M_2 中任何一台过载，其相对应的热继电器的常闭触点断开，从而使控制电路失电，接触器 KM 断电释放，所有电动机停转。FU_2 为控制电路的短路保护。另外，控制电路还具有失压和欠压保护，同时由接触器 KM 来完成，因为当电源电压低于接触器 KM 线圈额定电压的 85% 时，KM 会自动释放，从而保护两台电动机。

（四）辅助电路分析

C620-1 型卧式车床的辅助电路主要是照明电路。照明由变压器 T 将交流 380V 转变为 36V 的安全电压供电，FU_3 为短路保护。QS_4 为照明电路的电源开关，合上 QS_4，照明灯 EL 亮。照明电路必须接地，以确保人身安全。

三、识读机床电气控制线路图的基本知识

从 C620-1 型卧式车床电气控制线路分析的实例中，可知，识读分析机床电气控制线路，除第二章第二节介绍的一般原则之外，还应明确注意以下几个问题：

（1）电气控制线路图按功能分成若干单元，并用文字将其功能标注在电路图上部的栏内，如图 3-1 所示电路按功能分为电源开关、主轴和进给传动、冷却泵、照明电源、照明灯、主轴控制 6 个单元。

（2）在电气控制线路图的下方划分若干图区，并从左到右依次用阿拉伯数字编号标注在图区栏内。通常是一条回路或一条支路划分为一个图区，如图 3-1 所示电路图共划分为 7 个图区。

（3）电气控制线路图中，在每个接触器下方画出两条竖直线，分成左、中、右三栏，每个继电器线圈下方画出一条竖直线，分成左、右两栏。把受其线圈控制而动作的触头所处的图区号填入相应的栏内，对备用的触头，在相应的栏内用记号"×"标出或不标出任何符号。见表 3-1 和表 3-2。

表 3-1　接触器触头在电路图中位置的标记

栏　　目	左　栏	中　栏	右　栏
触头类型	主触头所处的图区号	辅助常开触头所处的图区号	辅助常闭触头所处的图区号
KM 2　7　× 2　×　× 2	表示 3 对主触头均在图区 2	表示一对辅助常开触头在图区 7，另一对辅助常开触头未用	表示两对辅助常闭触头未用

表 3-2　继电器触头在电路图中位置的标记

栏　目	左　栏	右　栏
触头类型	常开触头所处的图区号	常闭触头所处的图区号
KA 2 2 2	表示 3 对常开触头均在图区 2	表示常闭触头未用

（4）电气控制线路中触头文字符号下面用数字表示该电器线圈所处的图区号。图 3-1 所示电路中，在图区 2 中有 "$\frac{KM}{6}$" 表示接触器 KM 的线圈在图区 6 中。

情境 2　典型机床控制系统分析

职业能力：了解机床主要结构及运动形式；了解机电对电力拖动的要求和控制特点；掌握机床电气控制线路工作原理。

子情境 1　车床的电气控制

在各种金属切削机床中，车床占的比重最大，应用也最广泛。车床的种类很多，有卧式车床、落地车床、立式车床、转塔车床等，生产中以普通车床应用最普遍，数量最多。本节以 C650 普通卧式车床为例进行电气控制线路分析。

一、C650 卧式的主要结构及运动形式

C650 卧式车床属于中型车床，可加工的最大工件回转直径为 1020mm，最大工件长度为 3000mm，机床的结构形式如图 3-2 所示，由主轴变速箱、挂轮箱、进给箱、溜板箱、尾座、滑板与刀架、光杠与丝杠等部件组成。

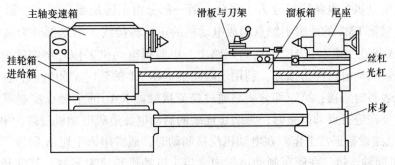

图 3-2　C650 卧式机床的结构

车床有 3 种运动形式：主轴通过卡盘或顶尖带动工件的旋转运动，称为主运动；刀具与滑板一起随溜板箱实现进给运动，称为进给运动；其他运动称为辅助运动。

主轴的旋动运动由主轴电动机拖动，经传动机构实现。车削加工时，要求车床主轴能在较大范围内变速。通常根据被加工零件的材料性能、车刀材料、零件尺寸精度要求、加

工方式及冷却条件等来选择切削速度，采用机械变速方法。对于卧式车床，调速比一般应大于 70。为满足加工螺纹的需求，主轴有正反转。由于加工的工件比较大，其转动惯量也较大，停车时采取电气制动。

车床纵、横两个方向的进给运动是由主轴箱的输出轴，经挂轮箱、进给箱、光杠传入溜板箱而获得，其运行形式有手动和自动控制两种。

车床的辅助运动为溜板箱的快速移动、尾座的移动和工件的夹紧与放松。

二、电力拖动要求与控制特点

（1）车削加工近似于恒功率负载，主轴电动机 M_1 选用鼠笼型异步电动机，完成主轴主运动和刀具进给运动的驱动。电动机采用直接启动的方式启动，可正反两个方向旋转，并可实现正反两个旋转方向的电气制动。为加工调整方便，还具有点动功能。

（2）车削螺纹时，刀架移动与主轴旋转运动之间必须保持准确的比例关系，因此，车床主轴运动和进给运动只由一台电动机拖动，刀架移动由主轴箱通过机械传动链来实现。

（3）为了提高生产效率、减轻工人劳动强度，拖板的快速移动电动机 M_3 单独拖动，根据使用需要，可随时手动控制启停。

（4）车削加工中，为防止刀具和工件的温度过高，延长刀具使用寿命，提高加工质量，车床附有一台单方向旋转的冷却泵电动机 M_2，与主轴电动机实现顺序启停，也可单独操作。

（5）必要的保护环节、联锁环节、照明和信号电路。

三、C650 卧式车床电气控制线路分析

（一）主电路分析

C650 卧式车床控制线路如图 3-3 所示。主电路中有三台电动机。隔离开关 QS 将三相电源引入，电动机主电路接线分为 3 部分，第一部分由正转控制交流接触器 KM_1 和反转控制交流接触器 KM_2 的两组主触点构成电动机的正反转接线；第二部分为电流表 A 经电流互感器 TA 接在主电动机 M_1 的动力回路上，以监视电动机工作时绕组的电流变化。为防止电流表被启动电流冲击损坏，利用一时间继电器 KT 的延时常闭触点，在启动的短时间内将电流表暂时短接；第三部分线路通过交流接触器 KM_3 的主触点控制限流电阻 R 的接入和切除。在进行点动调整时，为防止连续的启动电流造成电动机过载，串入限流电阻 R，以保证电路设备正常工作。在电动机反接制动时，通常串入电阻 R 限流。速度继电器 KS 与电动机同轴连接。在停车制动过程中，当主电动机转速为零时，其常开触点可将控制电路中反接制动相应电路切断，完成停车制动。

电动机 M_2 由交流接触器 KM_4 的主触点控制其动力电路的接通与断开；电动机 M_3 由交流接触器 KM_5 控制。

为了保证主电路的正常运行，主电路中还设置了采用熔断器的短路保护环节和采用热继电器的电动机过载保护环节。

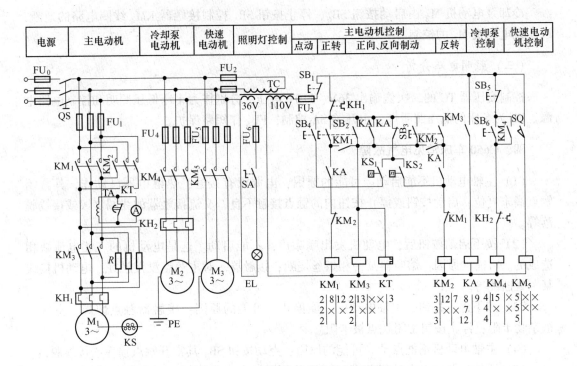

图 3-3　C650 卧式车床电气控制原理图

（二）控制电路分析

1. 主电动机 M_1 的控制电路

（1）M_1 正向启动控制。按下正向启动按钮 SB_2→KM_3、KT 线圈得电→KM_3 主触头将主电路中限流电阻 R 短接，同时辅助常开触头闭合→KA 线圈得电，常闭触点断开切除停车制动电路；常开触点闭合→ KM_1 线圈得电→KM_1 主触头闭合，常开触头闭合自锁→电动机正向直接启动→转速高于 120r/min 后，速度继电器常开触头 KS_2 闭合。

KT 线圈得电后，常闭触头延时断开，电流表接入电路正常工作。

（2）M_1 正向反接制动。按下停车按钮 SB_1→KM_1、KM_3、KA 线圈失电，触头复位，电动机 M_1 惯性继续运转→松开停车按钮 SB_1→KM_2 线圈得电→KM_2 主触头闭合，电动机 M_1 串入限流电阻 R 反接制动，强迫电动机迅速停车→转速低于 100r/min 时，KS_2 断开→KM_2 线圈失电→触头复位→电动机失电，反接制动过程结束。

（3）M_1 正向点动控制。按下 SB_4→KM_1 线圈得电→主触头闭合→电动机 M_1 串入限流电阻 R 正向点动→松开 SB_4→KM_1 线圈失电→主触头复位→电动机 M_1 停转。

（4）M_1 反向控制。M_1 反向启动控制由 SB_3 控制，反向反接制动由 SB_1 控制。工作过程自行分析。

2. 刀架的快速移动和冷却泵电动机的控制

刀架快速移动是由转动刀架手柄压动位置开关 SQ，接通控制快速移动电动机 M_3 的接触器 KM_5 的线圈电路，KM_5 的主触头闭合，M_3 启动，经传动系统驱动溜板箱带动刀架快速移动。刀架快速移动电动机 M_3 是短时间工作，故未设置过载保护。

冷却泵电动机 M_2 由启动按钮 SB_6、停止按钮 SB_5 控制接触器 KM_4 线圈电路的通断，以实现电动机 M_2 的控制。

（三）照明电路分析

控制变压器 TC 的二次侧输出 36V、110V 电压，分别作为车床低压照明和控制电路电源。EL 为车床的低压照明灯，由开关 SA 控制，FU_6 作短路保护。

四、C650 车床常见电气故障

（1）主轴电动机不能启动。可能的原因：电源没有接通；热继电器已动作，其常闭触点尚未复位；启动按钮或停止按钮内的触点接触不良；交流接触器的线圈烧毁或接线脱落等。

（2）按下启动按钮后，电动机发出嗡嗡声，不能启动。这是电动机的三相电流缺相造成的。可能的原因：熔断器某一相熔丝烧断；接触器一对主触点没接触好；电动机接线某一处断线等。

（3）按下停止按钮，主轴电动机不能停止。可能的原因：接触器触点熔焊、主触点被杂物卡阻；停止按钮常闭触点被卡阻。

（4）主轴电动机不能点动。可能的原因：点动按钮 SB_4 其常开触点损坏或接线脱落。

（5）不能检测主轴电动机负载。可能的原因：电流表损坏、时间继电器设定时间太短或损坏、电流互感器损坏。

子情境 2　钻床的电气控制

机械加工过程中经常需要加工各种各样的孔，钻床就是一种用途广泛的孔加工机床，它主要用于钻削精度要求不太高的孔。还可以用来扩孔、铰孔、镗孔以及攻螺纹等。

钻床的种类很多，有台钻、立钻、卧钻、专门化钻床和摇臂钻床。台钻和立钻的电气线路比较简单，其他形式的钻床在控制系统上也大同小异，本节以 Z37 和 Z3050 为例分析它的电气控制线路。

一、Z37 摇臂钻床电气控制线路

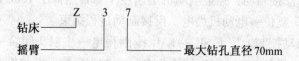

（一）主要结构及运动形式

Z37 摇臂钻床主要由底座、内立柱、外立柱、摇臂、主轴箱、工作台等部分组成，如图 3-4 所示。内立柱固定在底座上，在它的外面套着空心的外立柱，外立柱可绕着内立柱回转 360°。摇臂一端的套筒部分与外立柱滑动配合，借助丝杠的正反转可使摇臂沿外立柱作上下移动，但两者不能作相对运动，因此摇臂只能与外立柱一起绕内立柱回转。主轴

箱是一个复合部件，它包括主轴
及主轴旋转和进给运动的全部传
动变速和操作机构。主轴箱安装
于摇臂的水平导轨上，可以通过
手轮操作使其在水平导轨上沿摇
臂移动。

　　钻削加工时，主轴箱可由夹
紧装置将其固定在摇臂的水平导
轨上，外立柱紧固在内立柱上，
摇臂紧固在外立柱上，然后进行
钻削加工。

　　摇臂钻床的主运动是主轴带
动钻头的旋转运动；进给运动是

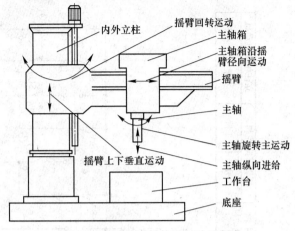

图 3-4　摇臂钻床结构及运动示意图

钻头的上下运动；辅助运动是主轴箱沿摇臂水平移动、摇臂沿外立柱上下移动及摇臂连同
外立柱一起相对于内立柱的回转运动。

（二）电力拖动要求与控制特点

（1）Z37 摇臂钻床相对运动部件较多，为简化传动装置，采用多台电动机拖动。

冷却泵电机 M_1 供给冷却液，正转控制。主轴电动机 M_2 拖动钻削及进给运动，单向
运转，主轴正反转通过摩擦离合器实现。摇臂升降电动机 M_3 拖动摇臂升降，正反转控
制，具有机械和电气联锁。立柱松紧电动机 M_4 拖动内、外立柱及主轴箱与摇臂夹紧与放
松，正反转控制，通过液压装置和电气联合控制。

（2）各种工作状态都通过十字开关 SA 操作，为防止十字开关手柄停在某一工作位置
时，因接通电源而产生误动作，本控制线路设有零压保护环节。

（3）摇臂升降要求有限位保护。

（4）钻削加工时需要对刀具及工件进行冷却。

（三）电气控制线路分析

1. 主电路分析

Z37 摇臂钻床控制线路如图 3-5 所示。主电路共有四台三相异步电动机。冷却泵电动
机 M_1 由组合开关 QS_2 控制，由熔断器 FU_1 进行短路保护。主轴电动机 M_2 由接触器 KM_1
控制，由热继电器 FR 进行过载保护。摇臂升降电动机 M_3 由接触器 KM_2、KM_3 控制，用
熔断器 FU_2 进行短路保护。立柱松紧电动机 M_4 由接触器 KM_4、KM_5 控制，由熔断器 FU_3
进行短路保护。

2. 控制电路分析

控制电路的电源由控制变压器 TC 提供 110V 电压。Z37 摇臂钻床控制电路采用十字开
关 SA 操作，它由十字手柄和四个微动开关组成，手柄处在各个工作位置时的工作情况见
表 3-3。电路中还设有零压保护环节，由十字开关 SA 和中间继电器 KA 实现。

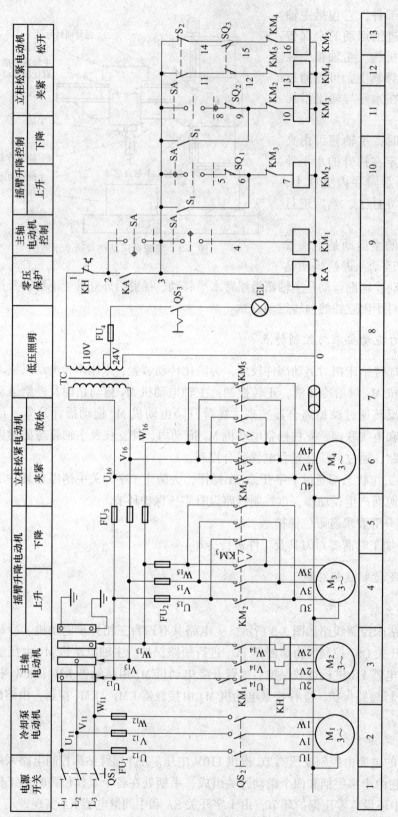

图3-5 Z37摇臂钻床电气控制线路图

表 3-3　十字开关 SA 操作说明

手柄位置	接通微动开关的触头	工　作　情　况
中	均不通	控制电路断电不工作
左	SA（2-3）	KA 得电自锁，零压保护
右	SA（3-4）	KM_1 获电，主轴旋转
上	SA（3-5）	KM_2 获电，摇臂上升
下	SA（3-8）	KM_3 获电，摇臂下降

（1）主轴电动机 M_2 的控制。主轴电动机 M_2 的启停由接触器 KM_1 和十字开关 SA_4 控制。

将十字开关扳到左边位置→SA（2-3）触点闭合→中间继电器 KA 得电，并自锁→将十字开关扳到右边位置→SA（2-3）分断、SA（3-4）闭合→KM_1 线圈得电→主轴电动机 M_2 启动运行→十字开关扳到中间位置→SA 触头均不通→KM_1 线圈断电释放→主轴电动机 M_2 停转。

（2）摇臂升降电动机 M_3 的控制。摇臂的放松、升降、夹紧是通过十字开关 SA、接触器 KM_2、KM_3、行程开关 SQ_1 和 SQ_2 用鼓形组合开关 S_1 控制电动机 M_3 正反转来实现的。行程开关 SQ_1 和 SQ_2 用作限位保护，保护摇臂上升或下降不致超出允许的极限位置。

将十字开关扳到上位置→SA（3-5）触点闭合→KM_2 线圈得电→电动机 M_3 启动正转→通过传动装置放松摇臂→当摇臂完全放松时，推动组合开关 S_1 动作，常开触头闭合，为摇臂的夹紧做好准备→摇臂上升到所需位置后，十字开关扳到中间位置→KM_2 断电释放，电动机停转→KM_3 线圈得电→电动机 M_3 反转，带动机械夹紧机构将摇臂夹紧→摇臂夹紧时，组合开关 S_1 复位→KM_3 断电释放，电动机 M_3 停转，上升结束。

（3）立柱的夹紧与松开控制。Z37 摇臂钻床在正常工作时，外立柱夹紧在内立柱上。要使摇臂和外立柱绕内立柱转动，应首先将外立柱放松。立柱的松开和夹紧是靠电动机 M_4 的正反转拖动液压装置来完成的。电动机 M_4 的正反转由组合开关 S_2、行程开关 SQ_3、接触器 KM_4、KM_5 来控制，行程开关 SQ_3 则是由主轴箱与摇臂夹紧的机械手柄操作的。

扳动手柄使 SQ_3 的常开触头（14-15）闭合→KM_5 线圈得电→M_4 拖动液压泵工作，立柱夹紧装置放松→立柱夹紧装置完全放松时，S_2 动作，（3-14）触点断开，（3-11）触点闭合→KM_5 断电释放→M_4 失电停转，可推动摇臂旋转→扳动手柄使 SQ_3 复位，常开触点（14-15）断开，常闭触点（11-12）闭合→KM_4 线圈得电→M_4 拖动液压泵反向转动，使立柱夹紧装置夹紧→立柱夹紧装置完全夹紧时，S_2 复位，KM_4 断电释放→M_4 停转。

Z37 摇臂钻床主轴箱在摇臂上的松开和夹紧与立柱的松开和夹紧是由同一台电动机 M_4 拖动液压装置完成的。

3．照明电路分析

照明电路的电源也是由变压器 TC 将 380V 的交流电压降为 24V 安全电压来提供。照明灯 EL 由开关 QS_3 控制，由熔断器 FU_4 作短路保护。

（四）常见电气故障

（1）摇臂上升（下降）夹紧后，M_3 仍正反转重复不停。可能原因：鼓形组合开关 S_1

两对常开触头的动、静触头间距离太近，使它们不能及时分断所引起的。

（2）摇臂上升（下降）后不能完全夹紧。可能原因：鼓形组合开关 S_1 动触头的夹紧螺栓松动造成动触头位置偏移，不能按要求闭合；S_1 动、静触头弯曲、磨损、接触不良等。

（3）摇臂升降后不能按要求停车。可能原因：鼓形组合开关 S_1 的常开触头（3-6）和（3-9）的顺序颠倒。

二、Z3040 摇臂钻床电气控制线路

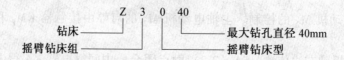

（一）Z3040 摇臂钻床的主要结构及运行

Z3040 摇臂钻床是一种立式钻床，它具有性能完善、适用范围广、操作灵活及工作可靠等优点，适合加工单件和批量生产中带有多孔的大型零件。

Z3040 摇臂钻床主要由底座、内立柱、外立柱、摇臂、主轴箱、工作台等部分组成（如图 3-4 所示）。内立柱固定在底座上，在它的外面套着空心的外立柱，外立柱可绕着内立柱回转 360°。摇臂一端的套筒部分与外立柱滑动配合，借助丝杠的正反转可使摇臂沿外立柱作上下移动，但两者不能作相对运动，因此摇臂只能与外立柱一起绕内立柱回转。主轴箱是一个复合部件，它包括主轴及主轴旋转和进给运动的全部传动变速和操作机构。主轴箱安装于摇臂的水平导轨上，可以通过手轮操作使其在水平导轨上沿摇臂移动。

钻削加工时，主轴箱可由夹紧装置将其固定在摇臂的水平导轨上，外立柱紧固在内立柱上，摇臂紧固在外立柱上，然后进行钻削加工。

钻削加工时，主轴旋转为主运动，而主轴的直线移动为进给运动。即钻孔时钻头一面作旋转运动。同时作纵向进给运动。主轴变速和进给变速的机构都在主轴箱内，用变速机构分别调节主轴转速和上、下进给量。摇臂钻床的主轴旋转运动和进给运动由一台交流异步电动机 M_1 拖动。

摇臂钻床的辅助运动有：摇臂沿外立柱的上升、下降，立柱的夹紧和松开以及摇臂与外立柱一起绕内立柱的回转运动。摇臂的上升、下降由一台交流异步电动机 M_2 拖动，立柱的夹紧和松开，摇臂的夹紧和松开以及主轴箱的夹紧和松开由另一台交流电动机 M_3 拖动一台液压泵，供给夹紧装置所需要的压力油推动夹紧机构液压系统实现的。而摇臂的回转和主轴箱摇臂水平导轨方向的左右移动通常采用手动。此外，还有一台冷却泵电动机 M_4 对加工的刀具进行冷却。

（二）电力拖动的特点和控制要求

（1）摇臂钻床运动部件较多，为简化传动装置，采用多台电动机拖动，通常设有主轴电动机、摇臂升降电动机、立柱夹紧和放松电动机及冷却泵电动机。

（2）主轴的旋转运动、纵向进给运动及其变速机构均在主轴箱内，由一台主电动机

拖动。

（3）为了适应多种加工方式的要求，主轴的旋转与进给运动均有较大的调速范围，由机械变速机构实现。

（4）加工螺纹时，要求主轴能正、反向旋转，采用机械方法来实现。因此，主电动机只需单方向旋转，可直接启动，不需要制动。

（5）摇臂的升降由升降电动机拖动，要求电动机能正、反向旋转，采用笼型异步电动机。可直接启动，不需要调速和制动。

（6）内外立柱、主轴箱与摇臂的夹紧与松开，是通过控制电动机的正、反转，带动液压泵送出不同流向的压力油，推动活塞，带动菱形块动作来实现。因此拖动液压泵的电动机要求正、反向旋转，采用点动控制。

（7）摇臂钻床主轴箱、立柱的夹紧与松开由一条油路控制，且同时动作。而摇臂的夹紧与松开是与摇臂升降工作连成一体，由另一条油路控制。两条油路哪一条处于工作状态，是根据工作要求通过控制电磁阀操纵。

（8）根据加工需要，操作者可以手控操作冷却泵电动机单向旋转。

（9）必要的联锁和保护环节。

（10）机床安全照明及信号指示电路。

（三）Z3040 摇臂钻床电气控制线路分析

Z3040 摇臂钻床主要有两种主要运动和其他辅助运动，主运动是指主轴带动钻头的旋转运动；进给运动是指钻头的垂直运动；辅助运动是指主轴箱沿摇臂水平移动，摇臂沿外立柱上下移动以及摇臂和外立柱一起相对于内立柱的回转运动。

Z3040 摇臂钻床具有两套液压控制系统：一套是由主轴电动机拖动齿轮泵送出压力油，通过操纵机构实现主轴正反转、停车制动、空档、预选与变速；另一套是由液压泵电动机拖动液压泵送出压力油来实现摇臂的夹紧与松开、主轴箱的夹紧与松开、立柱的夹紧与松开。前者安装在主轴箱内，后者安装于摇臂电器盒下部。

1. 操纵机构液压系统

该系统压力油由主轴电动机拖动齿轮泵送出，由主轴操作手柄来改变两个操纵阀的相互位置，获得不同的动作。操作手柄有五个空间位置：上、下、里、外和中间位置。其中上为"空挡"，下为"变速"，外为"正转"，里为"反转"，中间位置为"停车"。而主轴转速及主轴进给量各由一个旋钮预选，然后再操作主轴手柄。

主轴旋转时，首先按下主轴电动机启动按钮，主轴电动机启动旋转，拖动齿轮泵，送出压力油。然后操纵主轴手柄，扳至所需转向位置（里或外），于是两个操纵阀相互位置改变，使一股压力油将制动摩擦离合器松开，为主轴旋转创造条件；另一股压力油压紧正转（反转）摩擦离合器，接通主轴电动机到主轴的传动链，驱动主轴正转或反转。

在主轴正转或反转的过程中，可转动变速旋钮，改变主轴转速或主轴进给量。

主轴停车时，将操作手柄扳回中间位置，这时主轴电动机仍拖动齿轮泵旋转，但此时整个液压系统为低压油，无法松开制动摩擦离合器，而在制动弹簧作用下将制动摩擦离合器压紧，使制动轴上的齿轮不能转动，实现主轴停车。所以主轴停车时主轴发动机仍在旋转，只是不能将动力传到主轴。

　　主轴变速与进给变速：将主轴操作手柄扳至"变速"位置，于是改变两个操纵阀的相互位置，使齿轮泵送出的压力油进入主轴转速预选阀和主轴进给量预选阀，然后进入各变速油缸。与此同时，另一油路系统推动拔叉缓慢移动，逐渐压紧主轴正转摩擦离合器，接通主轴电动机到主轴的传动链，带动主轴缓慢旋转，称为缓速，以利于齿轮的顺利啮合。当变速完成，松开操作手柄，此时手柄在弹簧作用下由"变速"位置自动复位到主轴"停车"位置，然后再操纵主轴正转或反转，主轴将在新的转速或进给量下工作。

　　2. 夹紧机构液压系统

　　主轴箱、内外立柱和摇臂的夹紧和松开是由液压泵电动机拖动液压泵送出压力油，推动活塞、菱形块来实现的。其中由一个油路控制主轴箱和立柱的夹紧，另一油路控制摇臂的夹紧和松开，这两个油路均由电磁阀控制。

　　Z3040 摇臂钻床电气控制线路如图 3-6 所示。

　　Z3040 摇臂钻床共有四台电动机：主电动机 M_1，摇臂升降电动机 M_2，液压泵电动机 M_3 和冷却泵电动机 M_4。

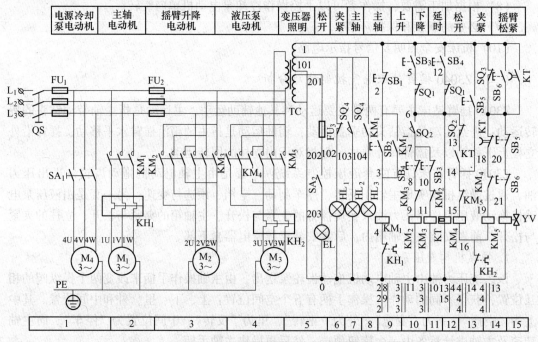

图 3-6　Z3040 摇臂钻床电气控制线路图

　　3. 主电路分析

　　（1）主电动机 M_1 单向旋转，它由接触器 KM_1 控制，而主轴的正反转依靠机床液压系统并配合正、反转摩擦离合器来实现。

　　（2）摇臂升降电动机 M_2 具有正反转控制，控制电路保证在操纵摇臂升降时先通过液压系统，将摇臂松开后 M_2 才能起动，带动摇臂上升或下降。当移动达到所需位置时控制电路又保证升降电动机先停止，然后自动液压系统将摇臂夹紧。由于 M_2 是短时运转的，所以没有设置过载保护。

　　（3）液压泵电动机 M_3 送出压力油作为摇臂的松开与夹紧、立柱和主轴箱的松开与夹紧的动力源。为此，M_3 采用由接触器 KM_4、KM_5 来实现正反转控制，并设有热继电器 FR_2 作为过载保护。

（4）冷却泵电动机 M_4 容量小，所以用组合开关 SA_1 直接控制其运行和停止。

4. 控制电路分析

该机床控制电路同样采用 380V/127V 隔离变压器供电，但其二次绕组增设 36V 安全电压供局部照明使用。

（1）摇臂升降的控制。按上升（或下降）按钮 SB_3（或 SB_4），时间继电器 KT 吸合，其延时断开的常开触点与瞬时常开触点使电磁铁 YV 和接触器 KM_4 同时吸合，液压泵电动机 M_3 旋转，供给压力油。压力油经二位六通阀进入摇臂松开的油腔，推动活塞和菱形块，使摇臂松开。同时活塞杆通过弹簧片压下限位开关 SQ_2，使接触器 KM_4 线圈断电释放，液压泵电动机 M_3 停转，与此同时 KM_2（或 KM_3）吸合，升降电动机 M_2 旋转，带动摇臂上升（或下降）。如果摇臂没有松开，SQ_2 的常开触点也不能闭合，KM_2（或 KM_3）就不能吸合，摇臂也就不可能升降。

当摇臂上升（或下降）到所需位置时，松开按钮 SB_3（或 SB_4），KM_2（或 KM_3）和时间继电器 KT 释放，升降电动机 M_2 停转，摇臂停止升降。由于 KT 释放，其延时闭合的常闭触点经 $1\sim3s$ 延时后，接触器 KM_5 吸合，液压电动机 M_3 反向起动旋转，供给压力油。压力油经二位六通阀（此时电磁铁 YV 仍处于吸合状态）进入摇臂夹紧油腔，向相反方向推动活塞和菱形块，使摇臂夹紧。同时，活塞和菱形块，使摇臂夹紧，活塞杆通过弹簧片压下限位开关 SQ_3，KM_5 和 YV 同时断电释放，液压泵电动机停止旋转，夹紧动作结束。

摇臂上升的动作过程如下：

按 $SB_3 \begin{Bmatrix} KT \text{ 吸合} \\ KM_4 \text{ 吸合} \end{Bmatrix} M_3 \text{ 正转、YV 吸合} \rightarrow \text{压下 } SQ_2 \begin{Bmatrix} KM_2 \text{ 吸合} \rightarrow M_2 \text{ 正转} \\ KM_4 \text{ 断电} \rightarrow M_3 \text{ 停止} \end{Bmatrix} \text{摇臂上升到预定位置，松}$ 开 SB_3

摇臂下降的动作过程如下：

按 $SB_4 \begin{Bmatrix} KT \text{ 吸合} \\ KM_4 \text{ 吸合} \end{Bmatrix} M_3 \text{ 正转、YV 吸合} \rightarrow \text{压下 } SQ_2 \begin{Bmatrix} KM_3 \text{ 吸合} \rightarrow M_3 \text{ 反转} \\ KM_4 \text{ 断电} \rightarrow M_3 \text{ 停止} \end{Bmatrix} \text{摇臂下降到预定位置，松}$ 开 SB_4

这里还应注意，在摇臂松开后，限位开关 SQ_3 复位，其触点（1-17）闭合，而在摇臂夹紧后，SQ_3 被压合。时间继电器 KT 的作用是：控制接触器 KM_5 在升降电动机 M_2 断电后的吸合时间，从而保证在升降电动机停转后再夹紧摇臂的动作顺序。时间继电器 KT 的延时，可根据需要整定在 $1\sim3s$。

摇臂升降的限位保护，由组合开关 SQ_1 来实现。当摇臂上升到极限位置时，SQ_1 动作，将电路断开，则 KM_2 断电释放，升降电动机 M_2 停止旋转。但 SQ_1 的另一组触点仍处于闭合状态，保证摇臂能够下降。同理，当摇臂下降到极限位置时，SQ_1 动作，电路断开，KM_3 释放，M_2 停转。而 SQ_1 的另一动断触点仍闭合，以保证摇臂能够上升。

摇臂的自动夹紧是由行程开关 SQ_3 来控制的。如果液压夹紧系统出现故障而不能自动夹紧摇臂，或者由于 SQ_3 调整不当，在摇臂夹紧后不能使 SQ_3 的常闭触点断开，都会使液压泵电动机处于长期过载运行状态，这是不允许的。为了防止损坏液压泵电动机，电路中使用了热继电器 FR_2。

摇臂夹紧动作过程如下：摇臂升（或降）到预定位置，松开 SB_3（或 SB_4）号——→KT 断电延时——→KM_5 吸合、M_3 反转、YV 吸合——→摇臂夹紧——→SQ_3 受压断开——→KM_5、M_3、YV 均断电释放。

（2）立柱和主轴箱的松开与夹紧控制。立柱和主轴箱的松开与夹紧是同时进行的。首先按下按钮 SB_5（或夹紧按钮 SB_6），接触器 KM_4（或 KM_5）吸合，液压电动机 M_3 旋转，供给压力油，压力油经二位六通阀（此时电磁铁 YV 处于释放状态）进入立柱松开及夹紧液压缸和主轴箱松开及夹紧液压缸，推动活塞和菱形块，使立柱和主轴箱分别松开（或夹紧）。同时松开（或夹紧）指示灯（HL_1、HL_2）显示。

（3）冷却泵电动机 M_4 的控制。由开关 SA_1 进行单向旋转的控制。

（4）联锁、保护环节。行程开关 SQ_2 实现摇臂松开到位与开始升降的联锁；行程开关 SQ_3 实现摇臂完全夹紧与液压泵电动机 M_3 停止旋转的联锁。时间继电器 KT 实现摇臂升降电动机 M_2 断开电源待惯性旋转停止后再进行摇臂夹紧的联锁。摇臂升降电动机 M_2 正反转具有双重联锁。SB_5 与 SB_6 常闭触点接入电磁阀 YV 线圈电路实现在进行主轴箱与立柱夹紧、松开操作时，压力油不能进入摇臂夹紧油腔的联锁。

熔断器 FU_1 作为总电路和电动机 M_1、M_4 的短路保护。熔断器 FU_2 为电动机 M_2、M_3 及控制变压器 TC 一次侧的短路保护。熔断器 FU_3 为照明电路的短路保护。热继电器 FR_1、FR_2 为电动机 M_1、M_3 的长期过载保护。组合开关 SQ_1 为摇臂上升、下降的极限位置保护。带自锁触点的启动按钮与相应接触器实现电动机的欠电压、失电压保护。

5. 照明与信号指示电路分析

HL_1 为主轴箱、立柱松开指示灯，灯亮表示已松开，可以手动操作主轴箱沿摇臂水平移动或摇臂回转。HL_2 为主轴箱、立柱夹紧指示灯，灯亮表示已夹紧，可以进行钻削加工。HL_3 为主轴旋转工作指示灯。照明灯 EL 由控制变压器 TC 供给 36V 安全电压，经开关 SA_2 操作实现钻床局部照明。

（四）Z3040 钻床常见故障分析

（1）主轴电动机不能启动。可能的原因：电源没有接通；热继电器已动作，但常闭触点仍未复位；启动按钮或停止按钮内的触点接触不良；交流接触器的线圈烧毁或接线脱落等。

（2）主轴电动机刚启动运转，熔断器就熔断。按下主轴启动按钮 SB_2，主轴电动机刚旋转，就发生熔断器熔断故障。可能原因：机械机构发生卡住现象，或者是钻头被铁屑卡住，进给量太大，造成电动机堵转；负荷太大，主轴电动机电流剧增，热继电器来不及动作，使熔断器熔断。也可能因为电动机本身的故障造成熔断器熔断。

（3）摇臂不能上升（或下降）。可能的原因：行程开关 SQ_2 动作时，故障发生在接触器 KM_2 或摇臂升降电动机 M_2 上；行程开关 SQ_2 没有动作，可能是 SQ_2 位置改变，造成活塞杆压不上 SQ_2，使 KM_2 不能吸合，升降电动机不能得电旋转，摇臂不能上升。液压系统发生故障，如液压泵卡死、不转，油路堵塞或气温太低时油的黏度增大，使摇臂不能完全松开，压不下 SQ_2，摇臂也不能上升。电源相序接反，按下 SB_3 摇臂上升按钮，液压泵电动机反转，使摇臂夹紧，压不上 SQ_2，摇臂也就不能上升或下降。

子情境 3 磨床的电气控制

机械加工中，当对零件的表面粗糙度要求较高时，就需要用磨床进行加工，磨床是用砂轮的周边或端面对工件的表面进行机械加工的一种精密机床。磨床的种类很多，根据用途不同可分为平面磨床、内圆磨床、外圆磨床、无心磨床等。本节以 M7130 卧轴矩台平面磨床为例分析磨床的电气控制线路的构成、原理及常见故障的分析方法。

M7130 卧轴矩台平面磨床的作用是用砂轮磨削加工各种零件的平面。它操作方便，磨削精度和光洁度都比较高，适于磨削精密零件和各种工具，并可作镜面磨削。

一、M7130 卧轴矩台平面磨床的主要结构及运动形式

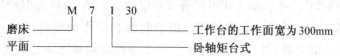

M7130 卧轴矩台平面磨床主要由床身、工作台、电磁吸盘、砂轮架（及磨头）、滑座和立柱等组成。如图 3-7 所示为卧轴矩台平面磨床外形图。

主运动：砂轮的高速旋转。

进给运动：工作台的往复运动（纵向进给）、砂轮架的横向（前后）进给、砂轮架的升降运动（垂直进给）。

辅助运动：工件的夹紧、工作台的快速移动、工件的夹紧与放松、工件冷却。

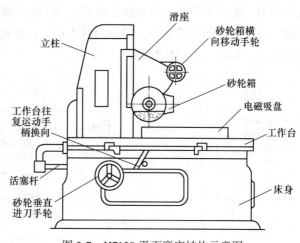

图 3-7 M7130 平面磨床结构示意图

二、电力拖动要求与控制特点

M7130 平面磨床采用多电机拖动，其中砂轮电动机拖动砂轮旋转，砂轮的旋转不需要调速，采用三相异步装入式电动机，将砂轮直接装在电动机轴上；液压电动机驱动液压泵，供出压力油，经液压传动机构来完成工作台往复纵向运动并实现砂轮的横向自动进给及承担工作台导轨的润滑；冷却泵电动机拖动冷却泵，供出磨削加工时需要的冷却液。

为适应磨削小工件需要，采用电磁吸盘来吸持工件，电磁吸盘有充磁和退磁控制环节。为保证安全，电磁吸盘与砂轮电动机、液压电动机有电气联锁关系。

平面磨床设有局部安全照明。

在箱形床身中装有液压传动装置，工作台通过活塞杆由油压驱动作往复运动，床身导轨由自动润滑装置进行润滑。工作台表面有 T 形槽，用以固定电磁吸盘，再用电磁吸盘来吸持加工工件。工作台往返运动的行程长度可通过调节装在工作台正面槽中的撞块的位

置来改变。换向撞块是通过碰撞工作台往复运动换向手柄来改变油路方向，以实现工作台往复运动的。

　　在床身上固定有立柱，沿立柱的导轨上装有滑座，砂轮箱能沿滑座的水平导轨作横向移动。砂轮轴由装入式砂轮电动机直接拖动。在滑座内部往往也装有液压传动机构。

　　滑座可在立柱导轨上作上下垂直移动，并可由垂直进刀手轮操作。砂轮箱的水平轴向移动可由横向移动手轮操作，也可由液压传动作连续或间断横向移动，连续移动用于调节砂轮位置或整修砂轮，间断移动用于进给。

三、电气控制线路分析

（一）主电路分析

　　电气控制线路如图 3-8 所示。主电路有三台电动机，M_1 为砂轮电动机，M_2 为冷却泵电动机，M_3 为液压泵电动机，它们使用一组熔断器 FU_1 作为短路保护，M_1、M_2 由热继电器 FR_1、M_3 由热继电器 FR_2 作过载保护。由于冷却泵箱和床体是分装的，所以以冷却泵电动机 M_2 通过插接器 1XS 和砂轮电动机 M_1 的电源线相连，并和 M_1 在主电路实现顺序控制。冷却泵电动机容量小，没设过载保护；砂轮电动机 M_1 由接触器 KM_1 控制；液压泵电动机 M_3 由接触器 KM_2 控制。

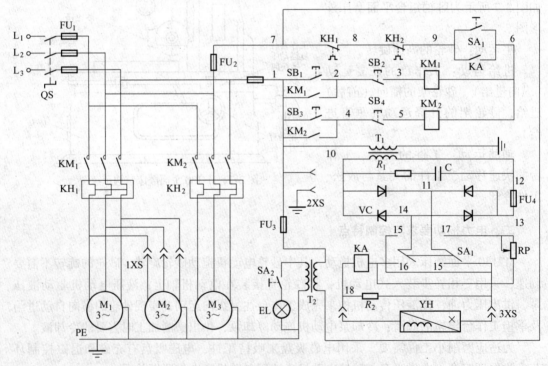

图 3-8　M7130 平面磨床电气控制原理图

（二）控制电路分析

　　控制电路采用 380V 电压供电，由按钮 SB_1、SB_2 与接触器 KM_1 构成砂轮电动机起动、停止控制电路。由按钮 SB_3、SB_4 与接触器 KM_2 构成液压泵电动机起动、停止控制电路。在三台电动机控制电路中，串接着转换开关 SA_1 的常开触点和欠电流继电器 KA 的常开触点，因此，三台电动机起动的必要条件是 SA_1 或 KA 的常开触点闭合。既欠电流继电器 KA 通电吸合，触点 KA（6-9）闭合，或 YH 不工作，但转换开关 SA_1 置于"去磁"位置，触点 SA_1（6-9）闭合后方可进行。

（三）电磁吸盘控制电路

电磁吸盘的构造和原理：电磁吸盘外形有长方形和圆形两种。矩形平面磨床采用长方形电磁吸盘。电磁吸盘结构和工作原理如图 3-9 所示。

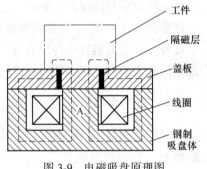

图 3-9　电磁吸盘原理图

它的外壳由钢制箱体和盖板组成。在箱体内部均匀排列多个凸起的芯体上绕有线圈，盖板则采用非磁性材料隔离成若干个钢条。当线圈通入直流电后，凸起的芯体和隔离的钢条均被磁化形成磁极。

当工件放在电磁吸盘上时，将被磁化而产生与磁盘相异的磁极并被吸住，即磁力线经由盖板、工件、盖板、吸盘体、芯体闭合，将工件牢牢吸住。

电磁吸盘电路由整流装置、控制装置及保护装置等部分组成。

电磁吸盘整流装置由整流变压器 T_1 与桥式全波整流器 VC 组成，输出 110V 直流电压对电磁吸盘供电。电磁吸盘集中由转换开关 SA_1 控制。SA_1 有三个位置：充磁、断电与去磁。当开关置于"充磁"位置时，触点 SA_1（11-15）与触点 SA_1（14-16）接通；当开关置于"去磁"位置时，触点 SA_1（14-15）、SA_1（11-17）及 SA_1（6-9）接通；当开关置于"断电"位置时，SA_1 所有触点都断开。对应开关 SA_1 各位置，电路工作情况如下：

当 SA_1 置于"充磁"位置，电磁吸盘 YH 获得 110V 直流电压，其极性 15 号线为正，18 号线为负，同时欠电流继电器 KA 与 YH 串联，若吸盘电流足够大，则 KA 动作，触点 KA（6-9）闭合，反映电磁吸盘吸力足以将工件吸牢。这时可分别操作按钮 SB_1 与 SB_3，起动 M_1 与 M_2 进行磨削加工。当加工完成，按下停止按钮 SB_2 与 SB_4，M_1 与 M_2 停止旋转。为便于从吸盘上取下工件，需对工件进行去磁，其方法是将开关 SA_1 扳至"退磁"位置。

当 SA_1 扳至"退磁"位置时，电磁吸盘中通入反方向电流，并在电路中串入可变电阻 R_2，用以限制并调节反向去磁电流大小，达到既退磁又不致反向磁化的目的。退磁结束将 SA_1 扳到"断电"位置，便可取下工件。

电磁吸盘保护环节：电磁吸盘具有欠电流保护、过电压保护及短路保护等。

电磁吸盘的欠电流保护：

为了防止平面磨床在磨削过程中出现断电事故或吸盘电流减小，致使电磁吸盘失去吸力或吸力减小，造成工件飞出，引起工件损坏或人身事故，故在电磁吸盘线圈电路中串入欠电流继电器 KA，只有当直流电压符合设计要求，吸盘具有足够吸力时，KA 才吸合，触点 KA（6-9）闭合，为启动 M_1、M_2 进行磨削加工作准备。否则不能开动磨床进行加工；若已在磨削加工中，则 KA 因电流过小而释放，触点 KA（6-9）断开，KM_1、KM_2 线圈断电，M_1、M_2 立即停止旋转，避免事故发生。

电磁吸盘线圈的过电压保护：

电磁吸盘匝数多，电感大，通电工作时储有大量磁场能量。当线圈断电时，在线圈两端将产生高电压，若无放电回路，将使线圈绝缘及其他电器设备损坏。为此，在吸盘线圈两端应设置放电装置，以吸收断开电源后放出的磁场能量。该机床在电磁吸盘两端并联了电阻 R_3，作为放电电阻。

电磁吸盘的短路保护：

在整流变压器 T_1 二次侧或整流装置输出端装有熔断器作短路保护。

此外，在整流装置中还设有 R、C 串联电路并联在 T_1 二次侧，用以吸收交流电路产生过电压和直流侧电路通断时在 T_1 二次侧产生浪涌电压，实现整流装置的过电压保护。

（四）照明电路

由照明变压器 T_2 将 380V 降为 36V，并由开关 SA_2 控制照明灯 EL。在 T_2 一次侧装有熔断器 FU_3 作短路保护。

四、M7130 平面磨床电气控制线路常见故障与处理方法

平面磨床电气控制特点是采用了可吸持工件的电磁吸盘，所以常见故障是电磁吸盘控制电路。

M7130 平面磨床电气控制线路常见故障与处理方法，见表 3-4。

表 3-4　M7130 平面磨床电气控制线路常见故障与处理方法

故障现象	故障分析	处理方法
电磁吸盘没有吸力	（1）三相交流电源是否正常，熔断器 FU_1、FU_2 与 FU_4 是否熔断或接触不良； （2）插接器 3XS 接触是否良好； （3）电流继电器 KA 线圈是否断开，吸盘线圈是否断路等	（1）使用万用表测电压，测量熔断器 FU_1、FU_2 与 FU_4 是否熔断，并予以修复； （2）检查插接器 3XS 是否良好并予以修复； （3）测量电流继电器 KA 线圈、吸盘线圈是否损坏，并予以修复
电磁吸盘吸力不足	（1）整流电路输出电压不正常，负载时不低于 110V； （2）电磁吸盘损坏	（1）测量电压是否正常，找出故障点并予以修复； （2）检查线圈是否短路或断路，更换线圈，处理好线圈绝缘
电磁吸盘退磁效果差	（1）退磁控制电路断路； （2）退磁电压过高	（1）检查转换开关 SA_1 接触是否良好，退磁电阻 RP 是否损坏，并予以修复； （2）检查退磁电压（5~10V）并予以修复
三台电动机都不运转	（1）电流继电器 KA 是否吸合，其触点（6-9）是否闭合或接触不良； （2）转换开关 SA_1（6-9）是否接通； （3）热继电器 FR_1、FR_2 是否动作或接触不良	（1）检查电流继电器 KA 触点（6-9）是否良好，并予以修复或更换； （2）检查转换开关 SA_1（6-9）是否良好或扳到退磁位置，检查 SA_1（6-9）触点情况，并予以修复； （3）检查热继电器 FR_1、FR_2 是否动作或接触不良，并复位或修复

子情境 4　铣床的电气控制

万能铣床是一种通用的多用途机床，它可以用圆柱铣刀、圆片铣刀、角度铣刀、成型铣刀及端面铣刀等刀具对各种零件进行平面、斜面、螺旋面及成型表面的加工，还可以加装万能铣头、分度头和圆工作台等机床附件来扩大加工范围。

铣床的种类很多，按照结构形式和加工性能的不同，可分为立式铣床、卧式铣床、龙门铣床、仿形铣床和专用铣床等。

常用的万能铣床有两种：一种是 X62W 型万能铣床，铣头水平方向放置；另一种是 X52K 型立式万能铣床，铣头垂直方向放置。这两种铣床在结构上大体相同，工作台进给方式、主轴变速等都一样，电气控制线路经过系列化以后也基本一样，差别在于铣头的放置方向不同。

本节以 X62W 型卧式万能铣床为例，分析铣床对电气传动的要求、电气控制线路的构成、工作原理及故障分析。

一、X62W 型卧式万能铣床的主要结构及运动形式

X62W 型卧式万能铣床主要由底座、床身、悬梁、主轴、刀杆支架、工作台、回转盘、横溜板和升降台等部分组成。如图 3-10 所示是其外形图、结构、运动形式。

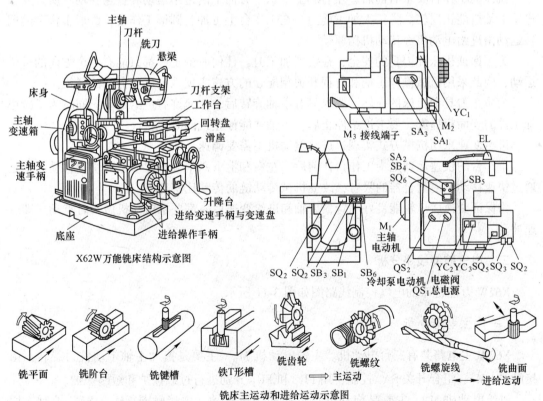

图 3-10　X62W 万能铣床外形图、运动形式、结构图

X62W 万能铣床型号意义如下：

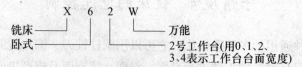

X62W 万能铣床的主运动是主轴带动铣刀的旋转运动。

X62W 万能铣床的进给运动是指工件随工作台在前后、左右和上下六个方向上的运动以及随圆形工作台的旋转运动。

X62W 万能铣床的辅助运动包括工作台的快速运动及主轴和进给的变速冲动。

二、电力拖动要求与控制特点

铣削加工有顺铣和逆铣两种加工方式，所以要求主轴电动机能正转和反转，但考虑到大多数情况下一批或多批工件只用一个方向铣削，在加工过程中不需要变换主轴旋转的方向，因此用组合开关来控制主轴电动机的正转和反转。

铣削加工是一种不连续的切削加工方式，为减小振动，主轴上装有惯性轮，但这样会造成主轴停车困难，为此主轴电动机采用电磁离合器制动以实现准确停车。

铣削加工过程中需要主轴调速，采用改变变速箱的齿轮传动比来实现，主轴电动机不需要调速。

铣床的工作台要求有前后、左右和上下六个方向上的进给运动和快速移动，所以要求进给电动机能正反转。为扩大加工能力，在工作台上可加装圆形工作台，圆形工作台的回转运动由进给电动机经传动机构驱动。

为了保证机床和刀具的安全，在铣削加工时，任何时刻工件都只能有一个方向的进给运动，因此采用机械操作手柄和行程开关相配合的方式实现六个运动方向的联锁。

为防止刀具和机床的损坏，要求只有主轴旋转后，才允许有进给运动；同时为了减小加工件的表面粗糙度，要求进给停止后，主轴才能停止或同时停止。

进给变速采用机械方式实现，进给电动机不需要调速。

工作台的快速运动是指工作台在前后、左右和上下六个方向之一上的快速移动。它是通过快速移动电磁离合器的吸合，改变机械传动链的传动比实现的。

为保证变速后齿轮能良好啮合，主轴和进给变速后，都要求电动机做瞬时点动，即变速冲动。

三、电气控制线路分析

X62W 万能铣床的电气控制线路图如图 3-11 所示。

（一）主电路分析

X62W 主电路共有三台电动机。主轴电动机 M_1，主要是拖动主轴带动铣刀旋转，由接触器 KM_1、组合开关 SA_3 控制，用 FR_1 和 FU_1 分别进行过载保护和短路保护。

进给电动机 M_2，主要是拖动进给运动和快速移动，由接触器 KM_3、KM_4 控制，用 FR_2、FU_2 分别进行过载保护和短路保护。

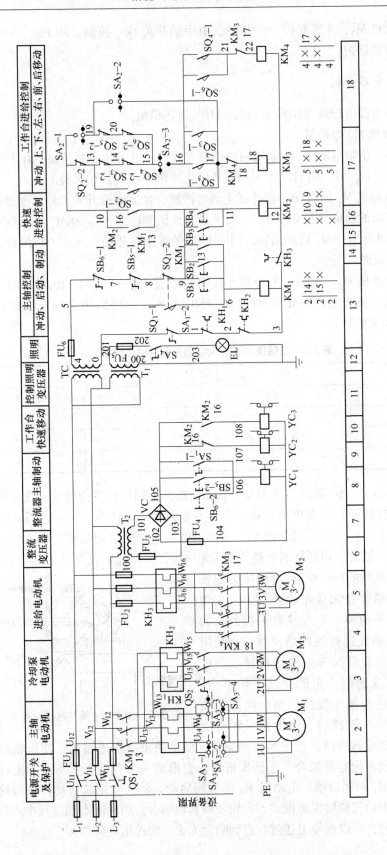

图 3-11　X62W 万能铣床电气控制线路图

冷却泵电动机 M_3，主要是供应冷却液，由手动开关 QS_2 控制，用 FR_3、FU_3 分别进行过载保护和短路保护。

（二）控制电路分析

控制电路的电源由控制变压器 TC 输出 110V 电压供电。

1. 主轴电动机 M_1 的控制

为方便操作，主轴电动机 M_1 采用两地控制方式：一组启动控制按钮 SB_1 和停车按钮 SB_5 安装在工作台上；另一组启动按钮 SB_2 和停止按钮 SB_6 安装在床身上。

（1）主轴电动机 M_1 的启动。选择好主轴的转速，合上电源开关 QS_1，再把主轴换向开关 SA_3 扳到所需的转向（见表 3-5）→按下启动按钮 SB_1 或 SB_2→KM_1 线圈得电→主触头闭合、自锁触头闭合→M_1 启动运转。同时 KM_1 的辅助常开触头（9-10）闭合，为工作台进给电路提供电源。

（2）主轴电动机 M_1 的制动。按下停车按钮 SB_5 或 SB_6→SB_5 或 SB_6 常闭触头先分断→KM_1 线圈失电，触头复位→M_1 惯性运转→SB_5 或 SB_6 常开后闭合→电磁离合器线圈 YC_1 得电→M_1 制动停转。

表 3-5　主轴换向开关 SA_3 的位置及动作说明

位置	正转	停止	反转
SA-1	−	−	+
SA-2	+	−	−
SA-3	+	−	−
SA-4	−	−	+

（3）主轴的换刀。M_1 停转后并不处于制动状态，主轴仍可自由转动。在主轴更换铣刀时，为避免主轴转动，造成更换困难，应将主轴制动。将转换开关 SA_1 扳到换刀位置→SA_1-1 闭合（18 区）→电磁离合器 YC_1 线圈得电→主轴处于制动状态以方便换刀。同时 SA_1-2（13 区）断开，切断控制电路，铣床无法运行，保证了人身安全。

（4）主轴变速时的冲动控制。X62W 万能铣床主轴变速操纵箱装在床身左侧窗口上，主轴变速由一个变速手柄和一个变速盘来控制，如图 3-12 所示。主轴变速时的冲动控制，是利用变速手柄与冲动位置开关 SQ_1 通过机械联动机构进行控制的。变速时，先把变速手柄下压，使手柄的榫块从定位槽中脱出，然后向外拉动手柄使榫块落入第二道槽内，使齿轮组脱离啮合。

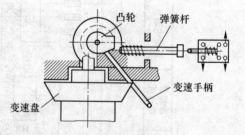

图 3-12　X62W 主轴变速冲动控制示意图

合。传动变速盘选定转速后，把手柄推回原位，使榫块重新落进槽内，使齿轮组重新啮合。变速时为了使齿轮容易啮合，手柄推进时，会推地一下位置开关 SQ_1，使其瞬间动作，带动电动机 M_1 瞬间启动。电动机 M_1 的瞬间启动，使齿轮系统抖动，在齿轮系统抖动时刻，将变速手柄先快后慢地推进，齿轮便顺利地啮合。当瞬间点动过程中齿轮系统没有实现良好啮合时，可以重复上述过程直到啮合为止。变速前应先停车。

2. 进给电动机 M_2 的控制

工作台的进给运动在主轴启动后方可进行。工作台的进给可在 3 个坐标的 6 个方向运动，即工作台在回转盘上的左右运动；工作台与回转盘一起在溜板上和溜板一起前后运动；升降台在床身的垂直导轨上作上下运动。进给运动是通过两个操纵手柄和机械联动机构控制相应的位置开关使进给电动机 M_2 正转或反转来实现的，并且 6 个方向的运动是联锁的，不能同时接通。

（1）工作台前后、左右、上下六个方向上的进给运动。工作台的前后和上下进给运动由一个手柄控制，左右进给运动由另一个手柄控制。手柄位置与工作台运动方向的关系见表 3-6。

表 3-6　手柄位置与工作台运动方向的关系

控制手柄	手柄位置	行程开关动作	接触器动作	电动机 M_2 转向	传动链搭合丝杠	工作台运动方向
左右进给手柄	左	SQ_5	KM_3	正转	左右进给丝杠	向左
	中	—	—	停止	—	停止
	右	SQ_6	KM_4	反转	左右进给丝杠	向右
上下和前后进给手柄	上	SQ_4	KM_4	反转	上下进给丝杠	向上
	下	SQ_3	KM_3	正转	上下进给丝杠	向下
	中	—	—	停止	—	停止
	前	SQ_3	KM_3	正转	前后进给丝杠	向前
	后	SQ_4	KM_4	反转	前后进给丝杠	向后

工作台的左右移动控制：将左右进给手柄扳向左或右时，手柄压下位置开关 SQ_5 或 SQ_6，使其常闭触头 SQ_5-3 或 SQ_6-2（17 区）分断，常开触头 SQ_5-1（17 区）或 SQ_6-1（18 区）闭合，接触器 KM_3 或 KM_4 得电动作，电动机 M_2 正转或反转。由于在 SQ_5 或 SQ_6 被压合的同时，通过机械机构已将电动机 M_2 的传动链与工作台下面的左右进给丝杠相搭合，所以电动机 M_2 的正转或反转就拖动工作台向左或向右运动。当工作台向左或向右进给到极限位置时，由于工作台两端各装有一块限位挡铁，所以挡铁碰撞手柄连杆使手柄自动复位到中间位置，位置开关 SQ_5 或 SQ_6 复位，电动机的传动链与左右丝杠脱离，电动机 M_2 停转，工作台停止了进给，实现了左右运动的终端保护。

工作台的上下和前后进给由上下和前后进给手柄控制，其控制过程与左右进给相似，读者自行分析。

通过以上分析可知，两个操作手柄被置于定于某一方向后，只能压下四个行程开关 SQ_3、SQ_4、SQ_5、SQ_6 中的一个开关，接通电动机 M_2 正转或反转回路，同时通过机械机构将电动机的传动链与三根丝杠（左右丝杠、上下丝杠、前后丝杠）中的一根丝杠相搭合，拖动工作台沿选定的进给方向运动，而不会沿其他方向运动。

（2）左右进给与上下前后进给的联锁控制。在控制进给的两个手柄中，当其中的一个操作手柄被置定在某一进给方向后，另一个操作手柄必须置于中间位置，否则将无法实现任何进给运动。这是因为在控制电路中对两者实行了联锁保护。如当把左右进给手柄扳向左时，若又将另一个进给手柄扳到向下进给方向，则行程开关 SQ_5 和 SQ_3 均被压下，

常闭触头 SQ_5-2 和 SQ_3-2 均分断，断开了接触器 KM_3 和 KM_4 的通路，从而使电动机 M_2 停转，保证了操作安全。

（3）进给变速时的瞬时点动。进给变速也需要和主轴变速一样，进行变速后的瞬时点动。进给变速时，必须先把进给操纵手柄放在中间位置，然后将进给变速盘（在升降台前面）向外拉出，选择好速度后，再将变速盘推进去。在操纵手柄推进的过程中，挡块压下行程开关 SQ_2，使触头 SQ_2-2 分断，SQ_2-1 闭合，接触器 KM_3 得电动作，电动机 M_2 启动；但随着变速盘复位，行程开关 SQ_2 跟着复位，使 KM_3 断电释放，M_2 失电停转。这样使电动机 M_2 瞬时点动一下，齿轮系统产生一次抖动，齿轮便顺利啮合了。

（4）工作台的快速移动控制。快速移动是通过两个进给操作手柄和快速移动按钮 SB_3 或 SB_4 配合实现的。安装好工件后，扳动进给操作手柄选定进给方向，按下快速移动按钮 SB_3 或 SB_4（两地控制），接触器 KM_2 得电，KM_2 常闭触头（9 区）分断，电磁离合器 YC_2 失电，将齿轮传动链与进给丝杠分离；KM_2 两对常开触头闭合，一对使电磁离合器 YC_3 得电，将电动机 M_2 与进给丝杠直接搭合；另一对使接触器 KM_3 或 KM_4 得电动作，电动机 M_2 得电正转或反转，带动工作台沿选定的方向快速移动。由于工作台的快速移动采用的是点动控制，故松开 SB_3 或 SB_4，快速移动停止。

（5）圆形工作台的控制。圆形工作台的工作由转换开关 SA_2 控制。当需要圆形工作台旋转时，将开关 SA_2 扳到接通位置，SA_2-1 断开、SA_2-2 断开、SA_2-3 闭合，接触器 KM_3 线圈得电，电动机 M_2 启动，通过一根专用轴带动圆形工作台做旋转运动。

当不需要圆形工作台旋转时，转换开关 SA_2 扳到断开位置，这时触头 SA_2-1 和 SA_2-3 闭合，触头 SA_2-2 断开，工作台在六个方向上正常进给，圆形工作台不能工作。

圆形工作台转动时其余进给一律不准运动，两个进给手柄必须置于零位。若出现误操作，扳动两个进给手柄中的任意一个，则必然压合行程开关 $SQ_3 \sim SQ_6$ 中的一个，使电动机停止转动。圆形工作台加工不需要调速，也不要求正反转。

（三）冷却泵及照明电路分析

主轴电动机 M_1 和冷却泵电动机 M_3 采用的是顺序控制，即只有在主轴电动机 M_1 启动后，冷却泵电动机 M_3 才能启动。冷却泵电动机 M_3 由手动开关 QS_2 控制。

机床照明由变压器 T_1 供给 24V 的安全电压，由开关 SA_4 控制。熔断器 FU_5 作照明电路的短路保护。

四、常见电气故障

（1）主轴电动机不能启动。可能的原因：主轴换向开关打在停止位置；控制电路熔断器 FU_1 熔丝熔断；按钮 SB_1、SB_2、SB_5、SB_6 的触点接触不良或接线脱落；热继电器 FR_1 已动作过，未能复位；主轴变速冲动开关 SQ_1 的常闭触点不通；接触器 KM_1 线圈及主触点损坏或接线脱落。

（2）主轴不能变速冲动。可能的原因：主轴变速冲动行程开关 SQ_1 位置移动、撞坏或断线。

（3）工作台不能进给。可能的原因：接触器 KM_3、KM_4 线圈及主触点损坏或接线脱落；行程开关 SQ_3、SQ_4、SQ_5、SQ_6 的常闭触点接触不良或接线脱落；热继电器 FR_3 已动作，未能复位；进给变速冲动开关 SQ_2 常闭触点断开；两个操作手柄都不在零位；电动机 M_2 已损坏；选择开关 SA_2 损坏或接线脱落。

（4）进给不能变速冲动。可能的原因：进给变速冲动开关 SQ_2 位置移动、撞坏或断线。

（5）工作台不能快速移动。可能的原因：快速移动的按钮 SB_3 或 SB_4 的触点接触不良或接线脱落；接触器 KM_2 线圈及触点损坏或接线脱落；快速移动电磁铁 YC_3 损坏。

子情境 5　镗床的电气控制

镗床是一种精密加工机床，主要用于加工精确度高的孔，以及各孔间距离要求较为精确的零件，例如，一些箱体零件的机床变速箱、主轴箱等，往往需要加工数个尺寸不同的孔，这些孔尺寸大，精度要求高，且孔的轴心线之间有严格的同轴度、垂直度、平行度与距离的精确性等要求，这些都是钻床难以胜任的。由于镗床本身刚性好，其可动部分在导轨上活动间隙很小，且有附加支撑，故能满足上述要求。

镗床除镗孔外，在万能镗床上还可以进行钻孔、铰孔、扩孔；用镗轴或平旋盘铣削平面；加上车螺纹附件后，还可以车削螺纹；装上平旋盘刀架可加工大的孔径、端面和外圆。因此，镗床工艺范围广、调速范围大、运动多。

按用途不同，镗床可分为卧式镗床、立式镗床、坐标镗床、金刚镗床和专门化镗床等。下面以 T68 镗床为例进行分析。

一、主要结构及运动形式

T68 卧式镗床主要由床身、前立柱、镗头架、主轴、平旋盘、工作台和后立柱等部分组成。结构如图 3-13 所示。

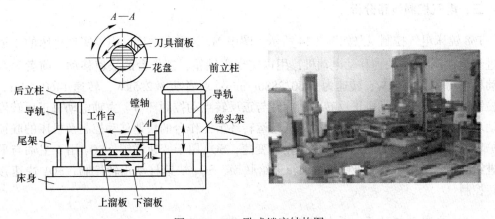

图 3-13　T68 卧式镗床结构图

T68 镗床的前立柱固定在床身上，在前立柱上装有可上下移动的镗头架；切削刀具固定在镗轴或平旋盘上；工作过程中，镗轴可一面旋转，一面带动刀具和轴向进给；后立柱在床身的另一端，可沿床身导轨做水平移动。工作台安置在床身导轨上，由下溜板、上溜板及可转动的工作台组成，工作台可平行于（纵向）或垂直于（横向）镗轴轴线的方向移动，并可绕工作台中心回转。

T68 镗床的主运动是镗轴或平旋盘的旋转运动。

进给运动是主轴和平旋盘的轴向进给，镗头架的垂直进给以及工作台的横向和纵向进给。

辅助运动是工作台的旋转运动、后立柱的水平移动和尾架的垂直移动。

T68 镗床的型号意义如下：

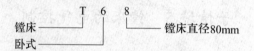

二、电力拖动要求与控制特点

（1）主轴旋转与进给量都有较大的调速范围，主运动与进给运动由一台电动机拖动，为简化传动机构采用双速笼型异步电动机。

（2）由于各种进给运动都有正反不同方向的运转，故主轴电动机要求正、反转。

（3）为满足调整工作需要，主电动机应能实现正、反转的点动控制。

（4）保证主轴停车迅速、准确，主电动机应有制动停车环节。

（5）主轴变速与进给变速可在主电动机停车或运转时进行。为便于变速时齿轮啮合，应有变速低速冲动过程。

（6）为缩短辅助时间，各进给方向均能快速移动，配有快速移动电动机拖动，采用快速电动机正、反转的点动控制方式。

（7）主电动机为双速电机，有高、低两种速度供选择，高速运转时应先经低速起动。

（8）由于运动部件多，应设有必要的联锁与保护环节。

三、电气控制线路分析

T68 镗床电气控制线路如图 3-14 所示。图中 M_1 为主电动机，用以实现机床的主运动和进给运动；M_2 为快速移动电动机，用以实现主轴箱、工作台的快速移动。前者为双速电动机，功率为 5.5kW，转速为 1460/2880r/min；后者功率 2.5kW，转速 1460r/min。整个控制电路由主轴电动机正反转启动旋转与正反转点动控制环节、主轴电动机正反转停车制动环节、主轴变速与进给变速时的低速运转环节工作台的快速移动控制及机床的联锁与保护环节等组成。图中 SQ_1 用于主电动机变速，SQ_2 用于变速联锁，SQ_3 用于主轴与平旋盘进给联锁，SQ_4 用于工作台与主轴箱进给联锁，SQ_5 快速移动正转控制、SQ_6 快速移动反转控制。

（一）主电动机的正、反转控制

（1）主电动机正反转点动控制。由正反转接触器 KM_1、KM_2 与正反转点动按钮 SB_3、SB_4 组成主电动机 M_1 正反转点动控制电路。此时电动机定子绕组△联接进行低速点动。

（2）主电动机正反向低速旋转控制。由正反转启动按钮 SB_2、SB_5 与正反转接触器 KM_1、KM_2 构成主电动机正反转启动电路。当选择主电动机低速旋转时，应将主轴速度选

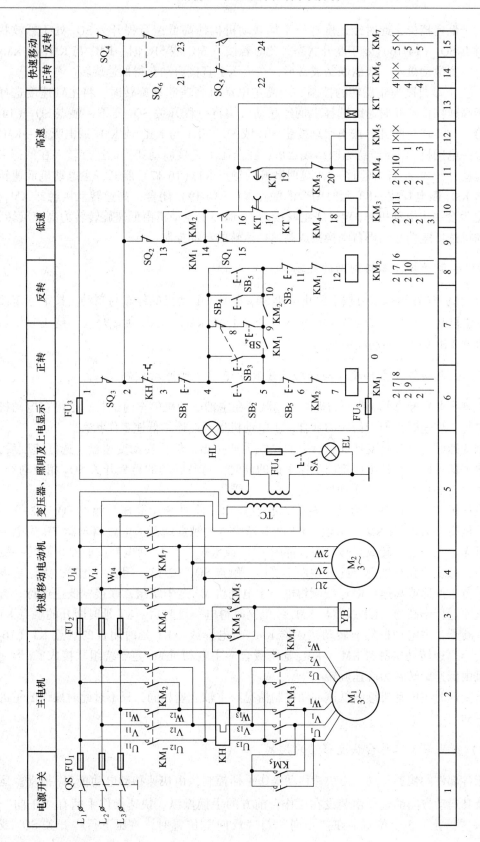

图 3-14　T68 镗床电气控制线路

择手柄置于低速挡位，此时经速度选择手柄联动机构使高低速行程开关 SQ_1 处于释放状态，其触点 SQ_1（14-16）处于断开状态。此时若按下 SB_2 或 SB_5 时→KM_3 与 KM_1 或 KM_2 通电吸合，主电动机定子绕组联结成△形，在全压下直接启动获得低速旋转。

（3）主电动机高速正反转的控制→当需主电动机高速起动旋转时，将主轴速度选择手柄置于高速挡位，此时速度选择手柄经联动机构将行程开关 SQ_1 压下，触点 SQ_1（14-16）闭合、（14-15）断开，按下启动按钮 SB_2 或 SB_5→KT 与 KM_1 或 KM_2 通电吸合→KM_3 通电吸合→电动机 M_1 定子绕组联结成△形，在全压下直接启动获得低速旋转→在低速 D 形联结起动并经 3s 左右的延时→KT 延时断开的触点 KT（16-17）断开，主电动机低速转动接触器 KM_3 断电释放→KT 延时闭合的触点 KT（16-19）闭合→高速转动接触器 KM_4、KM_5 通电吸合→主电动机 M_1 定子绕组联接成丫丫形→主电动机由低速旋转转为高速旋转，实现电动机按低速挡起动再自动换接成高速挡运转的自动控制。

（二）主电动机停车与制动的控制

主电动机 M_1 在运行中可按下停止按钮 SB_1 实现主电动机的停车与制动。按下停车按钮 SB_1→控制电路失电→接触器 KM_1 或 KM_2、KM_3 或 KM_4、KM_5 失电释放→触头复位→电磁离合器 YB 失电→制动电动机。

（三）主电动机在主轴变速与进给变速时的连续低速冲动控制

T68 型卧式镗床的主轴变速与进给变速既可在主轴电动机停车时进行，也可在电动机运行时进行。变速时为便于齿轮的啮合，主电动机运行在连续低速工作状态。

主轴变速时，首先将变速操纵盘上的操纵手柄拉出，然后转动变速盘，选好速度后，再将变速手柄推回。在拉出或推回变速手柄的同时，与其联动的行程开关 SQ_2 相应动作。在手柄拉出时 SQ_2 受压，当手柄推回时，SQ_2 不受压。

主电动机在运行中如需变速，将变速孔盘拉出，此时 SQ_2 受压，触点 SQ_2（2-13）断开，使接触器 KM_3 或 KM_4、KM_5、KT 断电释放→主触点断开→电磁离合器 YB 失电→主电动机无论工作在正转或反转状态，都因 KM_3 或 KM_4 \ KM_5 断电释放而停止旋转→变速完毕后，将变速孔盘推进。此时 SQ_2 不受压，触点 SQ_2（2-13）闭合→此时，无论主电动机原运行于低速或高速→KM_3 线圈得电→主电动机 M_1 定子绕组△联接，低速运行。若主电动机原运行于高速，KT 线圈与 KM_3 线圈同时得电→延时后→KT 延时断开的触点 KT（16-17）断开，主电动机低速转动接触器 KM_3 断电释放→KT 延时闭合的触点 KT（16-19）闭合→高速转动接触器 KM_4、KM_5 通电吸合→主电动机 M_1 定子绕组联接成丫丫形→主电动机由低速旋转转为高速旋转。

进给变速时主电动机继续低速冲动控制情况与主轴变速相同，只不过此时操作的是进给变速手柄。

（四）镗头架、工作台快速移动的控制

机床各部件的快速移动，由快速移动操作手柄控制，由快速移动电动机 M_2 拖动。运动部件及其运动方向的选择由装设在工作台前方的手柄操纵。快速操作手柄有"正向"、"反向"、"停止" 3 个位置。在"正向"与"反向"位置时，将压下行程开关 SQ_5 或

SQ_6，使接触器 KM_6 或 KM_7 线圈通电吸合，实现 M_2 电动机的正反转，再通过相应的传动机构使预先的运动部件按选定方向作快速移动。当快速移动控制手柄置于"停止"位置时，行程开关 SQ_5、SQ_6 均不受压，接触器 KM_6 或 KM_7 处于断电释放状态，M_2 电动机停止旋转，快速移动结束。

（五）机床的联锁保护

由于 T68 型镗床运动部件较多，为防止机床或刀具损坏，保证主轴进给和工作台进给不能同时进行，为此设置了两个锁保护行程开关 SQ_3 与 SQ_4。其中 SQ_4 是与工作台和镗头架自动进给手柄联动的行程开关，SQ_3 是与主轴和平旋盘刀架自动进给手柄联动的行程开关。将行程开关 SQ_3、SQ_4 的常闭触点并联后串接在控制电路中，当两种进给运动同时选择时，SQ_3、SQ_4 都被压下，其常闭触点断开，将控制电路切断，于是两种进给都不能进行，实现联锁保护。

子情境 6 桥式起重机电气控制线路

起重机是一种用来吊起或放下重物并使重物在短距离内水平移动的起重设备。起重设备按结构分为桥式、塔式、门式、旋转式和缆索式等。不同结构的起重设备分别应用于不同的场所，如建筑工地使用的塔式起重机；码头、港口使用的旋转式起重机；生产车间使用的桥式起重机；车站货场使用的门式起重机。

桥式起重机一般通称行车或天车。常见的桥式起重机有 5t、10t 单钩及 15/3t、20/5t 双钩等几种。

本课题以 20/5t 双钩桥式起重机为例，分析起重设备的电气控制线路。

一、主要结构及运动形式

桥式起重机的结构示意图如图 3-15 所示。

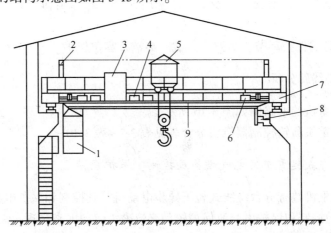

图 3-15 桥式起重机结构示意图

1—驾驶室；2—辅助滑线架；3—交流磁力控制盘；4—电阻器；5—起重小车；
6—大车拖动电动机与拖动机构；7—端梁；8—主滑线；9—主梁

　　桥式起重机桥架机构主要由大车和小车组成，主钩（20t）和副钩（5t）组成提升机构。

　　大车的轨道敷设在沿车间两侧的立柱上，大车可在轨道上沿车间纵向移动；大车上装有小车轨道，供小车横向移动；主钩和副钩都装在小车上，主钩用来提升重物，副钩除可提升轻物外，还可以协同主钩完成工作的吊运，但不允许主、副钩同时提升两个物件。当主、副钩同时工作时，物件的质量不允许超过主钩的额定起质量。这样，桥式起重机可以在大车能够行走的整个车间范围内进行起重运输。

　　20/5t 桥式起重机采用三相交流电源供电，由于起重机工作时经常移动，因此需采用可移动的电源供电。小型起重机常采用软电缆供电，软电缆可随大、小车的移动而伸展和叠卷。大型起重机一般采用滑触线和集电刷供电。三根主滑触线沿着平行于大车轨道的方向敷设在车间厂房的一侧。三相交流电源经由主滑触线和集电刷引入起重机驾驶室内的保护控制柜上，再从保护控制柜上引起两相电源至凸轮控制器，另一相称为电源公用相，直接从保护控制柜接到电动机的定子接线端。

　　滑触线通常采用角钢、圆钢、V 形钢或工字钢等刚性导体制成。

二、电力拖动要求与控制特点

　　（1）桥式起重机的工作环境较恶劣，经常带负载启动，要求电动机的启动转矩大、启动电流小，且有一定的调速要求，因此多选用绕线转子异步电动机拖动，用转子绕组串电阻实现调速。

　　（2）要有合理的升降速度，空载、轻载速度要快，重载速度要慢。

　　（3）提升开始和重物下降到预定位置附近时，需要低速，因此在 30% 额定速度内应分为几挡，以便灵活操作。

　　（4）提升的第一挡作为预备级，用来削除传动的间隙和张紧钢丝绳，以避免过大的机械冲击，所以启动转矩不能太大。

　　（5）为保证人身和设备安全，停车必须采用安全可靠的制动方式，因此采用电磁抱闸制动。

　　（6）具有完备的保护环节：短路、过载、终端及零位保护。

三、电气控制线路分析

　　20/5t 桥式起重机的电路图如图 3-16 所示。

　　20/5t 桥式起重机凸轮控制器触头分合表见表 3-7～表 3-10。

　　（一）20/5t 桥式起重机的电气设备及控制、保护装置

　　20/5t 桥式起重机共有五台绕线式转子异步电动机，其控制和保护电器见表 3-11。

　　整个起重机的控制和保护由交流保护柜和交流磁力控制屏来实现。总电源由隔离开关 QS_1 控制，由过电流继电器 KA_0 实现过流保护。KA_0 的线圈串联在公用相中，其整定值不超过全部电动机额定电流总和的 1.5 倍。各控制电路由熔断器 FU_1、FU_2 实现短路保护。

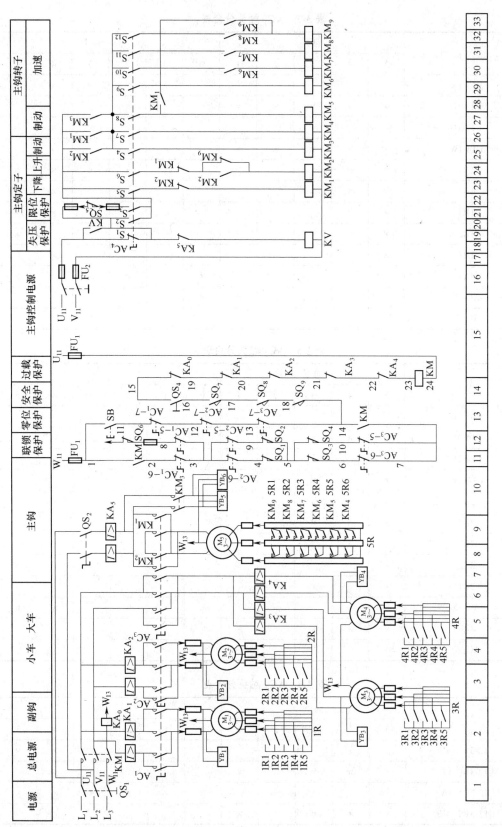

图 3-16　20/5t 桥式起重机的电路图

表 3-7　AC$_1$ 触头分合表

AC$_1$	向下					0	向上				
	5	4	3	2	1	0	1	2	3	4	5
V13-1W							×	×	×	×	×
V13-1U	×	×	×	×	×						
U13-1U							×	×	×	×	×
U13-1W	×	×	×	×	×						
1R5	×	×	×	×				×	×	×	×
1R4	×	×	×							×	×
1R3	×	×								×	×
1R2	×										×
1R1	×										×
AC$_1$-5						×	×	×	×	×	×
AC$_1$-6	×	×	×	×	×	×					
AC$_1$-7						×					

表 3-8　AC$_2$ 触头分合表

AC$_2$	向下					0	向上				
	5	4	3	2	1	0	1	2	3	4	5
V14-2W							×	×	×	×	×
V14-2U	×	×	×	×	×						
U14-2U							×	×	×	×	×
U14-2W	×	×	×	×	×						
2R5	×	×	×	×				×	×	×	×
2R4	×	×	×							×	×
2R3	×	×								×	×
2R2	×										×
2R1	×										×
AC$_2$-5						×	×	×	×	×	×
AC$_2$-6	×	×	×	×	×	×					
AC$_2$-7						×					

表 3-9　AC$_3$ 触头分合表

AC$_3$	向下					0	向上				
	5	4	3	2	1	0	1	2	3	4	5
V12-3W、4U							×	×	×	×	×
V12-3U、4W	×	×	×	×	×						
U12-3U、4W							×	×	×	×	×
U12-3W、4U	×	×	×	×	×						

AC$_3$	向下					0	向上				
	5	4	3	2	1	0	1	2	3	4	5
3R5	×	×	×	×				×	×	×	×
3R4	×	×	×						×	×	×
3R3	×	×								×	
3R2	×										
3R1	×										
4R5	×	×	×	×				×	×	×	×
4R4	×	×	×						×	×	×
4R3	×	×								×	×
4R2	×										×
4R1	×										×
AC$_3$-5						×	×	×	×	×	×
AC$_3$-6	×	×	×	×	×	×					
AC$_3$-7						×					

表 3-10 AC$_4$ 触头分合表

AC$_4$		下降						0	上升					
		强力			制动									
		5	4	3	2	1	J	0	1	2	3	4	5	6
	S$_1$							×						
	S$_2$	×	×	×										
	S$_3$				×	×	×		×	×	×	×	×	×	
KM$_3$	S$_4$	×	×	×	×	×	×		×	×	×	×	×	×	
KM$_1$	S$_5$	×	×	×										
KM$_2$	S$_6$				×	×	×		×	×	×	×	×	×	
KM$_4$	S$_7$	×	×	×		×	×		×	×	×	×	×	×	
KM$_5$	S$_8$	×	×	×			×		×	×	×	×	×	×	
KM$_6$	S$_9$	×	×							×	×	×			
KM$_7$	S$_{10}$	×											×	×	×
KM$_8$	S$_{11}$	×											×	×	×
KM$_9$	S$_{12}$	×	0	0											×

表 3-11 20/5t 桥式起重机中电动机的控制和保护电器

名称及代号	控制电器	过流和过载保护电器	终端限位保护电器	电磁抱闸制动器
大车电动机 M$_3$、M$_4$	凸轮控制器 AC$_3$	KA$_3$、KA$_4$	SQ$_3$、SQ$_4$	YB$_3$、YB$_4$
小车电动机 M$_2$	凸轮控制器 AC$_2$	KA$_2$	SQ$_1$、SQ$_2$	YB$_2$
副钩升降电动机 M$_1$	凸轮控制器 AC$_1$	KA$_1$	SQ$_5$ 提升限位	YB$_1$
主钩升降电动机 M$_5$	主令控制器 AC$_4$	KA$_5$	SQ$_6$ 提升限位	YB$_5$、YB$_6$

为了保障维修人员的安全，在驾驶室舱门盖上装有安全开关 SQ_7；在横梁两侧栏杆门上分别装有安全开关 SQ_8、SQ_9；在保护柜上还装有一只单刀单掷的紧急开关 QS_4。上述各开关的常开触头与副钩、大车、小车的过电流继电器及总过电流继电器的常闭触头串联，这样，当驾驶室舱门或横梁栏杆门开启时，主接触器 KM 不能获电，起重机的所有电动机都不能启动运行，从而保证了人身安全。

起重机还设置了零位联锁保护，只有当所有的控制器的手柄都处于零位时，起重机才能启动运行，其目的是为了防止电动机在转子回路电阻被切除的情况下直接启动，产生很大的冲击电流造成事故。

电源总开关 QS_1、熔断器 FU_1 和 FU_2、主接触器 KM、紧急开关 QS_4 以及过电流继电器 $KA_0 \sim KA_5$ 都安装在保护柜上。保护柜、凸轮控制器及主令控制器均安装在驾驶室内，以便于司机操作。电动机转子的串联电阻及磁力控制屏则安装在大车桥架上。

由于桥式起重机在工作过程中小车要在大车上横向移动，为了方便供电及各电气设备之间的连接，在桥架的一侧装设了 21 根辅助滑触线，它们的作用分别是：

用于主钩部分 10 根，其中 3 根连接主钩电动机 M_5 的定子绕组接线端；3 根连接转子绕组与转子附加电阻 5R；2 根用于主钩电磁抱闸制动器 YB5、YB6 与交流磁力控制屏的连接；另外 2 根用于主钩上升行程开关 SQ_5 与交流磁力控制屏及主令控制器 AC_4 的连接。

用于副钩部分 6 根，其中 3 根连接副钩电动机 M_1 的转子绕组与转子附加电阻 1R；2 根连接定子绕组接线端与凸轮控制器 AC_1；另 1 根将副钩上升行程开关 SQ_6 接到交流保护柜上。

用于小车部分 5 根，其中 3 根连接小车电动机 M_2 的转子绕组与附加电阻 2R；2 根连接 M_2 定子绕组接线端与凸轮控制器 AC_2。

起重机的导轨及金属桥架应可靠接地。

（二）主接触器 KM 的控制

准备阶段：在起重机投入运行前，应将所有凸轮控制器手柄置于零位，使零位联锁触头 AC_1-7、AC_2-7、AC_3-7 闭合；合上紧急开关 QS_4，关好舱门和横梁杆门，使行程开关 SQ_7、SQ_8、SQ_9 的常开触头也处于闭合状态。

启动运行阶段：

合上电源开关 QS_1，按下启动按钮 SB，主接触器 KM 得电吸合，KM 主触头闭合，使两相电源引入各凸轮控制器。同时，KM 的两副辅助常开触头闭合自锁，主接触器 KM 的线圈，主接触器的线圈经 1-2-3-4-5-6-7-14-18-17-16-15-19-20-21-22-23-24 至 FU_1 形成通路获电。

（三）凸轮控制器的控制

20/5t 桥式起重机的大车、小车和副钩电动机的容量都较小，一般采用凸轮控制器的控制。

由于大车被两台电动机 M_3 和 M_4 同时拖动，所以大车凸轮控制器 AC_3 比 AC_1、AC_2 多了 5 对常开触头，以供切除电动机 M_4 的转子电阻 $4R1 \sim 4R5$ 用。大车、小车和副钩的控制过程基本相同，下面以副钩为例，说明控制过程。

副钩凸轮控制器 AC_1 的手轮共有 11 个位置，中间位置是零位，左、右两边各有 5 个位置，用来控制电动机 M_1 在不同转速下的正、反转，即用来控制副钩的升降。

在主接触器 KM 得电吸合、总电源接通的情况下，转动凸轮控制器 AC_1 的手轮至向上位置任一挡时，AC_1 的主触头 V13-1W 和 U13-1U 闭合，电动机接通三相电源正转，副钩上升。反之将手轮扳至向下位置的任一挡时，AC1 的主触头 V13-1U 和 U13-1W 闭合，M_1 反转，带动副钩下降。

当将 AC_1 的手柄扳到"1"时，AC_1 的五对辅助常开触头 1R1～1R5 均断开，副钩电动机 M_1 的转子回路串入全部电阻启动，M_1 以最低转速带动副钩运动。依次扳到"2～5"挡时，五对辅助常开触头 1R1～1R5 逐个闭合，依次短接电阻 1R1～1R5，电动机 M_1 的电阻转速逐步升高，直至达到预定转速。

当断电或将手轮转至"0"位时，电动机 M_1 断电，同时电磁抱闸制动器 YB_1 也断电，M_1 被迅速制动停转。当副钩带有重负载时，考虑到负载的重力作用，在下降负载时，应先把手轮逐级扳到"下降"的最后一挡，然后根据速度要求逐级退回升速，以免引起下降过快造成事故。

（四）主令控制器的控制

主钩电动机容量较大，一般采用主令控制器配合磁力控制屏进行控制，即用主令控制器，再由接触器控制电动机。为提高主钩运行的稳定性，在切除转子附加电阻时，采用三相平衡切除，使三相转子电流平衡。

主钩上升与副钩上升的工作过程基本相似，区别仅在于它是通过接触器控制的。

主钩下降时与副钩的工作过程有明显的差异，主钩下降有 6 挡位置，"J""1""2"为制动位置，用于重负载低速下降，电动机处于倒拉反接制动运行状态；"3""4""5"挡为强力下降位置，主要用于轻负载快速下降。

先合上电源开关 QS_1、QS_2、QS_3，接通主电路和控制电路电源，将主令控制器 AC_4 的手柄置于零位，其触头 S_1 闭合，电压继电器 KV 得电吸合，其常开触头闭合，为主钩电动机 M_5 启动做准备。手柄处于各挡时的工作情况见表 3-12。

表 3-12　主钩电动机的工作情况

AC_4 手柄位置	AC_4 闭合触头	得电动作的接触器	主钩的工作状态
制动下降位置"J"挡	S_3、S_6 S_7、S_8	KM_2、KM_4 KM_5	电动机 M_5 接正序电压产生提升方向的电磁转矩，但由于 YB_5、YB_6 线圈未得电而仍处于制动状态，在制动器和载重的重力作用下，M_5 不能启动旋转。此时，M_5 转子电路接入四段电阻，为启动做好准备
制动下降位置"1"挡	S_3、S_4 S_6、S_7	KM_2、KM_3 KM_4	电动机 M_5 仍接正序电压，但由于 KM_3 得电动作，YB_5、YB_6 得电松开，M_5 能自由旋转；由于 KM_5 断电释放，转子回路接入五段电阻，M_5 产生的提升转矩减小，此时若重物产生的负载倒拉力矩大于 M_5 的电磁转矩，M_5 运转在倒拉反接制动状态，低速下放重物。反之，重物反而被提升，此时必须将 AC_4 的手柄迅速扳到下一挡
制动下降位置"2"挡	S_3、S_4 S_6	KM_2、KM_3	电动机 M_5 仍接正序电压，但 S_7 断开，KM_4 断电释放，附加电阻全部串入转子回路，M_5 产生的电磁转矩减小，重负载的下降速度比"1"挡时加快

AC$_4$ 手柄位置	AC$_4$ 闭合触头	得电动作 的接触器	主钩的工作状态
强力下降 位置"3"挡	S$_2$、S$_4$ S$_5$、S$_7$ S$_8$	KM$_1$、KM$_3$ KM$_4$、KM$_5$	KM$_1$ 得电吸合，电动机 M$_5$ 接负序电压，产生下降方向的电磁转矩；KM$_4$、KM$_5$ 吸合，转子回路切除两级电阻 5R6 和 5R5；KM$_3$ 吸合，YB$_5$、YB$_6$ 的抱闸松开，此时若负载较轻，M$_5$ 处于反转电动状态，强力下降重物；若负载较重，使电动机的转速超过其同步转速，M$_5$ 将进入再生发电制动状态，限制下降速度
强力下降 位置"4"挡	S$_2$、S$_4$ S$_5$、S$_7$ S$_8$、S$_9$	KM$_1$、KM$_3$ KM$_4$、KM$_5$ KM$_6$	KM$_6$ 得电吸合，转子附加电阻 5R4 被切除，M$_5$ 进一步加速，轻负载下降速度加快。另外，KM$_6$ 的辅助常开触头闭合，为 KM$_7$ 获电做准备。
强力下降 位置"5"挡	S$_2$、S$_4$ S$_5$ S$_7$~S$_{12}$	KM$_1$、KM$_3$ KM$_4$~KM$_9$	AC$_4$ 闭合的触头较"4"挡又增加了 S$_{10}$、S$_{11}$、S$_{12}$，KM$_7$~KM$_9$ 依次得电吸合，转子附加电阻 5R3、5R2、5R1 依次逐级切除，以避免过大的冲击电流；M$_5$ 旋转速度逐渐增加，最后以最高速度运转，负载以最快速度下降。此时若负载较重，使实际下降速度超过电动机的同步转速，电动机将进入再生发电制动状态，电磁转矩变成制动力矩，限制负载下降速度的继续增加

　　桥式起重机在实际运行过程中，操作人员要根据具体情况选择不同的挡位。例如主令控制器 AC$_4$ 的手柄在强力下降位置"5"挡时，仅适用于起重负载较小的场合。如果需要较低的下降速度或起重较大负载的情况下，就需要将 AC$_4$ 的手柄扳回到制动下降位置"1"或"2"挡进行反接制动下降。为了避免转换过程中可能发生过高的下降速度，在接触器 KM$_9$ 电路中常用辅助常开触头 KM$_9$ 自锁；同时为了不影响提升调速，在该支路中再串联一个辅助常开触头 KM$_1$，以保证 AC$_4$ 的手柄由强力下降位置向制动下降位置转换时，接触器 KM$_9$ 线圈始终通电，只有将手柄扳至制动下降位置后，KM$_9$ 的线圈才断电。

　　在 AC$_4$ 的触头分合表中，强力下降位置"3"和"4"挡上有"0"符号，表示手柄由"5"挡回转时，触头 S$_{12}$ 接通。如果没有以上联锁措施，在手柄由强力下降位置向制动下降位置转换时，若操作人员不小心，误将手柄停在了"3"或"4"挡，那么正在高速下降的负载速度不但得不到控制，反而会增加，很可能造成事故。

　　另外，串接在接触器 KM$_2$ 线圈电路中的 KM$_2$ 常开触头与 KM$_9$ 常闭触头并联，主要作用是当接触器 KM$_1$ 线圈断电释放后，只有在 KM$_9$ 断电释放的情况下，接触器 KM$_2$ 才能得电自锁，从而保证了只有在转子电路中串接一定附加电阻的前提下，才能进行反接制动，以防止反接制动时产生过大的冲击电流。

四、常见电气故障

　　桥式起重机的结构复杂，工作环境较恶劣，故障率较高。为保证人身和设备的安全，必须坚持经常性的维护保养和检修。

　　(1) 合上电源总开关 QS$_1$ 并按下启动按钮 SB 后，接触器 KM 不动作。可能的原因：线路无电压；熔断器 FU$_1$ 熔断或过电流继电器动作后未复位；紧急开关 QS$_4$ 或安全开关 SQ$_7$、SQ$_8$、SQ$_9$ 未合上；各凸轮控制器手柄未在零位；主接触器 KM 线圈断路。

（2）主接触器 KM 吸合后，过电流继电器立即动作。可能的原因：凸轮控制器电路接地；电动机绕组接地；电磁抱闸线圈接地。

（3）接通电源并转动凸轮控制器的手轮后，电动机不启动。可能的原因：凸轮控制器主触头接触不良；滑触线与集电刷接触不良；电动机的定子绕组或转子绕组接触不良；电磁抱闸线圈断路或制动器未松开。

（4）转动凸轮控制器后，电动机能启动运转，但不能输出额定功率且转速明显减慢。可能的原因：电源电压偏低；制动器未完全松开；转子电路串接的附加电阻未完全切除；机构卡住。

（5）制动电磁铁线圈过热。可能的原因：电磁铁线圈的电压与线路电压不符；电磁铁工作时，动、静铁芯间的间隙过大；电磁铁的牵引力过载；制动器的工作条件与线圈数据不符；电磁铁铁芯歪斜或机械卡阻。

（6）制动电磁铁噪声过大。可能的原因：交流电磁铁短路环开路；动、静铁芯端面有油污；铁心松动或铁芯端面不平整；电磁铁过载。

（7）凸轮控制器在工作过程中卡住或转不到位。可能的原因：凸轮控制器的动触头卡在静触头下面；定位机构松动。

（8）凸轮控制器在转动过程中火花过大。可能的原因：动、静触头接触不良；控制的电动机容量过大。

*子情境7　KGLF 系列同步电动机可控硅励磁电气控制分析

KGLF 系列同步电动机可控硅励磁装置主要用于轻载启动的同步电动机励磁。如球磨机、空气压缩机、轴流风机、泵类负载等。与 200~4000kW 容量范围内 TDK 系列同步电动机单机配套，用于三相半控桥式整流电路。电气原理图如图 3-17、图 3-18 所示。

本装置的规格为：KGLF-200/110。

意义：同步电动机额定励磁电压 110V，额定励磁电流 200A，强迫风冷的可控硅励磁装置。

一、主要特性

（一）本装置有以下特点

（1）与同步电动机定子回路没有直接的电气联系，因此同步电动可根据电网情况设计为高压 3~6 kV 或低压 380 V，全压启动与降压启动（不得低于额定值85%）不受限制。

（2）实现了同步电动机转子回路固接励磁。

（3）实现了按同步电动机转子滑差，顺极性，无触点自动投励。同步电动机启动后，进入亚同步速度，转差到达 3%~5% 时，自动投励，使同步机牵入同步运行。

（4）具有按电网电压波动，自行无级强励磁的作用。

（5）同步电动机启动与停机时自行灭磁，并在同步电动机异步运行时（启动与失步过程），具有过电压保护，保证同步机及装置免受过压击穿。

（6）可以手动调节励磁电压，进行功率因数调整，可从额定整流电压值的 10% 左右至额定值连续可调。

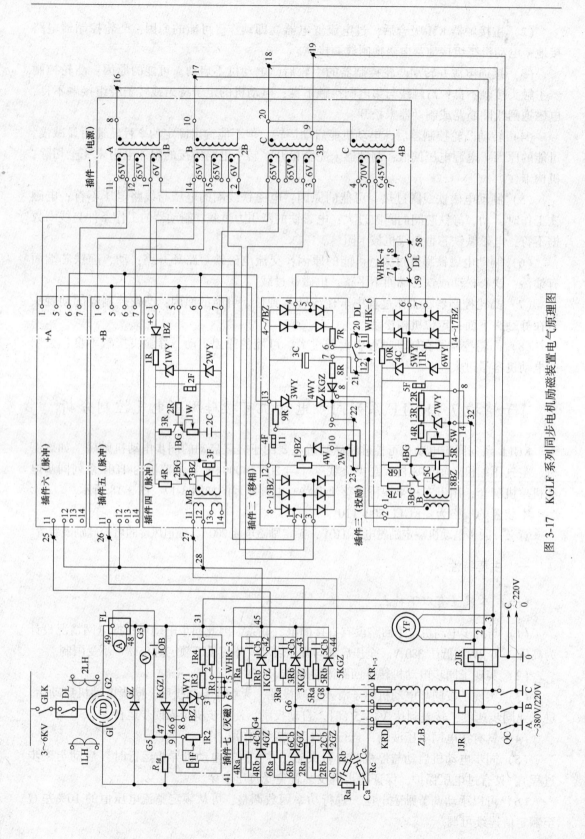

图 3-17 KGLF 系列同步电机励磁装置电气原理图

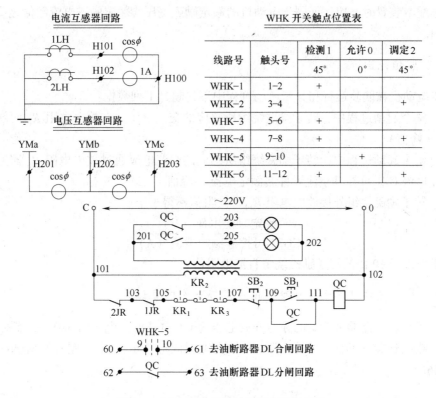

电流互感器回路

电压互感器回路

WHK 开关触点位置表

线路号	触头号	检测1	允许0	调定2
		45°	0°	45°
WHK-1	1-2	+		
WHK-2	3-4			+
WHK-3	5-6	+		
WHK-4	7-8	+		+
WHK-5	9-10		+	
WHK-6	11-12	+		+

图 3-18　同步机励磁装置控制与测量回路

（7）本装置电源为交流三相四线 380V/220V，必须与同步电动机定子回路电源来自同一段母线。负反馈特性在电压波动−10%～+5%范围内有效。

（二）两个特性

（1）自动无级强励特性。

本装置按电网电压负反馈自动无级强励特性曲线如图 3-19 所示。

（2）本装置的额定整流电流值与整流电压值的关系。

在选配本系列装置时，应注意额定整流电流值与整流电压值这两个指标之间存在一定的关系，按照可控硅整流元件运行规范与本装置参数选择，通过试验得出图 3-20 工作曲线，

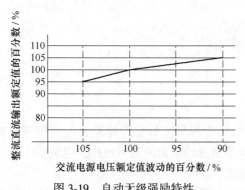

图 3-19　自动无级强励特性

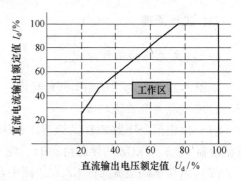

图 3-20　额定整流电流值与电压值的工作曲线

在选配本装置时，应保证同步电动机的额定励磁电压与额定励磁电流数值之交点在此工作区内。

（三）取值范围

同步电动机在同步运行和异步启动过程中不得超过下列数据：

（1）整个启动过程中，转子励磁绕组所感应的交流电压，在放电电阻 R_{fd} 两端不得大于 800V（峰值）。

（2）整个起动过程中，转子励磁绕组所感应的交流电流通过放电电阻 R_{fd} 回路，不得大于（3.14×KGZ1 可控硅整流元件之额定电流）峰值。

（3）转子励磁绕组外接放电电阻 R_{fd}，其阻值不得小于

$$\frac{额定励磁电压（V）}{KGZ1 可控硅额定电流（A）}$$

但不得大于 10 倍的转子励磁绕组直流电阻值。

（四）本装置内以下元件的整定值在现场试车时复调

（1）可控硅整流器 KGZ1 的导通开放电压为 G1，G2 两点电压为 380V（峰值）。

（2）投励环节（插件三）电容器 5C 的充电时间应整定为 0.3s 左右发出脉冲（可更换电阻 16R）。

（五）运行方式

100%连续。使用各部位最高温升见表 3-13。

表 3-13　使用各部位的最高温升情况

部　位	允许最高温升/℃	测量方法
整流变压器铁芯	70	点温计法
整流变压器线圈	55	电阻法
可控硅整流元件（结温）	60	热敏电压法
硅整流元件（结温）	100	热敏电压法
箱体表面	60	点温计法

二、工作原理

（一）主电路的工作原理

如图 3-21 所示为主电路电气原理图。

1. 交流供电及整流环节

（1）由整流变压器 ZLB 供给整流电压，经三相半控整流桥输出脉动直流。控制可控硅整流器 1、3、5KGZ 的导通角（β），便可以调节整流桥输出的直流电压、电流。

（2）大功率硅整流元件 GZ 在线路中起"续流"的作用。

在直流励磁电压过零值时，由于转子励磁绕组电感放电，使整流桥应换相关断的可控

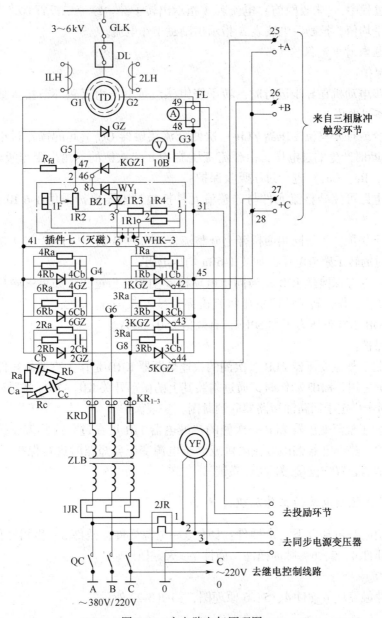

图 3-21　主电路电气原理图

硅整流元件维持导通，造成换相困难或失控，采用 GZ 与整流桥并联，给其电感放电造成通路，使主电路可控硅换相（或停机时）顺利关断，这样即可准确地控制整流励磁电压。

（3）直流电压表 V 与放电电阻 R_{fd} 串联后并接于整流桥的输出端，作为整流电压的测量，相对于电压表 V 的内阻，R_{fd} 阻值所造成的误差可以省略不计，电压表 V 跨接于可控硅 KGZ1 两端，对 KGZ1 起到监视作用，同步电动机启动过程中，KGZ1 在转子感应电压"经放电电阻半波"时导通，因此电压表 V 无指示，投励后 KGZ1 关断，电压表 V 指示出整流励磁电压。

（4）直流电压表 A 串接于励磁回路内转子励磁绕组与"续流二极管 GZ"之间，同步电动机启动过程中，（未投励前）电流表 A 指示出转子经"续流二极管 GZ""短接启动半波"的电流平均值，投励后电流表 A 指示出励磁工作电流。

2. 过电压与过电流保护环节

过电压保护：

（1）同步电动机在异步运行时，转子绕组感应过电压由灭磁环节接入放电电阻 R_{fd}，消除转子开路过电压。

（2）闭合或打开整流变压器 ZLB 一次侧交流接触器 QC 引起的操作过电压和快速熔断器 KRD 熔断时产生的过电压，由整流变压器 ZLB 二次侧的三角形阻容吸收装置（Ra，Ca，Rb，Cb，Rc，Cc，）进行过压吸收保护。

（3）主电路可控硅整流元件与硅整流元件换向过电压保护采用 1-6 Rb，1- Cb 阻容保护。

（4）均压保护：为使同相两桥臂上硅整流器（如图 3-21 中 1KGZ 与 4GZ）合理分担同步机启动时的转子感应电压，加装 1-6Ra 均压电阻。

（5）低压击穿保险丝 JOB 是当同步电动机起动和失步过程，如果灭磁环节失灵，可控硅 KGZ1 停止工作，转子感应电压将其击穿，接入 R_{fd} 进行灭磁，保证同步机及装置本身的安全，JOB 击穿电压为工频 50Hz，有效值 250~300V。

过电流保护：

（1）安装于整流变压器 ZLB 二次侧的快速熔断器 KRD 是作为直流侧短路和整流元件本身短路保护之用。KRD 动作时，通过附装其上的微动开关 $KR_1 \sim KR_3$ 将励磁装置交流接触器 QC 与同步机定子回路油短路器联锁跳闸，实现保护。

（2）安装于整流变压器 ZLB 一次侧的热继电器 1JR 可在过载或整流变压器二次侧短路时进行保护，热继电器 2JR 可在风机或同步电源变压器短路时进行保护。1JR、2JR 的控制触头与励磁装置交流接触器 QC 联锁。

（二）触发控制电路的工作原理

触发控制电路包括以下七个插件：插件 1—电源插件，插件 2—移相插件，插件 3—投励插件，插件 4、5、6—脉冲插件，插件 7—灭磁插件。

1. 脉冲插件

三相脉冲触发环节插件 4、5、6 原理图，如图 3-22 所示。

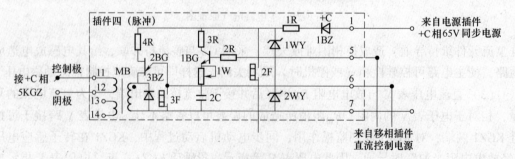

图 3-22 脉冲插件原理图

脉冲插件共三组，+A，+B，+C 脉冲插件分别控制主电路可控硅整流元件 1，3，

5KGZ，其内部接线原理均相同。下面以+C 相为例说明：

由同步变压器（1-3B）引来的同步电压（65V）经 1BZ 半波整流后，由稳压管 1-2WY 削波，成为梯形同步直流电压，由移相插件来的直流控制信号，改变了三极管 1BG 的等效内阻，因此改变了电容器 2C 的充电时间常数，当电容器 2C 的充电电压达到单结晶体管 2BG 的峰点电压（V_p）时，2BG 导通，2C 经脉冲变压器一次绕组放电，从而产生输出脉冲，当 2C 放电至 2BG 的谷点电压 VV（约 2 伏左右）时，2BG 封锁，2C 再次充电，重复上述过程。因此改变移相插件来的控制信号，就可改变 2C 充电到 V_p 的时间，即改变了产生第一只脉冲的时间，从而使触发脉冲相位移动，使主电路可控硅 1，3，5KGZ 导通角变化，达到调节励磁电压的目的。

由于各插件所用元件（1BG，2BG，1-2WY）参数有差异，将造成输出脉冲的相位不一致，电位器 1W 就是为调节三个脉冲插件的脉冲输出使其对称。

插孔 2F 和 3F 是供调试中观察稳压梯形波与电容器充放电锯齿波而设。

本线路同步电压底宽 180°，未采取扩大移相范围的措施，对应于三相半控桥式整流线路，移相控制角 α 可在 150° 电角度范围内调节，实际上由于梯形波电压斜度的限制，要小于此范围。

2. 移相插件

移相插件原理图如图 3-23 所示。

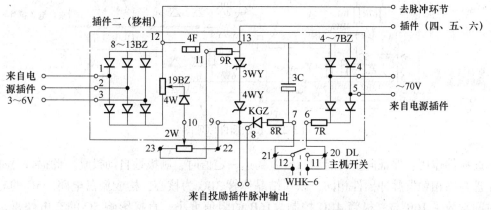

图 3-23　移相插件原理图

在触发脉冲环节中，三极管 1BG 的直流控制信号来自移相插件，移相插件电源有两部分（图 3-24 中 E_y 与 EC），由电位器 2W 与 4W 各取一部分电压，极性相反地串联后将差值输出，加到脉冲插件 1BG 的基极回路上，E_y 为稳压电源，EC 则与电网电压成比例，形成电压负反馈。调节 2W 即调节给定电压，改变励磁输出电压。调节 4W 即调节强励特性。E_y，EC 与输出控制信号（ED）的波形见图 3-24c 中，F_4 可用来观察 ED 波形。

由移相插件的简化电路可得出：$ED = E_y - EC$。

二极管 19BZ 为防止 $E_y < EC$ 时，ED 反向输出，造成 1BG 的反加偏压。

小可控硅 KGZ，作为 E_y 的开关，在同步电动机起动过程中，KGZ 处于阻断状态，直至同步机进入亚同步速投励插件给 KGZ 控制极一触发脉冲时，KGZ 即导通，移相插件即有输出，从而投入励磁。

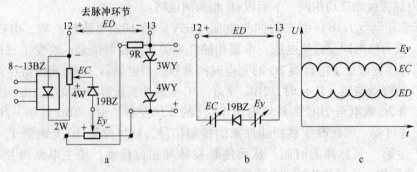

图 3-24　移相插件的简化电路

a—给定电压与反馈电压串联；b—等效电路；c—EC、Ey、ED 波形

此环节 Ey 回路，还串入同步机定子回路油开关 DL 的辅助接点，供电气联锁。WHK-6 为万能转换开关接点，供调试时代替定子回路开关辅助接点。

3. 投励插件

投励插件原理图如图 3-25 所示。

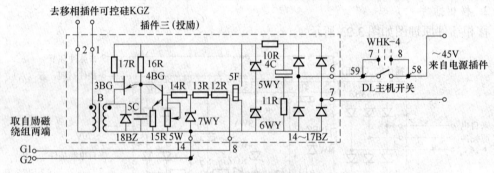

图 3-25　投励插件原理图

此插件作用：保证同步机启动后转差到达一定值时，顺极性自动投励。此插件脉冲发生原理与三相触发脉冲插件相同，以单结晶体管 3BG 为核心，构成振荡电路。5C 的充放电时间常数受 16R 与三极管 4BG 控制。16R 的阻值大小，直接影响 5C 的充电快慢。当 4BG 关断时，由 6WY 输出的稳压电源可以经 16R 对 5C 充电，从而输出脉冲，使移相插件中小可控硅 KGZ 导通。当 4BG 饱和导通时，则稳压电源经过 16R→4BG 的集电极 C 与发射极 e→15R 构成通路，5C 充不上电，投励插件就不能产生脉冲。

在同步机启动过程中，三极管 4BG 基极信号来自转子励磁绕组两端，其感应电压是交变的（此交变电压频率随转速升高而降低，由刚启动时的 50Hz，逐渐降至亚同步速的 1.5~2.5Hz 左右）。在 G2 点为正，G1 点为负，转子经续流二极管 GZ "短接起动半波" 时，4BG 基极无信号，处于关断，稳压电源可经 16R 向 5C 充电，本装置整定 5C 充电至单结晶体管 3BG 峰点电压 (V_p) 需在 0.26~0.4s 时间范围内，同步机未进入亚同步速前，G2 点为正的半波时间达不到 0.26~0.4s，所以无脉冲输出。在 G1 点为正，G2 点为负转子 "经放电电阻 R_{fd} 启动半波" 时，4BG 接受正信号，饱和导通，5C 不能充电，并且将上半波已充上的电经 4BG，15R 放掉。同步机启动进入亚同步速后，G2 为正的半波时间达到 0.26~0.4s，5C 即可充电至 3BG 峰点电压（V_p），则 5C 经 3BG 与脉冲变压器 B 放电一次，产生输出脉冲，触发了移相插件中的小可控硅 KGZ，从而投入励磁。

按转子频率顺极性投励的波形变化如图 3-26 所示。

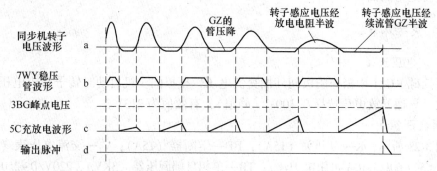

图 3-26　顺极性投励的波形图

整定电位器 5W，可以避免电机未进入亚同步速时，4BG 提前截止，造成误投励。此插件工作电源经过定子回路油开关 DL 辅助接点接通，保证主开关合闸后才开始工作。WHK-4 为万能转换开关接点，供调试时使用。

4. 灭磁插件

灭磁插件原理图如图 3-27 中虚线部分所示。

同步机启动过程中，转子励磁绕组中感应出的交变电压，当 G2 点为正时，经 GZ 短接，当 G1 点为正时，便由 KGZ1 将放电电阻 R_{fd} 接入，从而大大降低起动时转子感应的过电压。同步机进入亚同步速后，KGZ1 自动关断，将 R_{fd} 切除。

当 G1 点为正而转子绕组感应电压未达到 KGZ1 所整定的导通电压值（300V 峰值）之前，转子只能经过 1R2，1R3，1R4，Rfd 形成回路。由于此回路电阻值很大，转子相当于开路启动，感应电压急剧上升至 KGZ1 整定导通电压。此时电位器 1R2 上分到的电压降 U_{R2}，等于稳压管 WY1 的稳压值 U_{WY1} 与二极管 BZ1 的正向压降 U_{BZ1} 及可控硅 KGZ1 控制极可触发电压 U_g 之和，即：

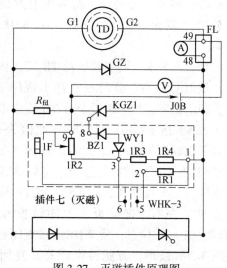

图 3-27　灭磁插件原理图

$$U_{R2} = U_{WY1} + U_{BZ1} + U_g$$

此时，KGZ1 控制极得到可触发电压 U_g，立即导通，到 G1 点为正的半波结束时，KGZ1 由于阳极电压过零而自行关断，待同步机起动至相当转速后，转子感应的开路电压达不到 KGZ1 的整定导通值，KGZ1 即不再导通，相当于切除了放电电阻 R_{fd}（因 R_{fd}，1R2，1R3，1R4 回路串联阻值很大）。

调整电位器 1R2 即可改变 KGZ1 的整定导通电压值。

WHK-3 为此插件外接万能转换开关接点，供检测此环节正常与否。

当 WHK-3 接点闭合时，使 1R1 与 1R3，1R4 并联，由于 1R1 阻值很小，相对增加了

1R2 上的压降，调节装置在较低的输出电压时可控硅 KGZ1 即可导通，电压表 V 指示为零，电流表 A 读数不变。

三、整定与调试

（一）灭磁环节

1. 整定电压选择

在可控硅 KGZ1 阳极与阴极间外加交流电压，模拟同步机启动时转子感应电压，使其导通开放。导通开放电压选择在 300V（峰值），有效值为 213V。

2. 调试设备

如图 3-28 所示：K—刀开关（15A）；RD—熔断器（15A）；V_1—交流电压表（250V）；R—电阻（30~60Ω，10A 可用电炉丝）；TB—单相自耦调压器（3KVA，220V/0~250V）。

另需：SB—14 示波器或其他型号示波器。

调试方法：

照图 3-28 接线，将示波器接至"灭磁插件"插孔 1F 上（示波器外壳千万不可接地）；将励磁装置总电源切掉；将面板上万能转换开关放到"调定（2）"位置，使 WHK-3 接点分离。

合刀开关 K，调节调压器 TB 二次侧输出电压，至 10V 左右，此时示波器出现图 3-29a 波形，即示正常，然后缓慢上升 TB 输出电压，至电压表 V1 指示 210V 左右时（此值为有效值，相当于 300V 峰值），示波器出现图 3-29b 波形（此种状态不要持续时间过长），然后微降 TB 输出电压，又出现图 3-29a 波形。将 TB 输出电压降至 50V 左右，把面板上万能转换开关放到"检测（1）"位置，使 WHK-3 接点闭合，即出现图 3-29b 波形，万能转换开关又复回"调定（2）"位置，波形也变化为图 3-29a。

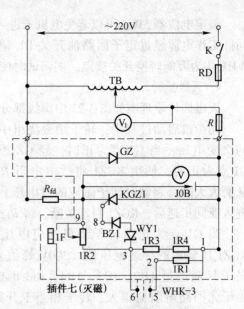

图 3-28　灭磁环节调试整定接线图

以上介绍为复测方法，如改变 KGZ1 导通电压，需调节 1R2，即可达到。

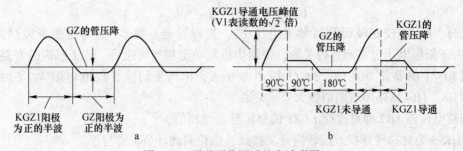

图 3-29　灭磁环节调试整定波形图

（二）三相脉冲触发环节

1. 接线

脉冲触发环节调试接线图如图 3-30 所示，在本装置输出端子上接入放电电阻（5 倍左右的转子励磁绕组阻值），假负载电阻（其阻值选定在将输出电流限在 1/3 额定电流左右，可用高温炉丝或电阻片，需保证容量）。

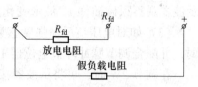

图 3-30　脉冲触发环节调试接线图

2. 调试方法

将面板万能转换开关放到"调定（2）"位置，然后励磁装置送电，示波器分别接至 +A，+B，+C 脉冲插件插孔 2F 上，应出现不同移相角时的梯形波，调节装置面板上"励磁调节"电位器 2W，电压表 V，电流表 A，应均匀上升，将示波器分别接至 +A，+B，+C 脉冲插件插孔 3F 上，应出现不同移相角时对应的锯齿波，并应随 2W 的调节，充放电周期变化。

将示波器接至灭磁插件插孔 1F 上，调节 2W，应逐次出现不同移相角时的整流电压波形，且随控制角的减小，整流输出电压越大，波形越是平滑变化，并观察波形在额定励磁电压附近是否对称，如不对称可调节脉冲插件面板上电位器 1W，满意后锁紧。

（三）电压负反馈自动无级强励磁特性调整

1. 接线

电压负反馈自动无级强励磁特性调整按图 3-31 接线。

调试设备：K——空气开关或铁壳开关（50A）；

　　　　　RD——熔断器（50A）；

　　　　　TB——三相自耦调压器（9～15kVA，380V/0～450V）；

　　　　　V₁——交流电压表（0～500V）；

　　　　　R——假负载电阻（选取方法与上述"三相脉冲触发环节"调试相同）；

　　　　　R_{fd}——放电电阻（选取方法与上述"三相脉冲触发环节"调试相同）。

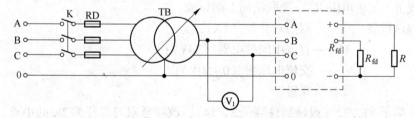

图 3-31　电压负反馈自动无级强励磁特性调整接线图

2. 调试方法

将万能转换开关 WHK 放到"调定（2）"位置，合开关 K，对装置供电。此时 WHK-2、WHK-4、WHK-6 触头闭合，投励插件、移相插析等电路工作供调试。

（1）调节 TB 使其二次侧线电压为 380V，调节"励磁调节"电位器 2W，使装置直流电压表 V 指示为同步电动机额定励磁电压值。

（2）将 TB 二次侧线电压升高 5% 至 400V，再将 TB 二次侧线电压下降 10% 至 340V，在上述变化过程中，直流电压表 V 的读数应与图 3-19 自动无级强励特性曲线接近，并用示波器观察灭磁插件 1F 波形变化正常。

（3）如对电压负反馈强度感觉不适，可调节移相插件上电位器 4W 改变电压负反馈强弱，并配合调节脉冲环节电位器 1W，至满意为止，一般反馈不宜过强。

在调节 2W 时，可将示波器接至移相插件插孔 4F 上，观察此插件输出的直流控制信号（ED）波形的变化，（见图 3-24c）此波形应随 2W 的调节上下移动。

（四）用直流充电法测定按转子滑差（频率）的自动投励特性

1. 测定原理

同步电动机转子感应电压频率随转速的上升而降低。刚启动瞬间，转子感应电压频率（f_1）与定子回路电网频率相同为 50Hz 而到达任一转差（S）时的转差感应电压频率（f）即为：

$$f = f_1 S = 50S$$

当转差在 5%~3%（即转速为 95%~97% 同步速）时投入励磁，此时转子感应电压频率为：

$$f = 50 \times 0.05 = 2.5（周）（S = 5\% 时）$$
$$f = 50 \times 0.03 = 1.5（周）（S = 3\% 时）$$

此时一个周期时间即为 $T = 1/f = 1/2.5 \sim 1/1.5 = 0.4 \sim 0.66$（s）。

同步电动机用本装置励磁，启动过程中的转子感应电压波形如图 3-26a 所示，经放电电阻启动半波所占时间要小于经续流二极管短接启动半波所占时间，其比例约为 1：2。则对应于转差到达 5%~3% 时，转子感应电压经续流二极管短接启动半波所占时间为：2/3（0.4~0.66），即：0.26~0.44s。

如整定投励插件电容器 5C 充电至单结晶体管 3BG 峰点电压（V_p）输出脉冲之时间为 0.26~0.44s，即可在转差 S=5%~3% 内自动投励。

2. 接线

用直流充电法测定按转子滑差（频率）的自动投励特性按图 3-32 接线。

假负载 R，放电电阻 R_{fd}，选取法同上面试验。

另需调试设备：2K——双刀双开关（5A）；

　　　　　　　　　1J——直流中间继电器（24V）；

　　　　　　　　　V_1——交流电压表（0~50V）；

　　　　　　　　　周波积算器。

将接线端子 31，32（投励插件端子 8，14），改接至双刀双开关 2K 的中点。

3. 调试方法

将万能转换开关放到"调定（2）"位置，将试验用双刀双开关 2K 合向"1"位置，合开关 1K，按装置上"硅整流投入"按钮。此时周波计算器开始计时，调节"励磁调节"电位器 2W，使直流输出电压为 30V（可视 1J 线圈电压而定），1J 即吸合，周波积算器停止计时，此时按"停止"按钮，装置断电。再按"硅整流投入"按钮，对装置供电，投励插件 5C 即充电，周波积算器同时记下充电时间，直至投励环节动作，装置输出直流

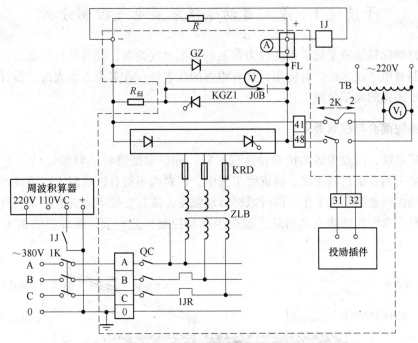

图 3-32　直流充电法测定按转子频率自动投励特性接线图

电压（刚才调定的 30V）使 1J 吸合，周波积算器即停止计时，记录之时间在 0.26 ～ 0.4s（13 周 ~20 周）即可。如达不到此要求，可更换投励插件上电阻 16R，阻值变化大致在 180 ～ 360kΩ 之间。此时，将电源开关 1K 断开，将周波积算器及直流继电器 1J 从线路中取消，将双刀双开关 2K 合向 "2" 位置，将自耦调压器 TB 二次侧电压调至 50V，再合电源开关 2K，按 "硅整流投入" 按钮，因 TB 输出电压为 50 周交流电，4BG 不导通时间只 0.01s，5C 充不到 3BG 峰点电压（V_p），装置无输出电压，装置直流电压表 V 无指示。

　　将 TB 输出电压降低，低于 10V 时，投励环节应动作，装置直流电压表指示出刚才调定的 30V。如投励环节在 10V 以上就动作，则可调节投励插件电位器 5W，直至合适为止（需注意反复调整时，应将万能转换开关由 "调定（2）" 放到 "允许（0）" 位置，使移相插件小可控硅 KGZ 关断，再放到 "调定（2）" 位置继续调整，否则调整参数将不准）。

　　装置供电后，将示波器接至投励插件插孔 5F 上，示波器出现如图 3-33 波形图，表示 5C 充放电间隔。

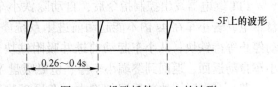

图 3-33　投励插件 5F 上的波形

*情境 3　继电-接触器控制的应用

职业能力：分析典型继电-接触器控制的应用线路，进一步掌握识图技巧。

子情境 1　原矿自动除铁装置电气控制分析

原矿自动除铁装置是选矿系统较为常见的典型电气设备，其自动化程度高，是继电—接触器控制与电子技术的综合应用，具有很强的代表性，在多个方面表现了设计的精妙之笔，是不可多得的典型范例。

一、系统简介与控制要求

某碎矿系统，由皮带运输机自动运送矿料，碎矿圆锥磨将矿料磨细后送下道工序加工，圆锥磨齿为合金材料制成。圆锥磨工作中，矿料内不得有铁块混入，否则将使圆锥磨损坏。为确保圆锥磨正常工作，同时减轻劳动强度，需与皮带运输机配套安装自动除铁装置，将矿料中含混的铁块自动清除。根据生产和控制工艺要求，系统的结构示意图如图3-34 所示。

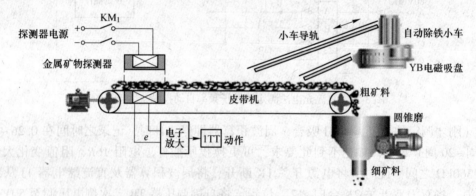

图 3-34　原矿自动除铁装置系统结构示意图

其中，金属矿物探测器的工作原理如下：

金属矿物探测器由线圈、铁芯等组成"开口"的磁路系统，并在线圈中通入直流电源，使磁路中产生恒定磁场，将皮带机运送的原矿从开口处穿过。当有铁块时→铁芯气隙等效长度发生变化→磁路的磁阻发生变化→引起磁通 Φ 变化→在感应线圈中产生感应电势 e，经电子放大→驱动 1TT 继电器动作，发出相应的控制指令。

控制要求如下：

1TT 继电器发出控制指令后，自动除铁小车在 4s 内起动前进，并使小车上的电磁吸盘带电，若小车在 4s 内不能起动前进则系统停机；当小车行至皮带机正上方时，小车自动停止等待铁块；从小车起动前进并吸附铁块返回设置时间为 10s，到整定时限 10s 后，小车自动返回，返回到终端小车停、电磁吸盘 YB 断电，铁块落入收集箱中。

若小车吸附铁块并返回的途中，金属矿物探测器又探出铁块（1TT 再次发出控制指令），则小车自动停止返回，改为前进再次等待吸收铁块。可如此重复，但最多能执行 9次（90s），9 次即 90s 到时限后系统停止工作。

金属矿物探测器和小车自动除铁两套装置在系统启动运行时需同时投运。

此外，为检修及调试方便，要求小车自动除铁装置及金属矿物探测器除上述联动控制外，还能单独启动停止控制，并设置必要的电气联锁等保护环节。

该系统要求自动化程度高、控制准确、反应灵敏，电磁吸力强，能在 700mm 的高度吸取 5kg 以下的铁块。

二、原矿自动除铁装置电气原理图分析

(一) 主电路分析

原矿自动除铁装置电气原理图如图 3-35 所示。M 为驱动小车运行的交流异步电动机，由 KM_3、KM_4 控制其正反转（前进、后退）。由于小车的工作属短期工作制，故电机不需设置过载热保护。

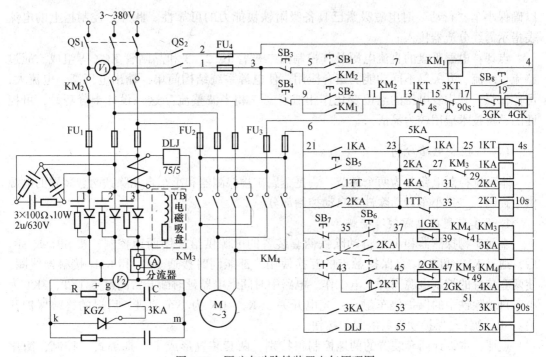

图 3-35　原矿自动除铁装置电气原理图

在电磁吸盘的电源控制环节中，设置了 RC 阻容吸收保护环节。其中，三角形接法的阻容吸收保护环节用于吸收电源的过电压，与各二极管和晶闸管并联的阻容吸收保护环节用于吸收整流换相时的尖峰过电压。

晶闸管 KGZ 在本电路中起开关作用。与晶闸管控制极相联的电阻和电容 RC，构成了触发晶闸管的阻容移相触发电路。当中间继电器 3KA 触点闭合后，晶闸管的阳极—阴极、控制极—阴极之间均承受正向电压，满足导通条件被触发导通，此时整流二极管方可对电磁吸盘整流供电。

二极管 1、2 为整流二极管，3 为续流二极管。如图 3-36 所示，t_1~t_2 区间，1 相电位高于 2、3 相，则 1 相电源经 "二极管—KGZ—电磁吸盘" 回到 3 相；t_2~t_3 区间，2 相电位高于 1、3 相，则 2 相电源经 "二极管—KGZ—电磁吸盘" 回到 3 相；t_3~t_4 区间，3 相电位高于 1、2 相，则 3 相二极管与电磁吸盘形成回路，放电续流，反复循环。

电磁吸盘通过电流后，并经电流互感器变换供电流继电器 DLJ 对控制电路实施控制，

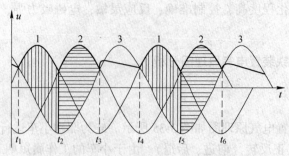

图 3-36　二极管整流工作波形图

以确保小车"行动"时电磁吸盘已具备吸附铁块能力的可靠性。此外，控制柜上的电流表指示需经分流器接入。

点评：电磁吸盘的直流电源及其控制由二极管 1、2、3 和晶闸管 KGZ 等组成。通过整流、续流、开关等不同功能的组合应用，使电源系统结构简单，输出电压高、电流大，可控性强。利用线电压的电位变化作相似于"三相半波整流"这一设计十分巧妙，可控性的整流技术应用较为灵活。

（二）控制电路分析

本系统控制电路分为两个环节：一是金属矿物探测器和小车自动除铁两套装置的电源供给控制；二是小车自动除铁的自动控制部分。

1. 两套装置的电源供给控制

金属矿物探测器和小车自动除铁两套装置的电源供给采用两地控制。按 SB_1 或 SB_2 后，通过 KM_1 和 KM_2 自保持触点的互换使用，都能同时接通 KM_1 和 KM_2 接触器线圈，使两套装置的控制电源同时上电工作。电路中时间继电器延时断开常闭触点 1KT、3KT 为小车自动除铁中的保护停车触点；光电开关 3GK、4GK 为小车前进、后退的终端保护开关；SB_8 为终端保护动作后的复位按钮。

点评：本设计两套装置的两地控制很特别，两套装置形成了"捆绑式"控制，简化了控制电路结构。此时的 1KT、3KT、3GK、4GK 各保护环节，串联于 KM_2 线圈支路的功能与串联于 KM_1 线圈支路或总线上的保护功能相同。

2. 金属矿物探测器探有铁块后的自动除铁控制

初始状态时，小车在原位，控制电路中光电开关 2GK 已经发生动作，1GK 不动作。

当金属矿物探测器探有铁块后，继电器 1TT 作瞬间动作，控制电路中常开及常闭触点 1TT 瞬动 → 1KA 通电（若 2KA 不能正常工作则通过 1KT 使系统保护停车）

　　　　　　　→ 1KT 通电计时（若小车不能正常前进则通过 1KT 使系统保护停车）

　　　　　　　→ 2KA 通电 → 自保、切断 1KA 线圈（表明 2KA 工作正常）

　　　　　　　　　　→ KM_3 通电 → 联锁保护、断开 1KA（表明 KM_3 工作正常）

　　　　　　　　　　　　→ 小车前进　到皮带机上方 1GK 断开，小车停

　　　　　　　　　　→ 3KA 通电 → 3KT 通电（作系统保护）

　　　　　　　　　　　　→ 触点闭合 KGZ 导通 → 电磁吸盘带电 → DLJ 触点动作 → 5KA 通电 → 5KA 常闭触点断 → 1KT 断电（上述动作在 1KT 定时 4s 内完成）

此外，当小车前进离开原位时，光电开关 2GK 动作复位；小车前进到皮带机上方 1GK 断开，KM₃ 断电时联锁触点复位；1TT 瞬动其常闭触点复位后→2KT 通电作 10s 计时，为小车吸附铁块后返回作准备。

当 2KT 到整定时限后→其延时闭合常开触点闭合→KM₄ 通电→小车返回→到终端时→2GK 动作→KM₄ 断电，小车停

    └→4KA 通电→2KA 断电→"35-37" 断开→3KA 断电丢铁块

                   └→自保复位→2KT 断电→4KA 断电结束

点评：1TT 瞬动后进行了一系列的顺序逻辑控制，其中还包含了一些逻辑保护环节。全套动作连贯性好，逻辑性和可靠性强。利用 2KA "35-37" 常开触点控制小车前进并使电磁吸盘通电工作，利用 2KT 触点 "43-45" 闭合使小车自动返回，两个触点的巧妙搭配使用是本系统设计的又一亮点。

3. 小车吸铁块返回途中又探有铁块后的自动控制

小车吸附铁块返回途中，靠 2KT 触点 "43-45" 闭合使 KM₄ 通电返回；靠 2KA "35-37" 闭合使 3KA 通电吸附铁块；KM₄ 的联锁保护使 KM₃ 接触器不能通电。

返回途中再次检有铁块时，继电器 1TT 动作，"21-23" 已由 2KA 自保，1TT 常开动作不起作用；1TT 常闭动作→2KT 断电再次计时→触点 "43-45" 复位→KM₄ 断电小车停→联锁保护触点 "39-41" 复位→KM₃ 通电小车前进→到皮带机上方 1GK 断开，小车停等待再次吸铁。

当 2KT 到整定时限后→"43-45" 闭合→KM₄ 通电→小车返回→终端 2GK 动作 KM₄ 断电小车停；同时 4KA 通电→2KA 断电→"35-37" 断开→3KA 断电丢铁块

                                    └→自保复位→2KT 断电→4KA 断电结束

第二次吸铁返回途中若又探有铁块后，再次重复上述动作。但从第一次动作后 3KT 通电计时作系统保护，整定时限为 90s，即 90s 到时限后系统停止工作，最多能重复执行 9 次。

点评：小车吸附铁块返回途中又探有铁块后，靠 1TT 常闭触点的瞬间动作切断 2KT 线圈使其触点 "43-45" 复位实现小车停止返回并改为前进，1TT 常闭触点与 2KT 线圈的配合使用是本系统设计的又一精妙之处。

子情境 2　浓缩机自动提升装置电气控制线路

浓缩机（又名浓密机）自动提升装置是选矿、化工常用的典型设备。在选矿行业中用于将低浓度的矿料进行浓缩，分离出高密度的矿料供下一生产工序加工，同时进行清水回收再利用，有效降低生产成本。

一、系统简介

浓缩机结构示意图如图 3-37 所示。浓缩机池的直径有十多米至数十米，由主传动电机拖动耙子在池底作低速转动，把沉淀的高浓度矿料经耙子括向池底，浓度较高的矿料经高密矿出口处供下一生产工序加工，清水从回水出口处回收。

耙子可由耙子升降电机拖动实现提升和下放。耙子在低速旋转中若沉淀的高浓度矿料

太多，受到的阻力过大时，则拖动耙子转动的主传动电机过载，在主传动继续工作的同时，通过过流继电器动作使耙子边作低速转动边缓慢提升；耙子缓慢提升后阻力减小，电机过流减小，直至过电流状态消除后，耙子又边作低速转动边缓慢下放。耙子提升和下放均有限位开关进行限位控制。

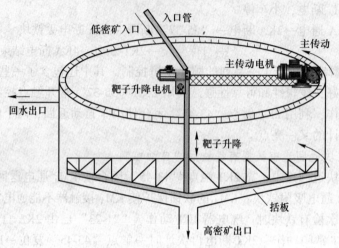

图 3-37　浓缩机结构示意图

二、电气控制

浓缩机自动提升装置电气控制原理图如图 3-38 所示。

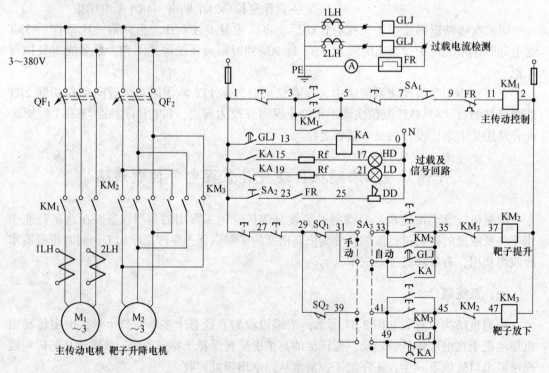

图 3-38　浓缩机自动提升装置电气控制原理图

（一）主电路

两电机使用自动空气开关 QF_1、QF_2 作为隔离开关，并有短路等保护功能。主传动电机单向运行，由交流接触器 KM_1 进行通断控制。电机容量较大，但起动时属重负载起动，一般不使用降压起动，且通过电流互感器 1LH、2LH 的二次侧接入过流检测控制、过载保护及控制盘上的电流指示。耙子升降电机由 KM_2、KM_3 进行正反转控制，且属短期工作制，不设热继电器过负载保护。

（二）控制电路

1. 元件使用

（1）过电流继电器 GLJ。它是线圈电流高于整定值动作的继电器。是反映输入量为电流的继电器，使用时线圈串联在被测电路中，以反映电路中电流的变化而动作。用于按电流原则控制的场合。正常工作时，线圈电流为额定电流，此时衔铁为释放状态；当电路中电流大于负载正常工作电流时，衔铁才产生吸合动作，从而带动触点动作，控制相应的电路动作。

本装置的电气控制原理图中，使用了两个过电流继电器分别串入电流互感器 1LH、2LH 的二次侧回路，它进行相同的检测及控制功能，故其文字符号同名。

（2）控制按钮。在端子号"1-3"、"3-5"、"5-7"、"1-27"、"27-29"、"33-35"、"41-45"等串联或并联了常开或常闭按钮，同行都知道这是启动及停止且为两地控制，故其文字符号在工程图中也省略了。上述这种不规范的特征在工业现场的应用中会时常见到，通过本例可增强读者对实际应用的适应性。

（3）安全开关 SA_1。是普通的单极开关，只有在 SA_1 闭合后，才能起动主传动电机。类似这种应用较多，还可根据安全级，把 SA_1 设为操作员或工程师专用的钥匙开关。

（4）电笛 DD。电机过电流时；通过热继电器 FR 触点接通电笛 DD 进行声音报警，不需要报警时断开普通的单极开关 SA_2 即可。

（5）信号灯 LD、HD。LD 为绿色信号灯，电机正常工作时 LD 亮。HD 为红色信号灯，电机正常工作但耙子有较大阻力，由过流继电器 GLJ 动作接通中间继电器 KA 后 HD 亮。发出灯光警示信号。

信号灯 LD、HD、电笛 DD、中间继电器 KA 均为 220V，检修时应注意其电压等级。

（6）转换开关 SA_3。用于耙子上升或下降控制的"自动"、"手动"选择。设备运行时一般使用"自动"状态，检修和调试时用"手动"状态。

（7）限位开关 SQ_1、SQ_2。SQ_1 为耙子提升上限位，SQ_2 为耙子放下的下限位。正常运行时耙子放下到最底，故 SQ_2 为断开状态，只要耙子不在最底，接触器 KM_3 线圈都将被接通升降电机自动将耙子放下到最底，直到 SQ_2 动作后才停。

2. 电路控制过程

浓缩机自动提升装置电气控制较为简单，控制过程分析读者可作阅图练习。

子情境 3　低压双回路备用电源自动切换控制

备用电源的双回路供电多用于 6～10kV 以上的高压供配电系统，而要求低压 380/

220V 三相四线具有备用电源的场合仍然很多（如医院、学校食堂、重要娱乐场所和重要商场等），只是由于低压 380/220V 电源的供电半径所限，故低压双回路备用电源供电相对来说应用较少。但是，如果需要备用电源的重点负荷区距离另一线路的配电变压器不太远，仍有条件对低压重点负荷进行双回路备用电源供电。本节介绍了应用继电—接触器实施双回路备用电源自动切换的供电典型应用。

一、功能要求

低压双回路备用电源自动切换控制电气原理图如图 3-39 所示。本系统是对医院和学校食堂实施低压 380/220V 双回路备用电源自动切换的成功应用，两组电源的联接十分大胆，应用继电-接触器控制技术实施自动控制，控制电路结构简单，可靠性强。具有以下控制功能：

（1）主电源和备用电源的主干线上长期通电，重点负荷区的用电以主电源为首先电源。

（2）当主电源停电时，自动切换并投入备用电源供电。

（3）备用电源运行过程中，若主电源停电后又突然送电，备用电源自动断开并投入主电源供电。

（4）备用电源配电室有电度计量，有必要的短路、过电流等电气保护，安全可靠。

（5）控制系统结构简单，工程量小，易施工易维护，成本低、运行经济。

二、控制分析

备用电源从 B 单位配电室引出后，经户外架空线引自 A 单位重点负荷区的电源输入端，电气原理图如图 3-39 所示。A 单位的主电源和 B 单位的备用电源进入同一控制箱，利用自动空气开关 QF_1、QF_3 分别作为两电源的隔离开关，并有所需要的短路、过电流等

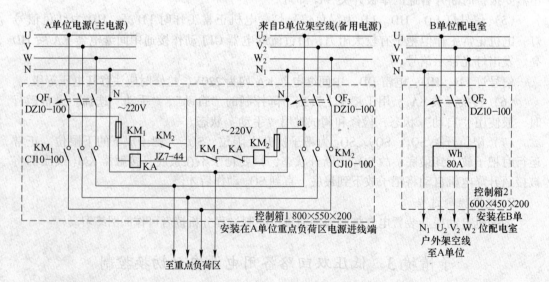

图 3-39　低压双回路备用电源自动切换控制电气原理图

电气保护功能。通过两个线圈电压为 220V 的交流接触器 KM_1 和 KM_2 主触点向重点负荷区的用电设备供电，并能带负荷控制两组电源的接通或断开。

本控制电路的设计简单、精准。两条控制支路分别接入主电源和备用电源，利用 KM_1 和 KM_2 常闭辅助触点作联锁保护，确保两电源"不打架"，保障了控制的安全性和可靠性；利用一支中间继电器 KA 实现自动切换控制。

其控制原理如下：

自动空气开关 QF_1、QF_3 闭合后，只要主电源有电，中间继电器 KA 线圈通电动作，其触点断开 KM_2 线圈支路，则备用电源不被接通，KM_1 线圈通电其触点动作接通主电源。一是联锁保护触点使 KM_2 线圈可靠断开，二是 KM_1 主触点动作由主电源对重点负荷区的用电设备供电。当主电源停电时，KM_1 和 KA 线圈断电其常闭触点复位，KM_2 线圈通电，由备用电源对重点负荷区的用电设备供电，并有联锁保护。当主电源又送电时，中间继电器 KA 线圈通电，其触点首先切断 KM_2 线圈的电源，KM_2 触点复位，停止备用电源的供电并使 KM_1 线圈通电，恢复主电源的正常供电，从而实现了以主电源为首选电源的自动切换控制。

本设计按 30A 负荷量并适当留有余地考虑设备选型，所使用的电气元器件其规格型号在电气原理图中已标出。此外，在 B 单位配电室内单独引出一条回路，并在控制箱 2 中装有 80A 的电度计量。

情境 4　典型机床控制线路故障检修

职业能力：熟读机电电气控制原理图；根据专业知识和技能，正确运用工具、仪表、仪器进行分析，查找故障产生的原因及故障点；排出故障恢复功能。

一、目的要求

掌握典型机床控制线路故障检修的方法。

二、工具、仪表、器材

（1）工具：尖嘴钳、一字起子、十字起子、活动扳手、测电笔、剥线钳、斜口钳、电工刀。

（2）仪表：万用表、兆欧表、钳形电流表。

（3）器材：Z37 摇臂钻床、X62W 万能铣床、C6140 卧式车床、电葫芦故障检修柜或电路板。

三、训练内容

（1）调查研究：熟读电气控制线路，分析控制原理。

（2）故障分析：对每一个故障进行分析，找出故障出现的可能原因及范围。

（3）故障查找：正确使用工具和仪表，查找故障点并说明故障情况。

（4）通电试车。

四、评分标准

评分标准，见表3-14。

表 3-14　评分标准

项目	配分	评 分 标 准	扣分
调查研究	20	（1）未进行调查研究，扣20分； （2）控制功能分析错误，每处扣3分	
故障分析	30	（1）标不出故障范围，每个故障点10分； （2）故障范围与故障现象不吻合，每个故障点10分	
故障查找	50	（1）查找故障中，思路不清楚，每个故障点扣15分； （2）少查找出一个故障点，每点扣15分	
其他		（1）查找故障中，产生新的故障，自己不能修复每个故障点扣5分，自己修复每个故障点扣2分； （2）损坏电动机，扣10分	
安全文明生产	违反安全，文明生产规程，扣5~40分		
时间	时间定额40min（三个故障），每超时10min以内扣5分		
备注	除定额时间外，各项目的最高扣分不应超过配分	成绩	
开始时间		结束时间　　　　　　　　　实际时间	

五、训练情境

子情境1　Z37 摇臂钻床故障检修（见图3-40）

子情境2　X62W 万能铣床故障检修（见图3-41）

子情境3　C650 卧式车床故障检修（见图3-42）

子情境4　电葫芦故障检修（见图3-43）

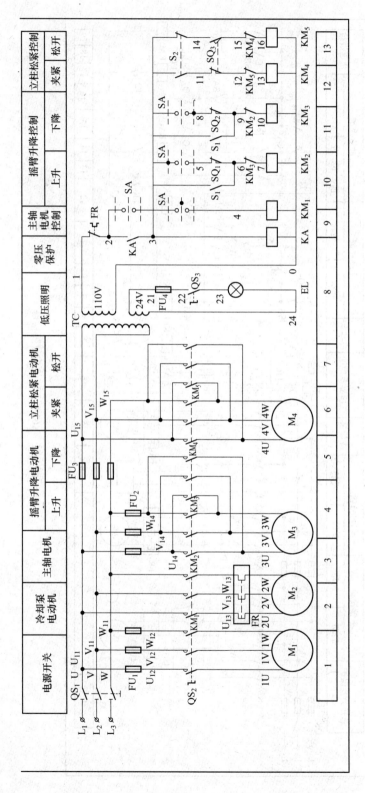

图 3-40　Z37 摇臂钻床故障检修

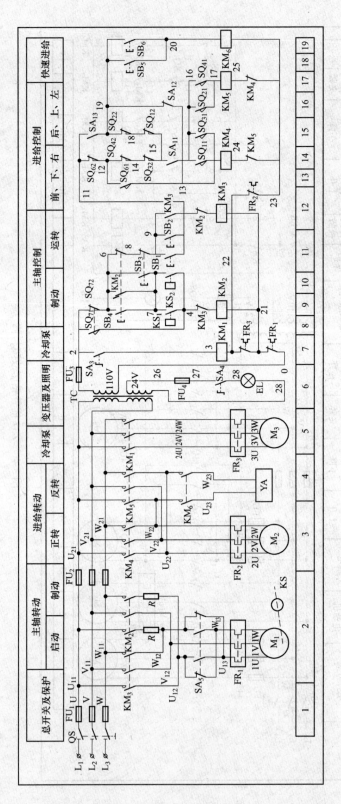

图 3-41　X62W 万能铣床故障检修

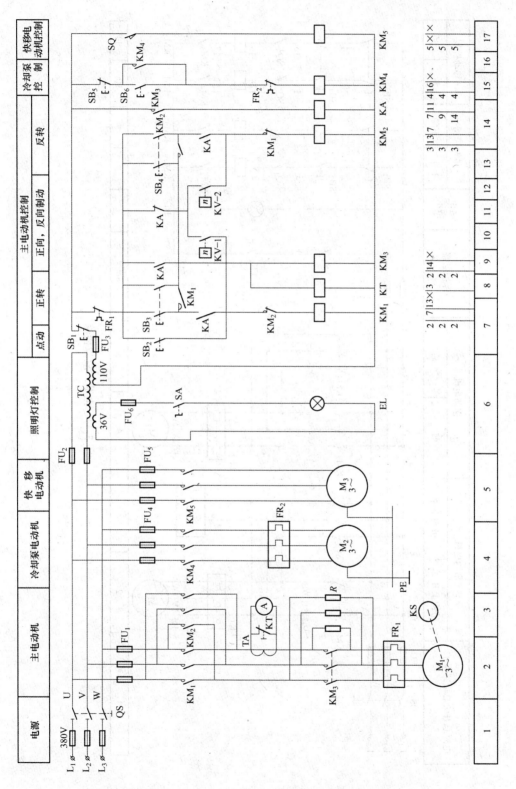

图 3-42　C650 卧式车床故障检修

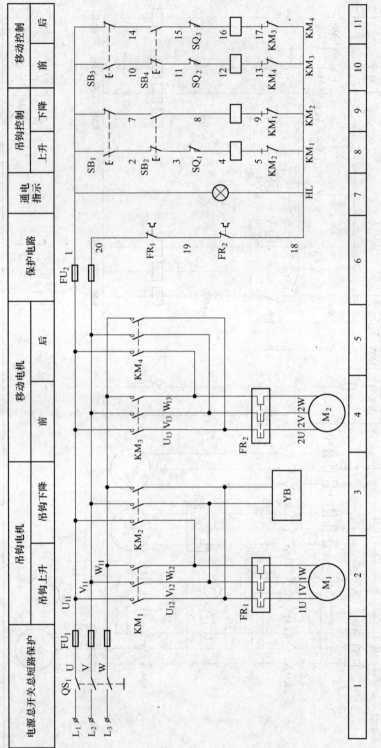

图 3-43　电葫芦故障检修

 习　题

一、问答题

1. 试述 C650 型车床主轴电动机的控制特点及时间继电器 KT 的作用。
2. C650 型车床电气控制具有哪些保护环节？
3. 在 M7130 型磨床励磁、退磁电路中，电位器 RP 有何作用？
4. 在 Z3040 型摇臂钻床电路中，时间继电器 KT 的作用是什么？
5. 在 X62 型铣床电路中，电磁离合器 YC_1、YC_2、YC_3 的作用是什么？
6. X62 型铣床电气控制有哪些特点？
7. T68 镗床电气控制有哪些特点？
8. 桥式起重机的电气控制线路中设置了哪些安全保护措施来保证人身安全？
9. 桥式起重机主钩下降的制动下降挡主要用于哪些情况？

二、分析题

1. 当 M7130 型磨床工件磨削完毕，为使工件容易从工作台上取下，应使电磁吸盘去磁，此时应如何操作，电路工作情况如何？
2. Z3040 型摇臂钻床在摇臂升降过程中，液压泵电动机 M_3 和摇臂升降电动机 M_2 应如何配合工作，并以摇臂上升为例叙述电路工作情况。
3. 在 Z3040 型摇臂钻床电路中 SQ_1、SQ_2、SQ_3 各行程开关的作用是什么？结合电路工作情况说明。
4. X62 型铣床电气控制具有哪些联锁与保护？为什么要有这些联锁与保护？它们是如何实现的？
5. X62 型铣床进给变速能否在运行中进行，为什么？
6. X62 型铣床主轴变速能否在主轴停止时或主轴旋转时进行，为什么？
7. 试述 T68 型铣床主轴电动机 M_1 高速起动控制的操作过程及电路工作情况。
8. T68 型镗床电路中行程开关 SQ_1-SQ_6 各有什么作用？安装在何处，它们分别由哪些操作手柄控制？
9. 在 T68 镗床电路中时间继电器 KT 有何作用，其延时长短有何影响？
10. 在 T68 镗床电路中接触器 KM_3 在主轴电动机 M_1 什么状态下不工作？
11. 试述 T68 镗床快速进给的控制过程。
12. 桥式起重机为什么多选用绕线转子异步电动机拖动？
13. 根据图 3-16 所示桥式起重机的电路图，分析主令控制器手柄置于下降位置"J"挡时，桥式起重机的工作过程。
14. 压入式水泵自动控制电气设备及其系统组成如题图 3-1 所示。水泵的排气灌水已通过"压入式"自行完成，由于变压器容量所限不能直接启动，需考虑自耦变压器降压起动措施，自动开关闸等要求与题图 3-1 系统相同，试提出电气控制原理图的设计方案。

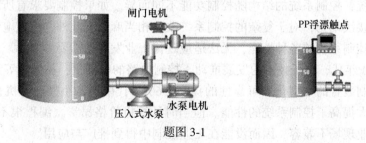

题图 3-1

项目四　可编程控制器概论

本章主要学习情境内容如下表所示。

学习情境	工作任务	职业能力	子情境	学习方式	学习地点	学时数
可编程控制器概述	了解可编程控制器	了解PLC定义、功能特点	PLC定义	原理讲授	多媒体教室	2
			PLC功能特点			
可编程控制器结构、原理、性能指标	了解可编程控制器的结构、工作原理和编程语言	掌握可编程控制器的结构、编程语言、工作原理、性能指标	PLC结构、编程语言	原理讲授	多媒体教室	2
			PLC的工作原理			
			PLC的性能指标			

本章首先介绍了可编程控制器的发展概况、定义、功能特点，然后介绍可编程控制器的结构、工作原理和编程语言。

情境1　可编程控制器的发展概况、定义、功能特点

职业能力：了解PLC定义、功能特点。

一、可编程控制器的发展概况

可编程控制器（Programmable Logic Controller，简称PLC）是一种在传统的继电器控制系统的基础上，以微处理器为核心，综合了计算机技术、自动控制技术和通讯技术（Computer、Control、Communication），用面向控制过程，面向用户的"自然语言"编程，适应工业环境，简单易懂，操作方便，可靠性高的新一代通用工业自动化控制装置。具有编程简单、使用方便、通用性强、可靠性高、体积小、易于维护等优点，在自动控制领域应用的十分广泛。目前已从小规模的单机顺序控制发展到过程控制、运动控制等诸多领域，可编程控制器已经成为工业控制领域的主流控制设备。

20世纪60年代以前的工业控制，主要是以继电-接触器组成控制系统。属于固定接线的逻辑控制系统，控制系统的结构随控制功能不同而异。如果控制要求有所改变，就必须相应地改变硬线结构，对于复杂的控制系统改造相当麻烦。此外，机械电气式器件自身的不足影响了控制系统的各种性能，无法适应现代工业发展的需要。

20世纪60年代，电子技术的发展推动了控制电路的电子化，晶体管等无触点器件的应用促进了控制装置的小型化和可靠性的提高。60年代中期，小型计算机被应用到过程控制领域，大大提高了控制系统的性能。但当时计算机价格昂贵，编程很不方便，输入/输出信号与工业现场不兼容，因而没能在工业控制中得到推广与应用。

20世纪60年代末期，美国通用汽车公司（General Motors Corporation，GM）为了取

得激烈的市场竞争的技术优势，制定出多品种、小批量、不断推出新车型来吸引顾客的战略。但原有的控制系统由继电器和接触器等组成，灵活性差，运行和维护困难，不能满足生产工艺不断更新的需要。1968 年，提出了改造汽车生产设备的传统控制方式，提出了以下 10 条招标的技术指标：

(1) 编程简单方便，可在现场修改程序。

(2) 硬件维护方便，采用插件式结构。

(3) 可靠性要高于继电器控制系统。

(4) 体积小于继电器控制系统。

(5) 可将数据直接送入管理计算机。

(6) 成本可与继电器控制系统竞争。

(7) 输入可以是 AC115V。

(8) 输出在 AC115V、2A 以上，能直接驱动电磁阀和接触器等。

(9) 扩展时，原有系统只需要很小的改动。

(10) 用户程序存储器的容量至少可扩展到 4KB。

1969 年，美国的数字设备公司（Digital Equipment Corporation，DEC）开发出世界上第一台能满足上述要求的样机，在美国通用汽车公司的汽车装配线上获得成功。这种新型的工业控制装置以其简单易懂、操作方便、可靠性高、使用灵活、体积小、寿命长等一系列优点很快就推广到其他工业领域。随后德国、日本等国相继引进这一技术，使 PLC 迅速在工业控制中得到了广泛应用。在可编程控制器的早期设计中虽然采用了计算机的设计思想，但只能进行开关量的逻辑控制，主要用于顺序控制，所以被称为可编程逻辑控制器。

随着微电子技术和计算机技术的迅速发展，微处理器被广泛应用于 PLC 的设计中，使 PLC 的功能增强，速度加快，体积减小，成本下降，可靠性提高，更多地具有了计算机的功能。除了常规的逻辑控制功能外，PLC 还具有模拟量处理、数据运算、运动控制、网络通信和 PID（Proportional-Integral-Differential）控制等功能，易于实现柔性制造系统（Flexible Manufacturing System，FMS），因而与机器人及计算机辅助设计/制造（Compute-Aided Design/Computer Aided Manufacturing，CAD/CAM）一起并称为现代控制的三大支柱。

二、可编程控制器的定义

国际电工委员会（International Electrotechnical Commission，IEC）在 1987 年颁布的 PLC 标准草案中对 PLC 作了如下的定义：

"PLC 是一种专门为在工业环境下应用而设计的数字运算操作的电子装置。它采用可以编制程序的存储器，用来在其内部存储执行逻辑运算、顺序控制、计时、计数和算术运算等操作的指令，并通过数字式或模拟式的输入和输出，控制各种类型的机械或生产过程。PLC 及其有关的外围设备都应按照易于与工业控制系统形成一个整体，易于扩充其功能的原则而设计"。

定义突出了以下几点：

(1) PLC 是一种用"数字运算操作的电子装置"，它具有"可以编制程序的存储器"，可以进行"逻辑运算、顺序控制、计时、计数和算术运算"等工作，即可编程控制器具有计算机的基本特征。事实上，可编程控制器从内部结构、功能及工作原理上来说，PLC 是一种用程序来改变控制功能的工业控制计算机。

（2）PLC 是一种"专门为在工业环境下应用而设计"的计算机，其构造特殊，能在高粉尘、高噪声、强电磁干扰和温度变化等环境下工作。需"控制生产机械或生产过程"，还能"易于与工业控制系统形成一个整体"，这些都是个人计算机不可能做到的。除了能完成各种各样的控制功能外，还有与其他计算机通信联网的功能。

（3）可编程控制器除了能完成"各种类型"的工业设备或生产过程外，它"易于扩充其功能"。它完成控制的程序不是不变的，而是能根据控制对象、控制功能的不同要求，由用户"编制程序"。它又区别于单片机控制系统，具有更大的灵活性，可以方便地应用在各种场合。

（4）PLC 是一种应用"操作指令"通过软件来实现控制的，在理念上实现了跨越和突破：一是用"操作指令"软件替代实际的电器元件；二是每一条"操作指令"对应一个"电气连接"，若干个不同的"操作指令"可组成各种不同的"控制电路"，可实现软件替代硬件接线的本质的跨越和突破。

可编程控制器是专为工业环境应用而设计制造的通用型工业控制计算机。它具有丰富的输入/输出接口，并且具有较强的驱动能力。但可编程控制器并不针对某一具体工业应用。在实际应用时，其硬件应根据具体需要进行选配，软件则根据实际的控制要求或生产工艺流程进行二次开发和设计。不经过二次开发，它不能在任何具体的工业设备或系统上使用。由于可编程控制器使用的编程语言传承了传统继电器控制电路的特征，保留了生产工艺流程的全貌，被广大工程技术人员所接受，使得工业自动化的设计从专业设计院走进了工厂和车间，变成了普通工程技术人员或技术工人力所能及的工作。加之通用性强、可靠性高、体积小、易于安装接线和维护等优点，使可编程控制器在自动控制领域的应用十分广泛。

三、可编程控制器的功能特点

（1）可靠性高，抗干扰能力强。高可靠性是电气控制设备的关键。传统的继电器控制系统中使用了大量的中间继电器、时间继电器等控制电器。由于电器元件或触点接触不良，容易出现故障。PLC 用软件代替大量的中间继电器和时间继电器，仅剩下与输入和输出有关的少量硬件电器元件，控制系统及其接线可大为减少，最大程度地降低了因电器元件或触点接触不良造成的故障。PLC 使用了一系列硬件和软件先进的抗干扰技术，具有很强的可靠性和抗干扰能力，例如，三菱公司生产的 F 系列 PLC 平均无故障时间达到30 万小时。可以直接用于有强烈干扰的工业生产现场，PLC 大用户公认为最可靠的工业控制设备之一。

（2）功能强，性能价格比高。一台小型 PLC 内有成百上千个可供用户使用的编程元件，有很强的功能，不仅有逻辑运算、计时、计数、顺序控制等功能，还具有数字和模拟量的输入输出、功率驱动、通信、人机对话、自检、记录显示等功能。既可控制一台生产机械、一条生产线，又可控制一个生产过程。可以实现非常复杂的控制。与相同功能的继电器系统相比，具有很高的性能价格比。PLC 可以通过通信联网，实现分散控制，集中管理。

（3）硬件配套齐全，用户使用方便，适应性强。PLC 产品已经标准化、系列化、模块化，配备有品种齐全的各种硬件装置供用户选用，用户能灵活方便地进行系统配置，组成不同功能、不同规模的系统。PLC 的安装接线也很方便，一般用接线端子连接外部接线。PLC 带负载能力，可以直接驱动一般的电磁阀和中小型交流接触器。

硬件配置确定后，通过修改用户程序，就可以方便快速地适应工艺条件的变化。

（4）编程方法简单易学。编程语言多样化，IEC61131-3 规定了 5 种编程语言：梯形图、顺序功能图、功能块图、结构文本和指令表。为适合不同应用场合和不同国家应用习惯的要求，允许在同一个 PLC 程序中使用多种编程语言。梯形图是使用的最多的 PLC 编程语言，其电路符号和表达方式与继电器电路原理图相似，梯形图和状态流程图语言形象直观，易学易懂，熟悉继电器电路图的电气技术人员只需花几天时间就可以熟悉梯形图语言，并用来编制用户程序。

梯形图语言实际上是一种面向用户的高级语言，PLC 在执行梯形图程序时，通过内部解释程序将它"翻译"成汇编语言后再去执行。

（5）系统的设计、安装、调试工作量少。PLC 用软件功能取代了继电器控制系统中大量的中间继电器、时间继电器、计数器等器件，使控制柜的设计、安装、接线工作量大大减少。同时，PLC 的用户程序可以在实验室模拟调试，更减少了现场的调试工作量。

PLC 的梯形图程序可以用顺序控制设计法来设计，这种编程方法很有规律，很容易掌握。对于复杂的控制系统，如果掌握了正确的设计方法，设计梯形图的时间比设计继电器系统电路图的时间要少得多。

可以在实验室模拟调试 PLC 的用户程序，输入信号用小开关来模拟，可通过 PLC 发光二极管观察输出信号的状态。完成了系统的安装和接线后，在现场的调试过程中发现的问题一般通过修改程序就可以解决，系统的调试时间比继电器系统少得多。

（6）维修工作量小，维修方便。PLC 的故障率很低，且有完善的自诊断和显示功能。PLC 或外部的输入装置和执行机构发生故障时，可以根据 PLC 上的发光二极管或编程器提供的信息方便地查明故障的原因，用更换模块的方法可以迅速地排除故障。

（7）体积小，能耗低。对于复杂的控制系统，使用 PLC 后，可以减少大量的中间继电器和时间继电器，小型 PIC 的体积仅相当于几个继电器的大小，易于装入设备内部，是实现机电一体化的理想控制设备，作为其他的控制也可将开关柜的体积缩小到原来的 1/2～1/10。以三菱公司的 F1-40M 型 PLC 为例：其外形尺寸仅为 305mm×110mm×110mm，质量 2.3kg，功耗小于 25VA；而且具有很好的抗振、适应环境温、湿度变化的能力。

PLC 控制系统的配线比继电器控制系统的少得多，故可以省下大量的配线和附件，减少很多安装接线工时，加上开关柜体积的缩小，可以节省大量的费用。

五、可编程控制器的应用领域

经过长期的工程实践，PLC 已经广泛地应用于钢铁、石油、化工、电力、建材、机械制造、汽车、轻纺、采矿、水利、交通运输、环境保护及文化娱乐等各个领域，包括从单机自动化到工厂自动化，从机器人、柔性制造系统到工业控制网络。从功能来看，PLC 的应用范围大致包括以下几个方面。

（1）开关量逻辑控制。PLC 具有"与"、"或"、"非"等逻辑指令，可以实现触点和电路的串、并联，代替继电器进行组合逻辑控制、定时控制与顺序逻辑控制。开关量逻辑控制可以用于单台设备，也可以用于自动生产线，其应用领域已遍及各行各业，甚至深入到家庭。

（2）运动控制。PLC 使用专用的指令或运动控制模块，对直线运动或圆周运动的位置、速度和加速度进行控制，可实现单轴、双轴、3 轴和多轴位置控制，使运动控制与顺序控制功能有机地结合在一起。PLC 的运动控制功能广泛地用于各种机械，如金属切削机床、金属成形机械、装配机械、机器人、电梯等场合。

（3）闭环过程控制。过程控制是指对温度、压力、流量等连续变化的模拟量的闭环控制。PLC 通过模拟量 I/O 模块，实现模拟量（Analog）和数字量（Digital）之间的 A/D 转换与 D/A 转换，并对模拟量实行闭环 PID（比例-积分-微分）控制。现代的大中型 PLC 一般都有 PID 闭环控制功能，这一功能可以用 PID 子程序或专用的 PID 模块来实现。其 PID 闭环控制功能已经广泛地应用于塑料挤压成形机、加热炉、热处理炉、锅炉等设备，以及轻工、化工、机械、冶金、电力、建材等行业。

（4）数据处理。现代的 PLC 具有数学运算（包括四则运算、矩阵运算、函数运算、字逻辑运算、求反、循环、移位和浮点数运算等）、数据传送、转换、排序和查表、位操作等功能，可以完成数据的采集、分析和处理。这些数据可以与储存在存储器中的参考值比较，也可以用通信功能传送到别的智能装置，或者将它们打印制表。

（5）通信联网。PLC 的通信包括主机与远程 I/O 之间的通信、多台 PLC 之间的通信、PLC 与其他智能控制设备（如计算机、变频器、数控装置）之间的通信。PLC 与其他智能控制设备一起，可以组成"集中管理、分散控制"的分布式控制系统。

必须指出，并不是所有的 PLC 都有上述全部功能，有些小型 PLC 只有上述的部分功能，用户可根据具体使用情况进行选型，降低使用成本。

五、可编程控制器的发展趋势

随着相关技术特别是超大规模集成电路技术的迅速发展及其在 PLC 中的广泛应用，PLC 中采用更高性能的微处理器作为 CPU，功能进一步增强，逐步缩小了与工业控制计算机之间的差距。同时 I/O 模块更丰富，网络功能进一步增强，以满足工业控制的实际需要。编程语言除了梯形图外，还可采用指令表、顺序功能图（Sequential Function Charter，SFC）及高级语言（如 BASIC 和 C 语言）等。

现代 PLC 的发展有两个主要趋势：其一是向体积更小、速度更快、功能更强和价格更低的微小型方面发展；其二是向大型网络化、高可靠性、良好的兼容性和多功能方面发展，趋向于当前工业控制计算机（工控机）的性能。主要有以下几个方面：

（1）高功能、高速度、大容量、加大模拟量的发展方向，形成与 DCS 相抗争的大系统。

（2）网络化和通信强化和通信能力是 PLC 重要发展方向，网络以太化已经很成功，并注意到了现场总线的发展，对特定标准的现场总线的支持则是必然的趋势。向下可将多个 PLC、I/O 框架相连，向上与工控机、工业以太网、MAP 网等相连，构成整个工厂的自动化控制系统，真正实现管控一体化。随着步进电机控制、位置控制、伺服控制等模块的出现，PLC 的应用领域更加广泛。

（3）PLC 和其他工控机联合应用趋势。PLC 和其他控制系统之间界限越来越模糊，在应用方面也出现了类似的情况。最流行的 PC 技术融合，PLC 日益加速渗入到 DCS 中，PLC 走进 CNC 的领地。PLC 自身控制也分散化。在实时性要求不太高的场合，出现了软 PLC（用软件实现 PLC 功能）应用。小型 PLC 的发展潜力还很大，机电一体化比例逐步增加。

（4）EIC 一体化控制系统的应用趋势。实现电气传动控制、仪表控制和计算机控制一体化，这是钢铁工业自动化使用较多而又急需的控制系统。这也是 PLC 最重要的发展趋势。

（5）PLC、PC、现场智能设备用于控制系统的趋势。今后一个时期，PLC 单独应用的比例将大幅下降；而 PLC、PC、DCS 及现场智能设备相互渗透融合的网络控制系统成为应用的趋势。

长期以来，PLC 始终处于工业自动化控制领域的主战场，为各种各样的自动化控制设备提供了非常可靠的控制应用。其主要原因，在于它能够为自动化控制应用提供安全可靠和比较完善的解决方案，适合于当前工业企业对自动化的需要。另一方面，PLC 还必须依靠其他新技术来面对市场的需求。PLC 需要解决的问题依然是新技术的采用、系统开放性。

情境 2　可编程控制器的结构、工作原理和编程语言

职业能力：掌握可编程控制器的结构、编程语言、工作原理、性能指标。

一、可编程控制器的结构

（一）PLC 的硬件组成

PLC 的硬件主要由中央处理器（CPU）、存储器、输入单元、输出单元、通信接口、扩展接口、电源等部分组成。其中，CPU 是 PLC 的核心，输入单元与输出单元是连接现场输入/输出设备与 CPU 之间的接口电路，通信接口用于与编程器、上位计算机等外设连接。图 4-1 是可编程控制器的硬件结构示意图。

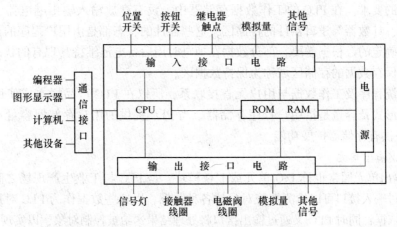

图 4-1　可编程控制器的硬件结构示意图

1. 中央处理单元（CPU）

同一般的微机一样，CPU 是 PLC 的核心。PLC 中所配置的 CPU 随机型不同而不同，常用有三类：通用微处理器（如 Z80、8086、80286 等）、单片微处理器（如 8031、8096 等）和位片式微处理器（如 AMD29W 等）。小型 PLC 大多采用 8 位通用微处理器和单片微处理器；中型 PLC 大多采用 16 位通用微处理器或单片微处理器；大型 PLC 大多采用高速位片式微处理器。

目前，小型 PLC 为单 CPU 系统，而中、大型 PLC 则大多为双 CPU 系统，甚至有些 PLC 中多达 8 个 CPU。对于双 CPU 系统，一般一个为字处理器，一般采用 8 位或 16 位处理器；另一个为位处理器，采用由各厂家设计制造的专用芯片。字处理器为主处理器，用于执行编程器接口功能，监视内部定时器，监视扫描时间，处理字节指令以及对系统总线和位处理器进行控制等。位处理器为从处理器，主要用于处理位操作指令和实现 PLC 编程语言向机器语言的转换。位处理器的采用，提高了 PLC 的速度，使 PLC 更好地满足实时控制要求。

2. 存储器

存储器主要有两种：一种是可读/写操作的随机存储器 RAM；另一种是只读存储器 ROM、PROM、EPROM 和 EEPROM。在 PLC 中，存储器主要用于存放系统程序、用户程序及工作数据。

系统程序是由 PLC 的制造厂家编写的，和 PLC 的硬件组成有关，完成系统诊断、命令解释、功能子程序调用管理、逻辑运算、通信及各种参数设定等功能，提供 PLC 运行的平台。系统程序关系到 PLC 的性能，而且在 PLC 使用过程中不会变动，所以是由制造厂家直接固化在只读存储器 ROM、PROM 或 EPROM 中，用户不能访问和修改。

用户程序是随 PLC 的控制对象而定的，由用户根据对象生产工艺的控制要求而编制的应用程序。为了便于读出、检查和修改，用户程序一般存于 CMOS 静态 RAM 中，用锂电池作为后备电源，以保证掉电时不会丢失信息。为了防止干扰对 RAM 中程序的破坏，当用户程序经过运行正常，不需要改变，可将其固化在只读存储器 EPROM 中。现在有许多 PLC 直接采用 EEPROM 作为用户存储器。

工作数据是 PLC 运行过程中经常变化、经常存取的一些数据。存放在 RAM 中，以适应随机存取的要求。在 PLC 的工作数据存储器中，设有存放输入输出继电器、辅助继电器、定时器、计数器等逻辑器件的存储区，这些器件的状态都是由用户程序的初始设置和运行情况而确定的。根据需要，部分数据在掉电时用后备电池维持其现有的状态，这部分在掉电时可保存数据的存储区域称为保持数据区。

由于系统程序及工作数据与用户无直接联系，所以在 PLC 产品样本或使用手册中所列存储器的形式及容量是指用户程序存储器。当 PLC 提供的用户存储器容量不够用，许多 PLC 还提供有存储器扩展功能。

3. 输入/输出单元

输入/输出单元通常也称 I/O 单元或 I/O 模块，是 PLC 与工业生产现场之间的连接部件。PLC 通过输入接口可以检测被控对象的各种数据，以这些数据作为 PLC 对被控制对象进行控制的依据；同时 PLC 又通过输出接口将处理结果送给被控制对象，以实现控制目的。

由于外部输入设备和输出设备所需的信号电平是多种多样的，而 PLC 内部 CPU 的处理的信息只能是标准电平，所以 I/O 接口要实现这种转换。I/O 接口一般都具有光电隔离和滤波功能，以提高 PLC 的抗干扰能力。另外，I/O 接口上通常还有状态指示，工作状况直观，便于维护。

　　PLC 提供了多种操作电平和驱动能力的 I/O 接口，有各种各样功能的 I/O 接口供用户选用。I/O 接口的主要类型有：数字量（开关量）输入、数字量（开关量）输出、模拟量输入、模拟量输出等。

　　常用的开关量输入接口按其使用的电源不同有三种类型：直流输入接口、交流输入接口和交/直流输入接口，其基本原理电路如图 4-2 所示。

　　常用的开关量输出接口按输出开关器件不同有三种类型：继电器输出、晶体管输出和双向晶闸管输出，其基本原理电路如图 4-3 所示。继电器输出接口可驱动交流或直流负载，但其响应时间长，动作频率低；而晶体管输出和双向晶闸管输出接口的响应速度快，动作频率高，但前者只能用于驱动直流负载，后者只能用于交流负载。

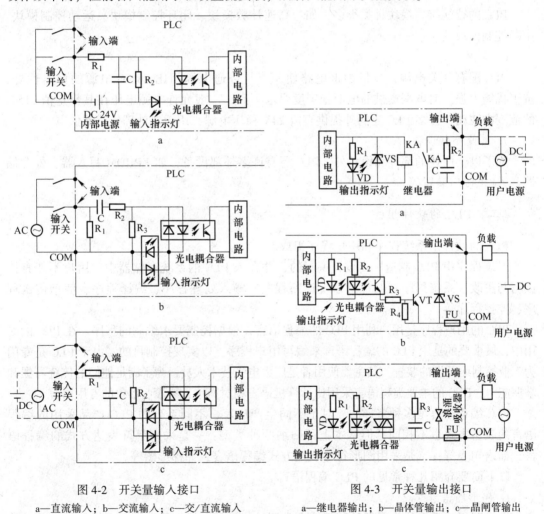

图 4-2　开关量输入接口　　　　　　　图 4-3　开关量输出接口

a—直流输入；b—交流输入；c—交/直流输入　　a—继电器输出；b—晶体管输出；c—晶闸管输出

　　PLC 的 I/O 接口所能接受的输入信号个数和输出信号个数称为 PLC 输入/输出（I/O）点数。I/O 点数是选择 PLC 的重要依据之一。当系统的 I/O 点数不够时，可通过 PLC 的

I/O 扩展接口对系统进行扩展。

4. 通信接口

PLC 配有各种通信接口，这些通信接口一般都带有通信处理器。PLC 通过这些通信接口可与监视器、打印机、其他 PLC、计算机等设备实现通信。PLC 与打印机连接，可将过程信息、系统参数等输出打印；与监视器连接，可将控制过程图像显示出来；与其他 PLC 连接，可组成多机系统或连成网络，实现更大规模控制；与计算机连接，可组成多级分布式控制系统，实现控制与管理相结合。

远程 I/O 系统也必须配备相应的通信接口模块。

5. 智能接口模块

智能接口模块是一独立的计算机系统，它有自己的 CPU、系统程序、存储器以及与 PLC 系统总线相连的接口。它作为 PLC 系统的一个模块，通过总线与 PLC 相连，进行数据交换，并在 PLC 的协调管理下独立地进行工作。

PLC 的智能接口模块种类很多，如：高速计数模块、闭环控制模块、运动控制模块、中断控制模块等。

6. 电源

PLC 配有开关电源，以供内部电路使用。与普通电源相比，PLC 电源的稳定性好、抗干扰能力强。对电网提供的电源稳定度要求不高，一般允许电源电压在其额定值±15%的范围内波动。许多 PLC 还向外提供直流 24V 稳压电源，用于对外部传感器供电。

7. 其他外部设备

除了以上所述的部件和设备外，PLC 还有许多外部设备，如 EPROM 写入器、外存储器、人/机接口装置等。

(二) PLC 的软件组成

PLC 的软件由系统程序和用户程序组成。

系统程序由 PLC 制造厂商设计编写的，并存入 PLC 的系统存储器中，用户不能直接读写与更改。系统程序一般包括系统诊断程序、输入处理程序、编译程序、信息传送程序、监控程序等。

PLC 的用户程序是用户利用 PLC 的编程语言，根据控制要求编制的程序。在 PLC 的应用中，最重要的是用 PLC 的编程语言来编写用户程序，以实现控制目的。由于 PLC 是专门为工业控制而开发的装置，其主要使用者是广大电气技术人员，为了满足他们的传统习惯和掌握能力，PLC 的主要编程语言采用比计算机语言相对简单、易懂、形象的专用语言。

PLC 编程语言是多种多样的，对于不同生产厂家、不同系列的 PLC 产品采用的编程语言的表达方式也不相同，但基本上可归纳两种类型：一是采用字符表达方式的编程语言，如语句表等；二是采用图形符号表达方式编程语言，如梯形图等。

以下简要介绍几种常见的 PLC 编程语言。

1. 梯形图语言

梯形图语言是在传统电器控制系统中常用的接触器、继电器等图形表达符号的基础上演变而来的。它与电气控制线路图相似，继承了传统电器控制逻辑中使用的框架结构、逻辑运算方式和输入输出形式，具有形象、直观、实用的特点。因此，这种编程语言为广大电气技术人员所熟知，是应用最广泛的 PLC 的编程语言，是 PLC 的第一编程语言。

如图 4-4 所示是传统的电气控制线路图和 PLC 梯形图。

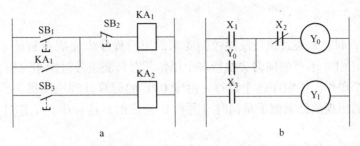

图 4-4　电气控制线路图与梯形图

从图中可看出，两种图基本表示思想是一致的，具体表达方式有一定区别。PLC 的梯形图使用的是内部继电器，定时/计数器等，都是由软件来实现的，使用方便，修改灵活，是原电气控制线路硬接线无法比拟的。

2. 语句表语言

这种编程语言是一种与汇编语言类似的助记符编程表达方式。在 PLC 应用中，经常采用简易编程器，而这种编程器中没有 CRT 屏幕显示，或没有较大的液晶屏幕显示。因此，就用一系列 PLC 操作命令组成的语句表将梯形图描述出来，再通过简易编程器输入到 PLC 中。虽然各个 PLC 生产厂家的语句表形式不尽相同，但基本功能相差无几。图 4-5 是与图 4-4 中梯形图对应的（FX 系列 PLC）语句表程序。

步序号	指令	数据
0	LD	X1
1	OR	Y0
2	ANI	X2
3	OUT	Y0
4	LD	X3
5	OUT	Y1

图 4-5　语句表

可以看出，语句是语句表程序的基本单元，每个语句和微机一样也由地址（步序号）、操作码（指令）和操作数（数据）三部分组成。

3. 功能表图语言

功能表图语言（SFC 语言）是一种较新的编程方法，又称状态转移图语言。它将一个完整的控制过程分为若干阶段，各阶段具有不同的动作，阶段间有一定的转换条件，转换条件满足就实现阶段转移，上一阶段动作结束，下一阶段动作开始。是用功能表图的方式来表达一个控制过程，对于顺序控制系统特别适用。

4. 高级语言

随着 PLC 技术的发展，为了增强 PLC 的运算、数据处理及通信等功能，以上编程语言无法很好地满足要求。近年来推出的 PLC，尤其是大型 PLC，都可用高级语言，如 BASIC 语言、C 语言、PASCAL 语言等进行编程。采用高级语言后，用户可以像使用普通微型计算机一样操作 PLC，使 PLC 的各种功能得到更好的发挥。

二、可编程控制器的工作原理

(一) 扫描工作原理

当 PLC 运行时，是通过执行反映控制要求的用户程序来完成控制任务的，需要执行众多的操作，但 CPU 不可能同时去执行多个操作，它只能按分时操作（串行工作）方式，每一次执行一个操作，按顺序逐个执行。由于 CPU 的运算处理速度很快，所以从宏观上来看，PLC 外部出现的结果似乎是同时（并行）完成的。这种串行工作过程称为 PLC 的扫描工作方式。

用扫描工作方式执行用户程序时，扫描是从第一条程序开始，在无中断或跳转控制的情况下，按程序存储顺序的先后，逐条执行用户程序，直到程序结束。然后再从头开始扫描执行，周而复始重复运行。

PLC 的扫描工作方式与电器控制的工作原理明显不同。电器控制装置采用硬逻辑的并行工作方式，如果某个继电器的线圈通电或断电，那么该继电器的所有常开和常闭触点不论处在控制线路的哪个位置上，都会立即同时动作；而 PLC 采用扫描工作方式（串行工作方式），如果某个软继电器的线圈被接通或断开，其所有的触点不会立即动作，必须等扫描到该软继电器对应的触点时才会动作。但由于 PLC 的扫描速度快，通常 PLC 与电器控制装置在 I/O 的处理结果上并没有什么差别。

(二) PLC 扫描工作过程

PLC 的扫描工作过程除了执行用户程序外，在每次扫描工作过程中还要完成内部处理、通信服务工作。整个扫描工作过程包括内部处理、通信服务、输入采样、程序执行、输出刷新五个阶段。整个过程扫描执行一遍所需的时间称为扫描周期。扫描周期与 CPU 运行速度、PLC 硬件配置及用户程序长短有关，典型值为 $1\sim100\text{ms}$。

在内部处理阶段，进行 PLC 自检，检查内部硬件是否正常，对监视定时器（WDT）复位以及完成其他一些内部处理工作。

在通信服务阶段，PLC 与其他智能装置实现通信，响应编程器键入的命令，更新编程器的显示内容等。

当 PLC 处于停止（STOP）状态时，只完成内部处理和通信服务工作。当 PLC 处于运行（RUN）状态时，除完成内部处理和通信服务工作外，还要完成输入采样、程序执行、输出刷新工作。

PLC 的扫描工作方式简单直观，便于程序的设计，并为可靠运行提供了保障。当 PLC 扫描到的指令被执行后，其结果马上就被后面将要扫描到的指令所利用，而且还可通过 CPU 内部设置的监视定时器来监视每次扫描是否超过规定时间，避免由于 CPU 内部故障使程序执行进入死循环。

(三) PLC 执行程序的过程及特点

PLC 执行程序的过程分为三个阶段，即输入采样阶段、程序执行阶段、输出刷新阶段，如图 4-6 所示。

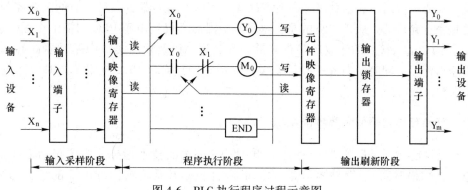

图 4-6　PLC 执行程序过程示意图

1. 输入采样阶段

在输入采样阶段，PLC 以扫描工作方式按顺序对所有输入端的输入状态进行采样，并存入输入映象寄存器中，此时输入映象寄存器被刷新。接着进入程序处理阶段，在程序执行阶段或其他阶段，即使输入状态发生变化，输入映象寄存器的内容也不会改变，输入状态的变化只有在下一个扫描周期的输入处理阶段才能被采样到。

2. 程序执行阶段

在程序执行阶段，PLC 对程序按顺序进行扫描执行。若程序用梯形图来表示，则总是按先上后下，先左后右的顺序进行。当遇到程序跳转指令时，则根据跳转条件是否满足来决定程序是否跳转。当指令中涉及到输入、输出状态时，PLC 从输入映像寄存器和元件映象寄存器中读出，根据用户程序进行运算，运算的结果再存入元件映象寄存器中。对于元件映象寄存器来说，其内容会随程序执行的过程而变化。

3. 输出刷新阶段

当所有程序执行完毕后，进入输出处理阶段。在这一阶段里，PLC 将输出映象寄存器中与输出有关的状态（输出继电器状态）转存到输出锁存器中，并通过一定方式输出，驱动外部负载。

因此，PLC 在一个扫描周期内，对输入状态的采样只在输入采样阶段进行。当 PLC 进入程序执行阶段后输入端将被封锁，直到下一个扫描周期的输入采样阶段才对输入状态进行重新采样。这种方式称为集中采样，即在一个扫描周期内，集中一段时间对输入状态进行采样。

在用户程序中如果对输出结果多次赋值，则最后一次有效。在一个扫描周期内，只在输出刷新阶段才将输出状态从输出映象寄存器中输出，对输出接口进行刷新。在其他阶段里输出状态一直保存在输出映象寄存器中。这种方式称为集中输出。

对于小型 PLC，其 I/O 点数较少，用户程序较短，一般采用集中采样、集中输出的工作方式，虽然在一定程度上降低了系统的响应速度，但使 PLC 工作时大多数时间与外部输入/输出设备隔离，从根本上提高了系统的抗干扰能力，增强了系统的可靠性。

而对于大中型 PLC，其 I/O 点数较多，控制功能强，用户程序较长，为提高系统响应速度，可以采用定期采样、定期输出方式，或中断输入、输出方式以及采用智能 I/O 接口等多种方式。

从上述分析可知，当 PLC 的输入端输入信号发生变化到 PLC 输出端对该输入变化作出反应，需要一段时间，这种现象称为 PLC 输入/输出响应滞后。对一般的工业控制，这种滞后是完全允许的。应该注意的是，这种响应滞后不仅是由于 PLC 扫描工作方式造成，更主要是 PLC 输入接口的滤波环节带来的输入延迟，以及输出接口中驱动器件的动作时间带来输出延迟，同时还与程序设计有关。滞后时间是设计 PLC 应用系统时应注意把握的一个参数。

三、可编程控制器的主要性能指标

PLC 的性能指标是反映 PLC 性能高低的一些相关的技术指标，主要包括 I/O 点数、处理速度（扫描时间）、存储器容量、定时器/计数器及其他辅助继电器的种类和数量、各种运算处理能力等。

（1）I/O 点数

PLC 的规模一般以 I/O 点数（输入/输出点数）表示，即输入/输出继电器的数量。这也是在实际应用中最关心的一个技术指标。按输入/输出的点数一般分为小型、中型和大型 3 种。通常一体式的主机都带有一定数量的输入和输出继电器，如果不能满足需求，还可以用相应的扩展模块进行扩展，增加 I/O 点数。

（2）处理速度

PLC 的处理速度一般用基本指令的执行时间来衡量，一般取决于所采用的 CPU 的性能。早期的 PLC 一般为 1μs 左右，现在的速度则快得多，如西门子的 S7-200 系列 PLC 的执行速度为 0.8μs，欧姆龙的 CPM2A 系列 PLC 达到 0.64μs，1000 步基本指令的运算只需要 640μs，大型 PLC 的工作速度则更高。因此，PLC 的处理速度可以满足绝大多数的工业控制要求。

（3）存储器容量

在 PLC 应用系统中，存储器容量是指保存用户程序的存储器大小，一般以"步"为单位。1 步为 1 条基本指令占用的存储空间，即两个字节。小型 PLC 一般只有几开步到几十开步，大型 PLC 则能达到几百开步。西门子 S7-200 系列 PLC 的存储容量为 2~8K，选配相应的存储卡则可以扩展到几十开。

（4）定时/计数器的点数和精度

定时器、计数器的点数和精度从一个方面反映了 PLC 的性能。早期定时器的单位时钟一般为 100ms，最大时限（最大定时时间）大多为 3276s。为了满足高精度的控制要求，时钟精度不断提高，如三菱 FX2N 系列 PLC 和西门子 S7-200 系列 PLC 的定时器有 1ms、10ms 和 100ms 三种，而松下 FP 系列 PLC 的定时器则有 1ms、10ms、100ms 和 1s4 种，可以满足各种不同精度的定时控制要求。

（5）处理数据的范围

PLC 处理的数值为 16 位二进制数，对应的十进制数范围是 0~9999 或 −32768~32767。但在高精度的控制要求中，处理的数值为 32 位，范围是 −2147483648~2147483647。在过程控制等应用中，为了实现高精度运算，必须采用浮点运算。现在新型的 PLC 都支持浮点数的处理，可以满足更高的控制要求。

（6）指令种类及条数

指令系统是衡量 PLC 软件功能高低的主要指标。PLC 的指令系统一般分为基本指令和高级指令（也叫功能指令或应用指令）两大类。基本指令都大同小异，相对比较稳定。高级指令则随 PLC 的发展而越来越多，功能也越强。PLC 具有的指令种类及条数越多，则其软件功能越强，编程就越灵活，越方便。

 习　题

1. PLC 的硬件由哪几部分组成？各有什么作用？PLC 主要有哪些外部设备？各有什么作用？
2. PLC 的软件由哪几部分组成？各有什么作用？
3. PLC 是如何分类的？按结构型式不同，PLC 可分为哪几类？各有什么特点？
4. PLC 有什么特点？为什么 PLC 具有高可靠性？
5. PLC 主要性能指标有哪些？各指标的意义是什么？
6. PLC 控制与继电接触器控制比较，有何不同？

项目五　三菱 FX2N 系列可编程控制器

本章主要学习情境内容如下表所示。

学习情境	工作任务	职业能力	子情境	学习方式	学习地点	学时数
编程元件	认识编程元件	了解元件的表示方法、元件号范围、各继电器工作情况及动作原理；掌握各元件分类方式、梯形图表达方式；能够根据控制要求准确选择相关元件进行程序的编辑和写入，完成控制过程	输入输出继电器 XY	原理讲授配合多媒体动画	多媒体教室	4
			辅助继电器 M			
			定时器 T 和计数器			
			计数器 C			
			状态元件 S			
编程指令	认识指令	掌握指令（常开常闭）的使用方法、梯形图表达形式及可用元件；要求具备梯形图及指令语句相互间的准确转换能力	基本指令	原理讲授配合多媒体动画	多媒体教室	16
			步进顺控指令			
			功能指令			
	基本指令编程应用	掌握可编程控制技术基本环节的编程及应用、能够根据给定梯形图明确控制要求、能够实现控制要求，实现梯形图绘制及基本指令转换	单相起保停控制	讲授、练习实验室	多媒体教室实验室	4
			可逆运转控制			
			定时器的延时功能扩展环节			
			定时器构成的振荡电路			
		把学习到的实际例子进行拓展训练，自行设计程序，满足控制要求。具备创新及实践能力，培养工程意识	料斗上料生产线的控制	教、学、做	实验室	6
			抢答器设计			
			十字路口交通灯自动控制			
			运料小车的往返运行控制			
	状态编程法	完成单流程状态编程、选择性状态编程及并行性状态编程的实例学习	单流程控制程序实现十字路口交通灯自动控制	参观实物，多媒体动画讲解，学生讨论，上机试验	多媒体教室	16
			用步进指令实现大、小球分类选择传送装置的控制			
			并行性流程实现十字路口交通信号灯的控制			

续表

学习情境	工作任务	职业能力	子情境	学习方式	学习地点	学时数
编程指令	功能指令编程应用	掌握各类功能指令的使用方法及要素，了解其编程规则通过实验环节，具备对设计的完善能力，具备校验程序和实践创新能力，具备检修排故处理能力	可变闪光信号灯	参观实物，多媒体动画讲解，学生讨论，上机试验	多媒体教室	14
			电动机的丫/△启动控制			
			四则运算			
			使用乘除运算实现灯移位点亮控制			
			流水灯光控制			
			步进电机控制			

情境 1　FX2N 系列可编程控制器的主要编程元件

职业能力：掌握可编程控制器的主要编程元件 X、Y、M、T、C、S 的功能和使用。

编程元件（软元件）是电子电路及存储器。在 PLC 的硬件系统中，与 PLC 的编程应用关系最直接的要算是数据存储器。计算机运行处理的是数据，数据存储在存储区中，找到待处理的数据一定要知道数据的存储地址。为了方便使用，数据存储器都作了分区，为每个存储单元编排了地址，并且经机内系统程序为每个存储单元赋予了不同的功能，形成了专用的存储元件，这就是编程"软"元件。为了理解的方便，PLC 的编程元件用"继电器"命名，认为它们像继电器一样具有线圈及触点，且线圈得电，触点动作。当然这些线圈和触点只是假想的，所谓线圈得电不过是存储单元置 1，线圈失电不过是存储单元置 0。这种"软"继电器也有个突出的好处，可以认为它们具有无数多对动合、动断触点，因为每取用一次它的触点，不过是读一次它的存储数据而已。

FX2N 系列 PLC 具有十多种编程元件，其编号分为两个部分：第一部分是代表功能的字母，如输入继电器用 X；第二部分是数字，为该器件的序号。FX2N 系列中输入继电器及输出继电器的序号为八进制，其余器件的序号为十进制。

子情境 1　输入输出继电器

输入与输出继电器的地址号是指基本单元的固有地址号和扩展单元分配的地址号，FX2N 系列输入与输出继电器总点数不能超过 256 点，其分配如表 5-1 所示。

表 5-1　输入输出继电器地址分配表

型号	FX2N-16M	FX2N-32M	FX2N-48M	FX2N-64M	FX2N-80M	FX2N-128M	扩展时
输入	$X_0 \sim X_7$ 8 点	$X_0 \sim X_{17}$ 16 点	$X_0 \sim X_{27}$ 24 点	$X_0 \sim X_{37}$ 32 点	$X_0 \sim X_{47}$ 40 点	$X_0 \sim X_{77}$ 64 点	$X_0 \sim X_{267}$ 184 点
输出	$Y_0 \sim Y_7$ 8 点	$Y_0 \sim Y_{17}$ 16 点	$Y_0 \sim Y_{27}$ 24 点	$Y_0 \sim Y_{37}$ 32 点	$Y_0 \sim Y_{47}$ 40 点	$Y_0 \sim Y_{77}$ 64 点	$Y_0 \sim Y_{267}$ 184 点

一、输入继电器 X000-X267（共 184 点）

输入继电器与输入端相连，是专门用来接收 PLC 外部开关信号的端口元件。PLC 通过输入接口将外部输入信号状态（接通时为"1"，断开时为"0"）读入并存储在输入映象寄存器中。如图 5-1 所示为输入输出继电器的等效电路。输入继电器必须由外部信号驱动，不能用程序驱动，所以在程序中不可能出现其线圈。由于输入继电器（X）为输入映象寄存器中的状态，所以其触点的使用次数不限。

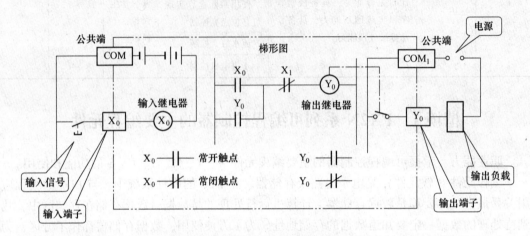

图 5-1　输入输出继电器的等效电路图

二、输出继电器 Y000-Y267（共 184 点）

输出继电器是用来将 PLC 内部信号输出传送给外部负载（用户输出设备）的端口。输出继电器线圈是由 PLC 内部程序的指令驱动，其线圈状态传送给输出单元，再由输出单元对应的硬触点来驱动外部负载。同样，PLC 中的输出继电器，不管是常开还是常闭触点，都可以无数次使用。

子情境 2　辅助继电器

辅助继电器由内部软元件的触点驱动，常开和常闭触点使用次数不限，但不能直接驱动外部负载，可分为通用辅助继电器、掉电保持辅助继电器及特殊辅助继电器三大类，其地址号采用十进制编号。

一、通用辅助继电器 M0-M499（500 点）

通用辅助继电器的作用与继电器电路中的中间继电器类似，可作为中间状态存储及信号变换。辅助继电器线圈只能被可编程控制器内的各种软组件的触点驱动。辅助继电器的常开与常闭触点，在程序中可以无限次的使用，但是不能直接驱动外部负载，外部负载应通过输出继电器进行驱动。通用辅助继电器在 PLC 运行时，如果电源突然断电，则全部线圈均 OFF。当电源再次接通时，除了因外部输入信号而变为 ON 的以外，其余的仍将保持 OFF 状态，它们没有断电保持功能。通用辅助继电器常在逻辑运算中作为辅助运算、状态暂存、移位等。

二、掉电保持辅助继电器 M0-M499（500 点）及 M1024-M3071（2048 点）

掉电保持是指在 PLC 外部电源停电后，由机内电池为部分存储单元供电，可以记忆它们在掉电前的状态。其中 M0～M499 为后备锂电池保持区，通过参数设置，可改为通用辅助继电器，不具有掉电保持功能，M1024～M3071 为出厂时设定的后备锂电池固定保持区，不可更改。

图 5-2 是掉电保持继电器应用于滑块左右往复运动机构的例子。图中掉电保持继电器 M600 及 M601 的状态决定电动机的转向，在机构掉电后又来电时，电动机仍按掉电前的转向运行。其分析如下：

滑块碰撞左限位开关 LS_1 时，X000 = ON→M600 = ON→电动反转驱动滑块右行→停电→平台中途停止→来电再启动，因 M600 = ON 保持→电机继续驱动滑块右行，直到滑块碰撞右限位开关 LS2 时，X001 = ON（右限位开关）→M600 = OFF、M601 = ON→电机反转驱动滑块左行。

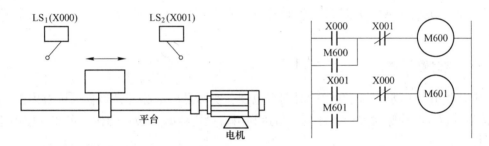

图 5-2　掉电保持辅助继电器的应用

三、特殊辅助继电器 M8000-M8255（256 点）

特殊辅助继电器具有特定的功能，可分成触点型和线圈型两大类。

（一）触点型

其线圈由 PLC 自动驱动，用户只可使用其触点。例如，M8000：运行监视器（在 PLC 运行中接通），M8001 与 M8000 相反逻辑。M8002：初始脉冲（仅在运行开始时瞬间接通），M8003 与 M8002 相反逻辑。M8011、M8012、M8013 和 M8014 分别是产生 10ms、100ms、1s 和 1min 时钟脉冲的特殊辅助继电器。

M8000、M8002、M8012 的时序如图 5-3 所示。

（二）线圈型

由用户程序驱动线圈后 PLC 执行特定的动作。例如，M8033：若使其线圈得电，则 PLC 停止时保持输出映象存储器和数据寄存器内容。M8034：若使其线圈得电，则将 PLC 的输出全部禁止。M8039：若使其线圈得电，则 PLC 按 D8039 中指定的扫描时间工作。

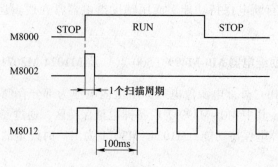

图 5-3　M8000、M8002、M8012 时序图

子情境 3　定时器与计数器

PLC 中定时器和计数器工作原理类似，而在单片机中定时器和计数器，它们就是同一个东西，称为"定时器/计数器"。它可以通过软件设置，工作在"定时"或者"计数"方式。工作在"定时"方式时，将对系统的机器周期进行计数，数字就代表时间；工作在"计数"方式时，将对外来的脉冲的下降沿计数，数字就代表脉冲的个数。

一、定时器 (T)

定时器相当于继电器电路中的时间继电器，实际是内部脉冲计数器，可对内部 1ms、10ms 和 100ms 时钟脉冲进行加计数，当达到用户设定值时，触点动作，可在程序中用于延时控制。

定时器除了占有自己编号的存储器外，还占的一个设定值寄存器和一个当前值寄存器。可以用用户程序存储器内的常数 K 或 H 作为定时常数，也可以用数据寄存器 D 的内容作为设定值。定时器满足计时条件时开始计时，当前值寄存器则开始计数，当它的当前值与设定值寄存器存放的设定值相等时定时器动作，其常开触点接通，常闭触点断开，并通过程序作用于控制对象，达到时间控制的目的。

FX2N 系列可编程控制器中的定时器有通用定时器和积算定时器两大类型：

(1) 普通（即断电清0）定时器 (T0~T245)。普通定时器的特点是不具备断电的保持功能，即当输入电路断开或停电时定时器复位。普通定时器有 100ms 和 10ms 通用定时器两种。其中 100ms 定时器 T0~T199 共 200 点，设定范围 0.1~3276.7s；另外 10ms 定时器 T200~T245 共 46 点，设定范围 0.01~327.67s。

(2) 积算型（即具有断电保持）定时器 (T246~T255)。积算定时器具有计数累积的功能。在定时过程中如果断电或定时器线圈 OFF，积算定时器将保持当前的计数值（当前值），通电或定时器线圈 ON 后继续累积，即其当前值具有保持功能，只有将积算定时器复位，当前值才变为 0。其中 1ms 定时器 T246~T249 共 4 点，设定范围 0.001~32.767s；另外 100ms 定时器 T250~T255 共 6 点，设定范围为 0.1~3276.7s。

普通定时器与积算式定时器的使用如图 5-4 所示。

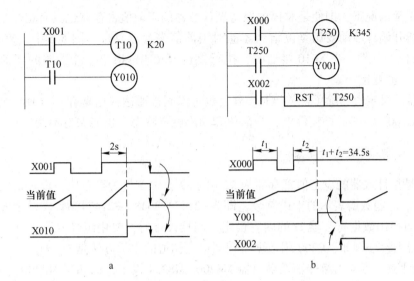

图 5-4　普通定时器与积算式定时器的使用

a—普通定时器；b—积算定时器

二、计数器（C）

计数器在程序中用作计数控制。FX2N 系列 PLC 中计数器可分为内部信号计数器和外部信号计数器两类。内部计数器是对机内组件（X、Y、M、S、T 和 C）的信号计数，由于机内组件信号的频率低于扫描频率，因而是低速计数器，也称普通计数器。对高于机器扫描频率的外部信号进行计数，需要用机内的高速计数器。

内部计数器有 16 位增计数器和 32 位增/减双向计数器两类。

（一）16 位增计数器

16 位增计数器分为通用的 C0~C99（100 点）和掉电保持 C100~C199 两类。16 位是指其设定值及当前值寄存器为二进制 16 位寄存器，其设定值在 K1~K32767 范围内有效，设定值 K0 与 K1 意义相同，均在第一次计数时，其触点动作。

图 5-5 所示为 16 位增计数器的工作过程。图中计数输入 X011 是计数器的计数条件，X011 每次驱动计数器 C0 的线圈时，计数器的当前值和设定值相等，触点动作，Y000 = ON。在 C0 的常开触点闭合后（置 1），即使 X011 再动作，计数器的当前状态保持不变。

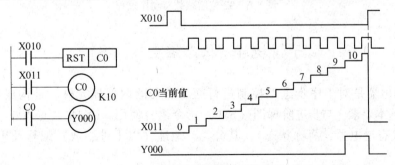

图 5-5　16 位增计数器的工作过程

电源正常情况下，即使是非掉电保持型计数器的当前值寄存器也具有记忆功能，因而计数器重新开始计数前要用复位指令才能对当前值寄存器复位。图 5-5 中，X010 就是计数器 C0 复位的条件，当 X010 接通时，执行复位（RST）指令，计数器的当前值复位为 0，输出触点也复位。

计数器的设定值，除了常数（K）外，也可以间接通达数据寄存器（D）设定。若使用计数器 C100~C199，即使停电，当前值和输出触点状态，也能保持不变。

（二）位增/减双向计数器

32 位是指计数器的设定值寄存器为 32 位，32 位中首位为符号位。设定值的最大绝对值是 31 位二进制数所表示的十进制数，即为 −2147483648~+214748647。设定值可直接用常数 K 或间接用数据寄存器 D 的内容设定。间接设定时，要用组件号紧连在一起的两个数据寄存器表示，例如，C200 用数据寄存器设定初值的表示方法是 $D_0(D_1)$。

增/减计数的方向由特殊辅助继电器 M8200~M8234 设定，例如当 M8200 接通（置 1）时，C200 为减计数器，M8200 断开（置 0）时，C200 为增计数器。

图 5-6 为 32 位加减计数器的动作过程。图中 X014 作为计数器输入驱动 C200 线圈进行加计数或减计数。X012 为计数方向选择。计数器设定值为 K−5。当计数器的当前值由 −6 增加为 −5 时，其触点置 1，由 −5 减少为 −6 时，其触点置 0。

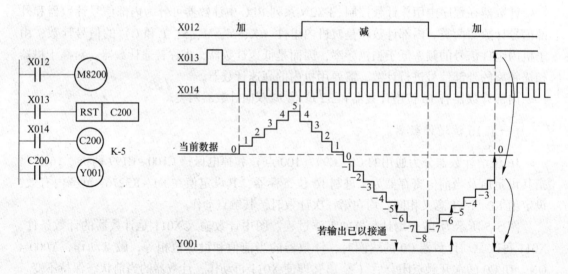

图 5-6　32 位增减数器动作过程

子情境 4　状态继电器（S）

状态继电器是对工序步进型控制进行简易编程的内部软元件，是构成状态转移图（SFC）的基本要素，与步进阶梯图（STL）指令组合使用。FX2N 共有 1000 个状态软元件（也称状态继电器，简称状态），其分类、地址（以十进制数）编号及用途如表 5-2 所示。

表 5-2　FX2N 系列的状态继电器

类　别	元件编号	点数	用　途　及　特　点
初始状态	S0～S9	10	用于状态转移图（SFC）的初始状态
返回原点	S10～S19	10	多运行模式控制当中，用作返回原点的状态
普通	S20～S499	480	用作状态转移图（SFC）的中间状态
掉电保持状态	S500～S899	400	具有停电保持功能，用于停电恢复后需继续执行停电前状态的场合
信号报警状态	S900～S999	100	用作报警元件使用

注：1. 状态的编号必须在指定范围内选择。

2. 各状态元件的触点，在 PLC 内部可自由使用，次数不限。

3. 在不用步进顺控指令时，状态元件可作为辅助继电器在程序中使用。

4. 通过参数设置，可改变一般状态元件和掉电保持状态元件的地址分配。

状态继电器（S）使用如图 5-7 所示，我们用机械手动作简单介绍状态器（S）的作用。当启动信号 X_0 有效时，机械手下降，到下降限位 X_1 开始夹紧工件，加紧到位信号 X_2 为 ON 时，机械手上升到上限 X_3 则停止。

整个过程可分为三步，每一步都用一个状态器 S_{20}、S_{21}、S_{22} 记录。每个状态器都有各自的置位和复位信号（如 S_{21} 由 X_1 置位，X_2 复位），并有各自要做的操作（驱动 Y_0、Y_1、Y_2）。从启动开始由上至下随着状态动作的转移，下一状态动作则上面状态自动返回原状。这样使每一步的工作互不干扰，不必考虑不同步之间元件的互锁，使设计清晰简洁。

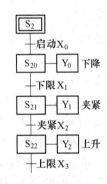

图 5-7　状态继电器使用

情境 2　FX2N 系列可编程控制器的基本指令

职业能力：掌握 PLC 的基本指令定义和功能，并且熟练运用基本指令编写程序，熟悉基本指令编写规则。

在可编程控制器控制系统中，实质为存储单元的编程元件是输入、主令信号、反馈信号及执行信号的载体。程序则是编程元件间相互关系的描述，编程的过程就是将控制系统工作条件及工作目的间的关系指令化的过程。若干个不同的指令可组成各种不同的电气元件和不同的连接方式，实现软件替代硬件的实际接线的跨越和突破。

FX2N 系列 PLC 有基本指令 27 条，步进梯形指令 2 条，功能指令 128 种。本节以 FX2N 为例，介绍其基本逻辑指令及其应用。

子情境 1　基本指令

一、取指令

（1）LD（Load 取指令）：单个常开触点与左母线连接的指令，每一个以常开触点开始的逻辑行都用此指令。

（2）LDI（Load Inverse 取反指令）：单个常闭触点与左母线连接指令，每一个以常闭触点开始的逻辑行都用此指令。

（3）LDP（取上升沿指令）：与左母线连接的常开触点的上升沿检测指令，仅在指定位元件的上升沿（由 OFF→ON）时接通一个扫描周期。

（4）LDF（取下降沿指令）：与左母线连接的常闭触点的下降沿检测指令。仅在指定位元件的上升沿（由 ON→OFF）时接通一个扫描周期。

注意：取指令的操作元件为 X，Y，M，S，T 和 C。由触点混联组成的电路块梯形图中，取指令（LD、LDI、LDP、LDF）也用来表示电路块的起始触点，即分支点。

二、输出指令

输出指令也称为 OUT 指令或驱动指令，是输出逻辑运算结果，也就是将逻辑运算结果驱动一个指定线圈。输出指令的操作元件为 Y，M，S，T 和 C。

使用说明：OUT 指令不能用于驱动输入继电器 X；OUT 指令可以连续使用，称为并行输出，且不受使用次数限制；定时器 T 和计数器 C 使用在 OUT 指令之后时，还需要一条常数设定值语句。取指令与输出指令的使用格式如图 5-8 所示。

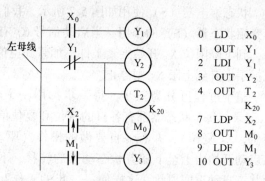

图 5-8　取指令与输出指令的使用

三、触点串联指令

当单个常开触点或者常闭触点与其他继电器的触点串联时，就应该使用触点串联指令。

（1）AND（And 与指令）：用于单个常开触点的串联，完成逻辑"与"运算。

（2）ANI（And Inverse 与反指令）：用于单个常闭触点的串联，完成逻辑"与非"运算。

（3）ANDP：上升沿检测串联连接指令。

（4）ANDF：下降沿检测串联连接指令。

触点串联指令的使用格式如图 5-9 所示。

使用说明：AND、ANI、ANDP、ANDF 都指是单个触点串联连接的指令，串联次数没有限制，可反复使用；操作元件为 X、Y、M、T、C 和 S；如果在 OUT 指令之后，再通过对其他线圈使用 OUT 指令，称为纵接输出。如图 5-9 中所示，T_1 的常开触点与 Y_4 的线圈串联后，与 M101 线圈并联，称为纵接输出。这种情况下，T_1 仍可以使用 AND 指令。

四、触点并联指令

当继电器的单个常开触点或者常闭触点与其他继电器的触点并联时，就应该使用触点

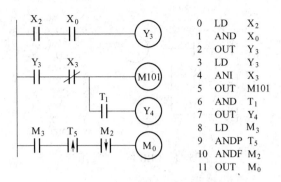

图 5-9　触点串联指令的使用

并联指令。

（1）OR（Or 或指令）：用于单个常开触点的并联，实现逻辑"或"运算。

（2）ORI（Or Inverse 或非指令）：用于单个常闭触点的并联，实现逻辑"或非"运算。

（3）ORP：上升沿检测并联连接指令。

（4）ORF：下降沿检测并联连接指令。

触点并联指令的使用格式如图 5-10 所示。

使用说明：OR、ORI、ORP、ORF 指令都是指单个触点的并联，触点并联指令连续使用的次数不限；OR、ORI、ORP、ORF 指令的操作元件为 X、Y、M、T、C、S。

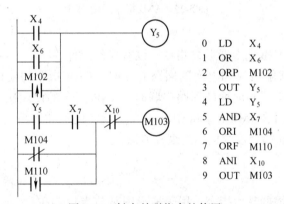

图 5-10　触点并联指令的使用

五、电路块操作指令

在逻辑关系较为复杂的梯形图中，常见触点的串并联混合连接，这时需要使用电路块操作指令。其包括 ORB（串联触点块的并联指令）和 ANB（并联触点块的串联指令）。

（1）ORB（Or Block 块或指令）

用于两个或两个以上的触点串联连接的支路之间的并联，无操作元件。ORB 指令的使用格式如图 5-11 所示。

（2）ANB（And Block 块与指令）

用于两个或两个以上触点并联连接的支路之间的串联，无操作元件。ANB 指令的使用格式说明如图 5-12 所示。

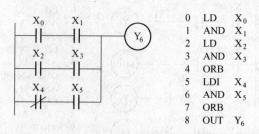

图 5-11　ORB 指令的使用

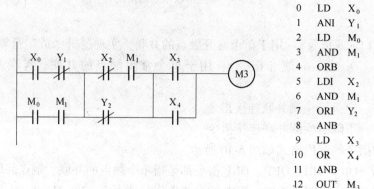

图 5-12　ANB 指令的使用

使用说明：

1）ORB 指令和 ANB 指令是独立指令，没有操作元件。

2）用于多个串联触点块和上面的回路并联时，ORB 指令的使用次数没有限制，同样，用于多个并联触点块和前面的回路串联时，ANB 指令的使用次数没有限制。但是连续采用这种方法编程时，ANB 指令和 ORB 指令连续使用不允许超过 8 次，所以，最好不采用 ANB 指令和 ORB 指令连续使用的编程方法。

六、栈操作指令

栈操作指令是新增的基本指令，用于梯形图某节点后存在多重输出分支的情况。

（1）MPS（Push 进栈指令）：将运算结果送入栈存储器的第一段，同时将先前送入的数据依次移到栈的下一段。

（2）MRD（Read 读栈指令）：将栈存储器的第一段数据的最新数据，栈内的数据不发生上、下移。

（3）MPP（Pop 出栈指令）：将栈存储器的第一段数据（最后进栈的数据）读出且该数据从栈中消失，同时将栈中其他数据依次上移。栈操作指令原理图解如图 5-13 所示。

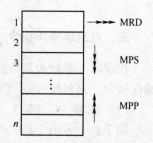

图 5-13　栈操作指令图解

栈操作指令的使用如图 5-14，图 5-15 所示，图 5-14 为一层栈，图 5-15 为二层栈，它用了两个栈单元。

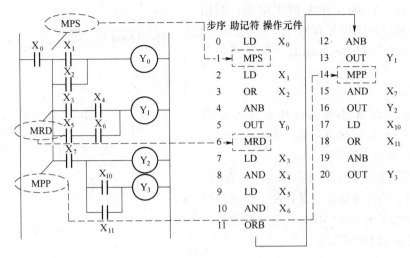

图 5-14　一层栈指令的使用

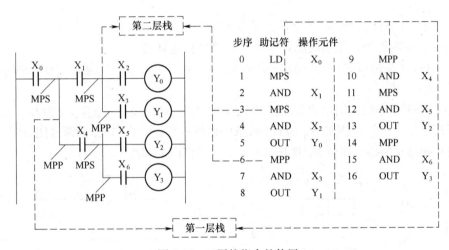

图 5-15　二层栈指令的使用

使用说明：栈指令（MPS、MRD、MPP）是独立指令，无操作元件；MPS 和 MPP 必须配对使用；由于栈存储单元只有 11 个，所以栈的层次最多 11 层。

七、主控指令

在编程时常会出现这样的情况，遇到多个线圈同时受一个或一组接点控制的情况。如果在每个线圈的控制电路中都串入同样的接点，则将多占用存储单元，应用主控指令可以解决这一问题。

（1）MC（Master Control 主控指令）：用于公共串联触点的连接。执行 MC 后，在 MC 触点的后面建立一个新的控制母线，形成主控区的开始。

（2）MCR（MasterControl Reset 主控复位指令）：它是 MC 指令的复位指令，即利用 MCR 指令结束主控区，恢复到原左母线的位置。

MC、MCR 指令的使用格式如图 5-16 所示，利用 MC N0 M100 实现左母线右移，建立一个新的控制母线和主控区，使 Y_0、Y_1 都在 X_0 的控制之下，其中 N_0 表示嵌套等级，在

无嵌套结构中 N_0 的使用次数无限制；利用 MCR N_0 结束控制区恢复到原左母线状态。如果 X_0 断开则会跳过 MC、MCR 之间的指令向下执行。

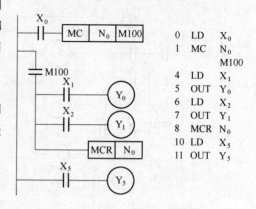

图 5-16　主控指令的使用

使用说明：

（1）MC、MCR 指令的操作元件为 Y 和 M，但不能用特殊辅助继电器。MC 占 3 个程序步，MCR 占 2 个程序步；

（2）使用主控指令的接点称为主控触点，是与母线相连的常开接点，是控制一组电路的总开关，如图 5-16 中的 M100。与主控触点相连的触点必须用 LD 或 LDI 指令。

八、置位与复位指令

（1）SET（置位指令）：使操作元件保持 ON 的指令，它的作用是驱动线圈置位"1"，维持接通状态。

（2）RST（复位指令）：使操作元件保持 OFF 的指令，使线圈复位"0"并保持清零状态。

SET、RST 指令的使用格式如图 5-17 所示。当 X_0 常开接通时，Y_0 变为 ON 状态并一直保持该状态，即使 X_0 断开 Y_0 的 ON 状态仍维持不变；只有当 X_1 的常开闭合时，Y_0 才变为 OFF 状态并保持，即使 X_1 常开断开，Y_0 也仍为 OFF 状态。

图 5-17　置位与复位指令的使用

使用说明：

（1）SET 指令的操作元件为 Y、M、S，RST 指令的操作元件为 Y、M、S、T、C、D、V、Z。另外，RST 指令常被用来对 D、Z、V 的内容清零，还可用来复位积算定时器和计数器。

（2）对于同一元件，SET、RST 可多次使用，顺序也可随意，但最后执行者有效。

九、微分指令

（1）PLS（Pulse 上升沿微分指令）：在输入信号上升沿产生一个扫描周期的脉冲输出。

（2）PLF（下降沿微分指令）：在输入信号下降沿产生一个扫描周期的脉冲输出。

微分指令的使用格式如图 5-18 所示，利用微分指令检测到信号的边沿，通过置位和复位命令控制 Y_0 的状态。

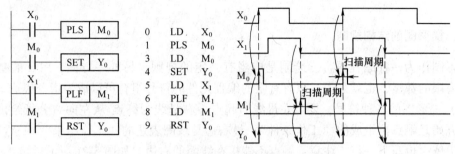

图 5-18　微分指令的使用

使用说明：

（1）PLS、PLF 指令的操作元件为 Y 和 M。

（2）使用 PLS 时，仅在驱动输入为 ON 后的一个扫描周期内目标元件 ON，如图 5-18 所示，M_0 仅在 X_0 的常开触点由 "0" 到 "1" 时的一个扫描周期内为 ON；使用 PLF 指令时只是利用输入信号的下降沿驱动，其他与 PLS 相同。

十、其他基本指令

（1）INV（Inverse 反指令）：执行该指令后将指令前的运算结果取反。取反指令的使用格式如图 5-19 所示，如果 X_0 断开，则 Y_0 为 ON，否则 Y_0 为 OFF。该指令可在 AND 或 ANI，ANDP 或 ANDF 指令的位置后编程，也可以在 ORB、ANB 指令回路中编程，但不能像 LD、LDI、LDP、LDF 那样单独与母线连接。如图 5-20 所示。

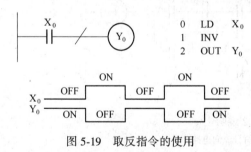

图 5-19　取反指令的使用　　　　　图 5-20　INV 指令在 ORB、ANB 指令的
　　　　　　　　　　　　　　　　　　　　　　　复杂回路中的编程

（2）NOP（Non processing 空操作指令）：NOP 是一个无动作、无目标元件的序步，它只有两个作用：一是执行程序全部清除后，用 NOP 显示，用户存储器的内容全部变为空操作指令；二是用于程序的修改，利用程序插入 NOP 指令，可以减少程序的步序号。

（3）END（End 结束指令）：表示程序结束。若程序的最后不写 END 指令，则 PLC 不管实际用户程序多长，都从用户程序存储器的第一步执行到最后一步；若有 END 指令，当扫描到 END 时，则结束执行程序，这样可以缩短扫描周期。在程序调试时，可在程序中插入若干 END 指令，将程序划分若干段，在确定前面程序段无误后，依次删除 END 指令，直至调试结束。

子情境 2　可编程控制器编程的基本规则

一、梯形图的结构规则

梯形图作为一种编程语言，绘制是应当有一定的规则。另外一方面，PLC 的基本指令具有有限的数量，也就是说，只有有限的编程元件的符号组合可以成为指令表达。

（1）梯形图的各种符号，要以左母线为起点，右母线为终点 从左向右分行绘出。每一行的开始是触点群组成的"工作条件"，最右边是线圈表达的"工作结果"。一行写完，自上而下依次再写下一行。注意：触点不能接在线圈的右边。如图 5-21 所示。

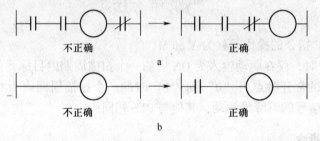

图 5-21　规则 1 说明

（2）触点应画在水平线上，不能画在垂直分支线上。例如在图 5-22 中，触点 E 被画在垂直线上，便很难正确识别他与其他触点的关系。因此根据信号单向自左至右、自上而下流动的原则，结合输出线圈 F 的几种可能画成如图 5-22b 所示。

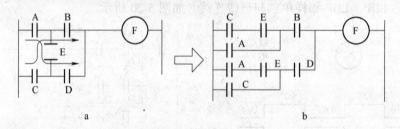

图 5-22　规则 2 说明

a—桥式电路；b—双信号流向电路

（3）不包含触点的分支应放在垂直方向，不可放在水平位置，以便于识别触点的组合和对输出线圈的控制路径。例如在图 5-23a 中，分支 I 画在水平线上，应改为画在垂直方向。

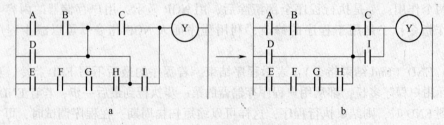

图 5-23　规则 3 说明

a—不正确；b—正确

（4）如果有几个电路块并联时，应将触点最多的支路块放在最上面。在有几个并联回路相串联时，应将并联支路多的尽量靠近母线。这样可以使编制的程序简洁明了，语句较少。如图 5-24 所示。

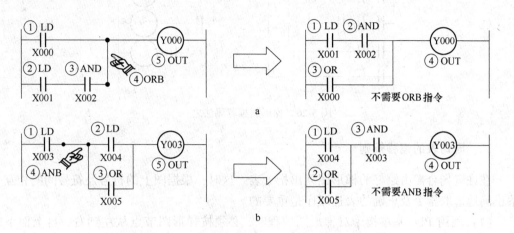

图 5-24　规则 4 说明

a—串联触点多的电路块写在上面；b—并联电路多的尽量靠近母线

（5）遇到不可编程的梯形图时，可根据信号流对原梯形图重新编排，以便于正确应用 PLC 基本指令来编程。如图 5-25 所示。

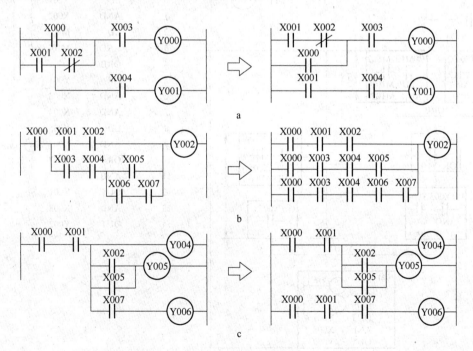

图 5-25　规则 5 说明

a—重排电路之一；b—重排电路之二；c—重排电路之三

梯形图推荐画法之一如图 5-26 所示。

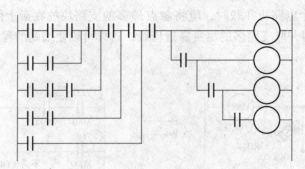

图 5-26　梯形图推荐画法之一

二、语句表的编程规则

在许多场合需由绘好的梯形图列出指令表。这时，根据图上的符号及符号间的相互关系正确地选取指令及正确的表达顺序是重要的。

（1）利用 PLC 基本指令对梯形图编程时，必须按梯形图节点从左到右、自上而下的原则进行。图 5-27a 目标电路所示的 A、B、C 为梯形图转换为指令表阶段性的"节点"。

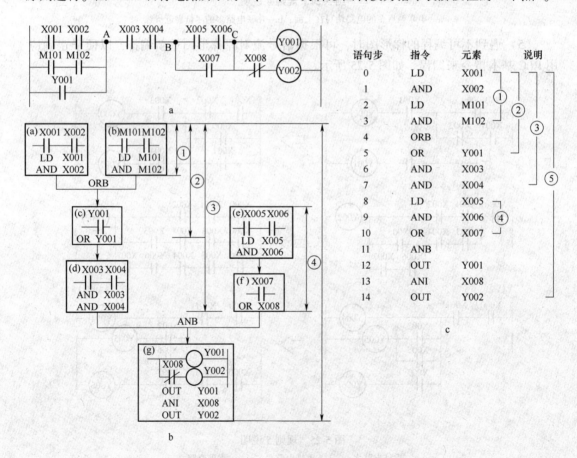

图 5-27　梯形图的编程顺序

a—目标电路；b—梯形图依节点分块逐块编程；c—语句表程序

（2）在处理较复杂的触点结构时，如触点块的串联并联或堆栈相关指令，指令表的表达顺序为：先写出参与因素的内容，再表达参与因素间的关系。

子情境 3　编 程 实 例

作为编程元件及基本指令的应用，本书讨论一些常用的基本环节的编程，这些环节常作为梯形图的基本单元出现在梯形图中。

一、三相异步电动机单相运转控制：启-保-停环节

【例 5-1】　如图 5-28 所示为继电接触器控制的电动机单向运行电路，用 PLC 完成控制。

要求：（1）作输入、输出定义，即 I/O 分配；

　　　　（2）画 PLC 接线图；

　　　　（3）编制控制程序。

解：（1）I/O 分配。

启动按钮 SB_1 接 PLC 的 X_0；停止按钮 SB_2 接 PLC 的 X_1；接触器 KM 线圈接 PLC 的 Y_0。

（2）PLC 接线图如图 5-29 所示。

（3）PLC 梯形图、指令表如图 5-30 所示。

本例还说明了在 PLC 编程中，常闭触点输入信号往往在梯形图中应使用 X_1 的常开触点。PLC 外部读取 X 端子外接的输入电路的接通/断开状态。当外部输入电路接通时，X 对应的输入过程映像寄存器为 1 状态，梯形图中 X 的常开触点接通，常闭触点断开，反之亦反。

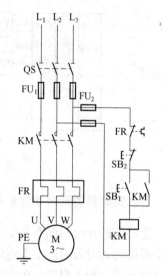

图 5-28　三相异步电动机单向运转

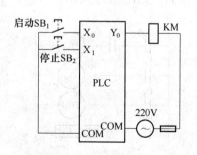

图 5-29　PLC 接线图

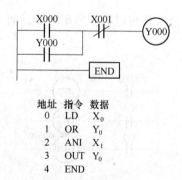

地址	指令	数据
0	LD	X_0
1	OR	Y_0
2	ANI	X_1
3	OUT	Y_0
4	END	

图 5-30　PLC 梯形图、指令表

CPU 实际上只知道外部输入电路的通、断，并不知道外部的输入电路是什么触点。输入模块可接常开触点，也可接常闭触点。如果在 PLC 的外部接线图中，X_1 端子外接停止按钮的常开触点，按下停止按钮 SB_2，X_1 对应的输入过程映像寄存器为 1 状态，梯形图中 X_1 的常闭触点断开，因此梯形图中应使用 X_1 的常闭触点。如果在 PLC 的外部接线

图中，X_1 端子外接停止按钮的常闭触点，未按停止按钮 SB_2 之前，它的常闭触点闭合，X_1 对应的输入过程映像寄存器为 1 状态，梯形图中 X_1 的常开触点闭合。按下停止按钮 SB_2 后，它的常闭触点断开，X_1 对应的输入过程映像寄存器为 0 状态，梯形图中 X_1 的常开触点断开，因此梯形图中应使用 X_1 的常开触点。

二、三相异步电动机可逆运转控制：互锁环节

若希望实现三相异步电动机可逆运转控制（见图 5-31），需增加一个反转控制按钮和一只反转接触器。

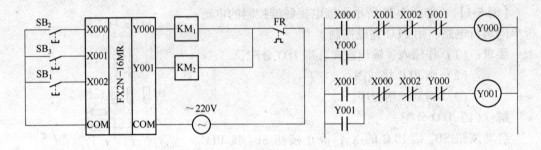

图 5-31　三相异步电动机可逆运转控制

三、定时器的延时功能扩展环节

定时器的计时时间有一个最大值，如 100ms 的定时器最大计时时间为 3276.7s。如工程中所需的延时的时间大于定时器的最大计时时间时，一个最简单的方法是采用定时器接力计时方式。即先启动一个定时器计时，计时时间到时，用第一只定时器的常开触点启动第二只定时器，再使用第二只定时器启动第三只…，图 5-32 中的梯形图即是一个这样的例子。

另外，还可以利用两定时器延时配合实现延时的控制，如图 5-33 所示。

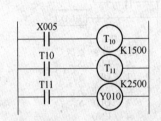

图 5-32　两定时器接力延时 400s

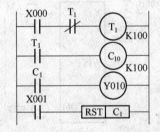

图 5-33　定时器配合计数器延时 1000s

四、定时器构成的振荡电路

图 5-33 中定时器 T_1 的工作实质是构成一种振荡电路，产生时间间隔为定时器 T_1 的设定值，脉冲宽度为一个扫描周期的方波脉冲。上例中这个脉冲序列用作了计数器 C_{10} 的计时脉冲。在可编程控制器工程问题中，这种脉冲还可以用于移位寄存器的移位脉冲及其

他场合中。

【例 5-2】 如图 5-34 所示料斗上料生产线示意图，用 PLC 实现料斗上料生产线的控制。

控制任务：料斗由三相异步电动机 M_1 拖动卷扬机进行提升，料斗提升到上限位后自动翻斗卸料，翻斗时撞击 SQ_1，随即料斗下降，降至下限位撞击 SQ_2 后停 20s 加料，同时启动皮带运输机（由三相异步电动机 M_2 拖动）向料斗加料，20s 加料到时限后皮带运输机自行停止工作，料斗则自动上升……，如此循环。

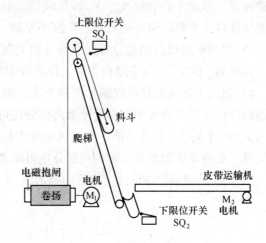

图 5-34 料斗上料生产线示意图

要求：

（1）工作方式设备为自动循环工作方式；

（2）有必要的电气保护和联锁保护；

（3）自动循环时应按任务所述的顺序工作，料斗可以在爬梯的任意位置，启动时可以使料斗随意从上升或下降的状态开始运行；

（4）料斗拖动应有电磁制动抱闸。

解：完成本例编程按以下步骤进行：

（1）在充分理解控制任务和要求的基础上，进行 PLC 输入输出端子的定义，即 I/O 分配。表 5-3 给出了本例 PLC 端子的 I/O 分配情况。

表 5-3 料斗上料生产线 PLC 端子 I/O 分配表

输入电器	输入端子	输出电器	输出端子	其他器件
卷扬机上升启动按钮 SB_1	X0	M_1 电机上升控制接触器 KM_1	Y0	辅助继电器 M_0
卷扬机下降启动按钮 SB_2	X1	M_1 电机下降控制接触器 KM_2	Y1	定时器 T_0
停止按钮 SB_3	X2	M_2 电机运行控制接触器 KM_4	Y2	
系统试车启动按钮 SB_4	X10	电磁制动抱闸控制接触器 KM_3	Y3	
取消系统试车按钮 SB_5	X11			
皮带运输机试车启动按钮 SB_6	X12			
上限位行程开关 SQ_1	X3			
下限位行程开关 SQ_2	X4			

（2）根据控制任务和要求，进行 PLC 控制的梯形图设计。

1）卷扬机提升装置的电磁制动抱闸选用"通电松闸、断电抱闸"型，可在停止或停电的情况下，料斗可以停在爬梯的任意位置不下滑。因此在料斗提升或料斗下降时 Y_0、Y_1 任何一个通电，都将使电磁制动抱闸控制的 Y_3 接通。

2) 料斗提升或下降控制部分，可在三相异步电动机可逆运转控制单元的基础上加以改造而成。考虑了必要的 X_0、X_1 按钮联锁和触点 Y_0、Y_1 联锁电气保护，通过 T_0 常开触点来实现料斗加料结束后的自动上升循环控制。

3) 皮带运输机控制部分考虑了料斗提升或料斗下降过程的触点 Y_0、Y_1 联锁电气保护。同时 M_0 和 X_{12} 串联支路在正常工作过程中不起作用。

4) 通过上述的设计可以满足控制要求。但从生产实际工作的需要考虑，本例中增加了卷扬机料斗提升设备和皮带运输机两部分还可单独启动试车控制环节，由系统试车支路的 M_0 在料斗提升、料斗下降、皮带机单元中切断自保持支路或创建新的自保持支路，从而实现了提升系统和皮带运输机两部分还可单独启动试车的控制。

图 5-35 是控制程序设计完成后的梯形图。

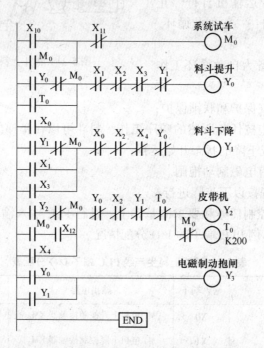

图 5-35　料斗上料生产线的控制梯形图

【例 5-3】　用 PLC 实现控制抢答器的设计。

控制任务：设计一个四组智力竞赛抢答控制程序。

控制要求为：

（1）当某竞赛者抢先按下按钮，显示器（图 5-36 七段数码管）能及时显示该组号码，并使蜂鸣器发出响声，同时锁住抢答器使其他组按下的按键无效。

图 5-36　七段数码管

（2）抢答器有置位、复位按钮，主持人按下置位按钮后才能重新抢答。

解：（1）进行 PLC 输入输出 I/O 分配。表 5-4 给出了本例 PLC 端子的 I/O 分配情况。

表 5-4　四组竞赛抢答控制 PLC 端子 I/O 分配表

外接电器	输入端子	外接电器	输出端子	机内其他器件
第一组抢答按钮 SB_1	X1	蜂鸣器	Y0	辅助继电器 M_1
第二组抢答按钮 SB_2	X2	七段数码管显示 A 段	Y1	辅助继电器 M_2
第三组抢答按钮 SB_3	X3	七段数码管显示 B 段	Y2	辅助继电器 M_3
第四组抢答按钮 SB_4	X4	七段数码管显示 C 段	Y3	辅助继电器 M_4
主持人置位控制按钮 SB_5	X5	七段数码管显示 D 段	Y4	辅助继电器 M_5
主持人复位控制按钮 SB_6	X6	七段数码管显示 E 段	Y5	
		七段数码管显示 F 段	Y6	
		七段数码管显示 G 段	Y7	

（2）根据控制任务和要求，进行 PLC 控制的梯形图设计。

1）主持人按下置位按钮后 SB_5 后才能重新抢答，按下复位控制按钮 SB_6 后抢答停止。用辅助继电器 M_5、SB_5、SB_6 构成控制整个系统的"启—保—停"电路，且用 M_5 的常开触点断开各小组抢答支路，使各小组在主持人按下 SB_5 按钮后才能抢答。

2）各小组的抢答支路均由"启—保—停"单元改造而成，且第一组至第四组分别由辅助继电器 M_1、M_2、M_3、M_4 来完成抢答、自保持、锁住抢答器使其他组按下的按键无效等功能。

3）任何一个小组抢答蜂鸣器都要发出响声，所以蜂鸣器 Y_0 的控制支路为 M_1、M_2、M_3、M_4 常开触点的并联。

4）七段数码管显示从 A~G 段分别由 Y_1~Y_7 作输出控制，并且 Y_1~Y_7 组成 7 个控制支路，当某小组抢先按下按钮，则由该组对应的辅助继电器常开触点去接通能显示该组号码的七段数码管的对应段。从而实现显示器（七段数码管）能及时显示该组号码的功能。

如：当主持人按下置位按钮后 SB_5 后，辅助继电器 M_5 线圈通电并自保持，同时 M_5 接通各小组抢答支路，可以开始抢答。如此时第三小组抢先按下按钮 SB_3，X_3 接通辅助继电器 M_3 线圈并自保持，同时其他小组的抢答支路被 M_3 常闭触点切断，锁住抢答器使其他组按下的按键无效，并且 M_3 常开触点接通了 Y_1、Y_2、Y_3、Y_4、Y_7 支路，显示该组号码"3"，蜂鸣器 Y_0 支路也被接通发出响声。只有当主持人按下复位控制按钮 SB_6 后，蜂鸣器响声及号码显示才停止，如图 5-36 所示。

图 5-37 是控制程序设计完成后的抢答器控制梯形图（方案一）。本设计以典型单元为基础，充分应用了典型单元中的顺序控制、联锁保护等基本设计思想，整个程序设计思路清晰，梯形图可读性强，是经验编程较为典型的应用。

图 5-38 是抢答器控制梯形图（方案二）。其设计思想是通过抢先接通小组号码数码段的 Y 输出去切断不必显示的字段来实现控制功能，总体的程序结构较方案一更为简单，虽然梯形图的可读性较差，但其设计思想和编程手法仍具特点，供读者阅读练习。

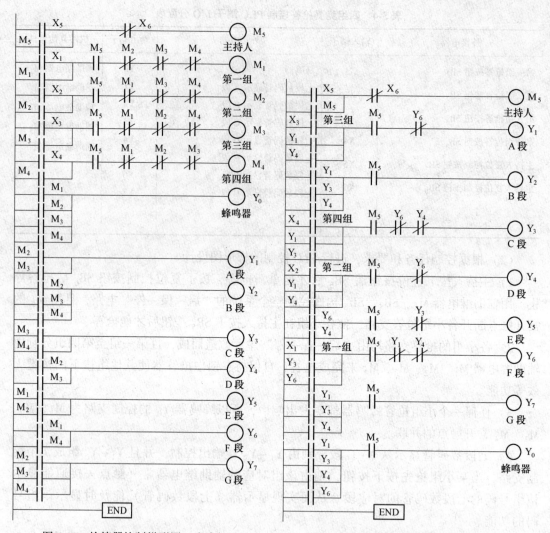

图 5-37　抢答器控制梯形图（方案一）　　　　图 5-38　抢答器控制梯形图（方案二）

【例 5-4】　用 PLC 实现十字路口交通灯自动控制。

控制任务和要求：按启动按钮后如图 5-39 时序图所示。

东西方向：绿灯亮 4s，接着闪 2s 后熄灭，接着黄灯亮 2s 后熄灭，红灯亮 8s 后熄灭；南北方向：红灯亮 8s 后熄灭，绿灯亮 4s，接着闪 2s 后熄灭，接着黄灯亮 2s 后熄灭；反复循环工作。按下停止按钮后，系统停止工作。

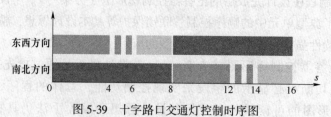

图 5-39　十字路口交通灯控制时序图

解：（1）进行 PLC 输入输出 I/O 分配，见表 5-5。

表 5-5　十字路口交通灯控制 PLC 端子 I/O 分配表

外接电器	输入端子	外接电器	输出端子	机内其他器件
启动按钮 SB$_1$	X0	东西向红灯	Y0	辅助继电器 M$_0$、M$_1$、M$_2$、M$_5$、M$_7$、M$_{10}$
停止按钮 SB$_2$	X1	东西向黄灯	Y1	定时器 T$_0$、T$_1$、T$_2$、T$_3$、T$_4$、T$_5$、T$_6$、T$_7$
		东西向绿灯	Y2	
		南北向红灯	Y3	
		南北向黄灯	Y4	
		南北向绿灯	Y5	

（2）根据控制任务和要求进行 PLC 控制的梯形图设计，本例中的交通灯控制是典型的按时间原则进行的顺序控制。

1）设计中首先根据时序图控制要求，把东西方向的绿灯、黄灯、红灯按时间原则进行的顺序控制的单元模块进行设计。即 X$_0$ 为 ON，接通东西方向绿灯 Y$_2$ 并自保持，同时接通 T$_2$ 计时 4s；T$_2$ 到时限后，完成相应的切换控制并接通 T$_7$ 计时 2s；T$_7$ 到时限后，断开绿灯 Y$_2$ 接通黄灯 Y$_1$，完成相应的切换控制并接通 T$_1$ 计时 2s；T$_1$ 到时限后，断开黄灯 Y$_1$ 接通红灯 Y$_0$，完成相应的切换控制并接通 T$_0$ 计时 8s；T$_0$ 到时限后，断开红灯 Y$_0$ 并重新接通绿灯 Y$_2$，反复循环工作。这样得到了一个按时间原则进行的顺序控制单元模块的草图。

2）在时间原则进行的顺序控制单元模块的草图基础上细化修改。一是把最后一个定时器 T$_0$ 常开触点与启动按钮并联替代按钮的重启动，解决反复循环工作的控制；二是解决东西方向绿灯闪烁问题，本例中应用的技巧是在绿灯驱动 Y$_2$ 单元电路上创建了两条自保持支路：一条由自保持触点 Y$_2$ 与定时器触点 T$_2$ 串联；另一条由 1s 时钟脉冲 M8013 与定时器触点 T$_2$ 串联。绿灯亮 4s 内触点 T$_2$ 不动作，触点 Y$_2$ 起自保持功能，T$_2$ 定时到 4s 其触点常开、常闭触点动作，原自保持支路断开，接入了另一条"自保持"支路，在 1s 时钟脉冲 M8013 的动作下实现了 Y$_2$ 的接通和断开控制，从而达到了绿灯闪烁的控制效果。

3）参照上述控制设计，完成南北方向的绿灯、黄灯、红灯按时间原则进行的顺序控制的单元模块设计。

4）为使系统启动和停止控制自如，本例中使用了"启—保—停"与主控指令的"总开关"单元。通过主控指令 MC 在主控触点 N0//M0 的后面建立一个新的控制母线，形成主控区的开始，把整个交通灯控制电路挂接在这个新的控制母线上。当"启—保—停"电路使 M$_{10}$ 接通时，主控指令 MC 的操作条件满足，主控触点 N0//M0 闭合，新的控制母线使交通灯控制电路接通，系统工作；当停止按钮使 X$_1$ 断开后，M$_{10}$ 线圈断电，其触点复位使主控触点 N0//M0 断开，则交通灯控制系统停止工作。

图 5-40 是控制程序设计完成后的交通灯控制梯形图（方案一）。本设计较典型地应用了按时间原则进行的顺序控制的设计手法和设计思想。每完成一个时间段的工作后，执行相应的切换控制并接通下一个定时单元都应用了不同的设计技巧，双自保支路的使用、"启—保—停"与主控指令的"总开关"单元的应用较为突出。梯形图可读性强，是经验编程较为典型的应用。

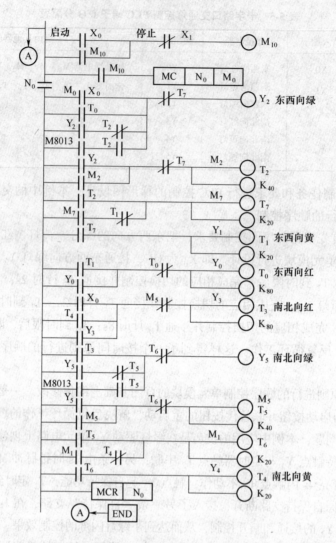

图 5-40　交通灯控制梯形图（方案一）

下图 5-41 和图 5-42 是均为本例设计的交通灯控制的其他方案。

【例 5-5】　　如图 5-43 所示运料小车的往返运行控制。

图 5-43 所示动作要求：

按下启动按钮 SB（X000），小车电机 M 正转（Y010），小车第一次前进，碰到限位开关 SQ$_1$（X001）后小车电机 M 反转（Y011），小车后退；小车后退碰到限位开关 SQ$_2$（X002）后，小车电机 M 停转，停 5s 后，第二次前进，碰到限位开关 SQ$_3$（X003），再次后退；第二次后退碰到限位开关 SQ$_2$（X002）时，小车停止。

（1）分析。本例的输出较少，只有电机正转输出 Y010 及反转输出 Y011。但控制工况比较复杂。由于分为第一次前进、第一次后退、第二次前进、第二次后退，且限位开关 SQ$_1$ 在二次前进过程中，限位开关 SQ$_2$ 在二次后退过程中所起的作用不同，要直接绘制针对 Y010 及 Y011 的启—保—停电路梯形图不太容易。将启—保—停电路的内容简单化，可不直接针对电机的正转及反转列写梯形图，而是针对第一次前进、第一次后退、第二次

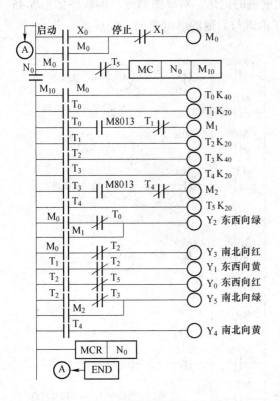
图 5-41　交通灯控制梯形图（方案二）

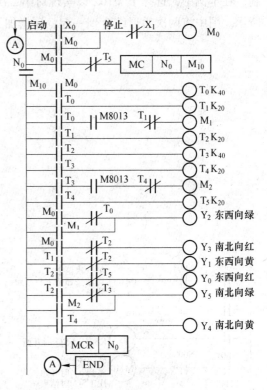
图 5-42　交通灯控制梯形图（方案三）

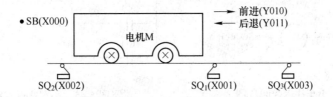
图 5-43　运料小车的往返运行控制示意图

前进、第二次后退列写启—保—停电路梯形图。为此选 M100、M101、M111 作为两次前进及两次后退的辅助继电器，选定时器 T_{37} 控制小车第一次后退在 SQ_2 处停止的时间。

（2）绘梯形图草图。针对二次前进及二次后退绘出的梯形图草图如图 5-44 所示。图中有第一次前进、第一次后退、计时、第二次前进、第二次后退 5 个支路，每个支路的启动与停止条件都是清楚的。但是程序的功能却不能符合要求，因为细分分支路后小车的各个工况间的牵涉虽然少了，但并没有将两次前进两次后退的不同区分开，第二次前进碰到 SQ_1 时即会转入第一次后退的过程，且第二次后退碰到 SQ_2 时还将启动定时器，不能实现停车。

（3）修改梯形图。既然以上提及的不符合控制要求的两种情况都发生在第二次前进之后，那么就可以设法让 PLC "记住" 第二次前进的 "发生"，从而对计时及后退加以限

制。在本例中，选择了 M102 以实现对第二次前进的记忆。对草图修改后的程序如图 5-45
所示。图中将两次后退综合到一起，还增加了前进与后退的继电器的互锁。

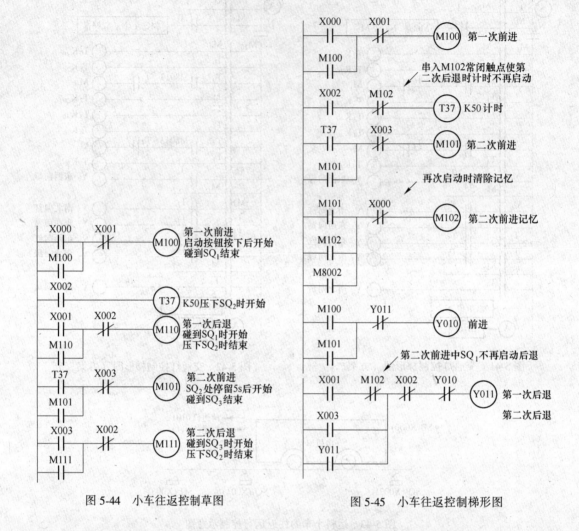

图 5-44　小车往返控制草图　　　　图 5-45　小车往返控制梯形图

情境 3　FX2N 系列可编程控制器的步进顺控指令

职业能力：了解顺序控制和状态流程图的概念掌握顺序控制的编程思想，并能灵活应
用步进顺控指令进行编程。

子情境 1　顺序控制及状态流程图

工业控制领域中，顺序控制是一种常见的控制方式。顺序控制是根据预先规定的条件
或程序，以对控制过程各工序顺序地进行自动控制。步进控制设计法就是针对顺序控制系
统的一种专门的设计方法，它能充分表达控制过程和生产的工艺流程，系统图可读性强，
并能通过 SFC 语言编制的程序极易与梯形图、指令表相互变换。

　　针对较复杂的控制程序，人们一直寻求一中易于构思、易于理解的图形程序设计工具。它应有流程图的直观，又利于复杂控制逻辑关系的分解和综合，这就是状态转移图。顺序功能图又称状态流程图（Sequential Function Char，SFC），是用状态继电器来描述控制过程的图形，也是设计 PLC 的顺序控制程序的有力工具。

　　在状态流程图（SFC）中，一个完整的状态包括以下三个要素：

　　（1）状态任务，即本状态要做什么。

　　（2）状态转移条件，即满足什么条件时可实现状态转移。

　　（3）状态转移方向，即转移到什么状态去。

　　SFC 的基本思想是：按照生产工艺的要求，将机械动作的一个工作周期划分为若干个步序（简称为"步"），并明确每一"步"所要执行的输出（状态任务），"步"与"步"之间由"转换"分隔。当转换条件满足时，转换得以实现（转移方向），即上一步动作结束，下一步动作开始。

　　在这里介绍上一节中例 5-5 运料小车往返运行控制画为状态流程图如图 5-46。

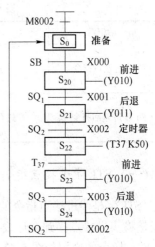

图 5-46　运料小车往返运行状态转移图

　　在图 5-46 中，状态转移图以 S□ 标志的方框表示"步"，也即状态，如 S_0 表示准备状态，S_{20} 表示小车第一次前进状态，S_{21} 表示小车第一次回退状态，S_{22} 表示计时状态，S_{23} 表示小车第二次前进状态，S_{24} 表示小车第二次后退状态。方框的水平引线表示状态的任务，如 S_{20} 状态的任务为输出 Y010，电机正转，小车前进。方框与方框之间的连线表示状态之间的联系，即状态的转移方向，连线上的短横线表示状态转移的条件，如 S_{20} 状态为小车前进，当满足 X_1 常开闭合时转移到下一状态 S_{21}，那么小车后退。上文提到的 S□ 是 FX2N 系列可编程控制器的步进顺控指令中的核心元件：状态继电器。

子情境 2　步进顺控指令及编程方法

一、状态元件

　　许多 PLC 厂家都设计了专门用于编制顺序控制程序的指令和编程元件，如美国 GE 公司和 GOULD 公司的鼓形控制器、日本东芝公司的步进顺序指令、三菱公司的步进梯形指令等。三菱 FX2N 系列 PLC 状态元件的分类及编号见表 5-6。

二、步进顺控指令

　　FX2N 系列 PLC 为状态编程安排了两条步进顺序控制指令，见表 5-7。表中梯形图符号栏中用类似于常开触点的符号表示状态器的接点，称为步进接点指令（STL）。另有步进返回指令表示状态编程程序的结束。

表 5-6　FX2N 系列 PLC 的状态元件

类　别	元件编号	点　数	用　途　及　特　点
初始状态	S0~S9	10	用于状态转移图（SFC）的初始状态
返回原点	S10~S19	10	多运行模式控制当中，用作返回原点的状态
一般状态	S20~S499	480	用作状态转移图（SFC）的中间状态
掉电保持状态	S500~S899	400	具有停电保持功能，用于停电恢复后继续执行停电前状态的场合
信号报警状态	S900~S999	100	用作报警元件使用

注：1. 状态的编号必须在指定范围内选择；
　　2. 各状态元件的触点，在 PLC 内部可使用，次数不限；
　　3. 在不用步进顺控指令时，状态元件可作为辅助继电器在程序中使用；
　　4. 通过参数设置，可改变一般状态元件和掉电保持状态元件的地址分配。

表 5-7　FX2N 系列 PLC 的步进接点指令

指令助记符	功　能	梯形图符号	指令表
STL 步进接点指令	步进接点驱动	S_{20} —[STL]——(Y_{10})	STL　S20 OUT　Y10
RET 步进返回指令	步进程序结束返回	—[RET]	RET

（一）STL 步进接点指令

"STL"是步进接点指令的助记符，STL 指令的操作元件是状态继电器 S。STL 指令的功能是将步进接点接到左母线。

STL 指令的应用如图 5-47 所示。

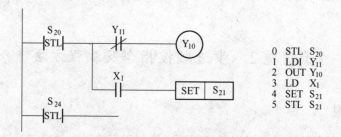

图 5-47　STL 指令的应用

步进接点只有常开触点，没有常闭触点。步进接点接通，需要用 STL 指令进行置位。步进接点闭合，其作用如同主控触点闭合一样，将左母线移到新的临时位置，即移到步进接点右边，相当于副母线，这时，与步进接点相连的逻辑行开始执行。可以采用基本指令写出指令语句表，与副母线相连的线圈可以直接采用驱动指令；与副母线相连的触点可以采用 LD 指令或者 LDI 指令，如图 5-47 所示。

当 X_1 常开触点闭合后，执行 SET S_{21} 指令，步进接点 S_{21} 被置位，这时，步进接点 S_{20}

将自动复位。S_{20} 的状态转移到 S_{21} 的状态，完成的步进功能。

（二）RET 步进返回指令

"RET" 为步进返回指令的助记符，RET 指令没有操作元件。RET 指令的功能是使副母线返回到原来左母线的位置。

RET 指令的应用如图 5-48 所示。

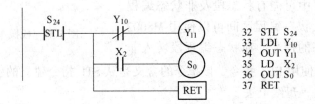

图 5-48   RET 指令的应用

在每条步进指令后面，不必都加一条 RET 指令，只需在一系列步进指令的最后接一条 RET 指令即可，但必须要有 RET 指令。

（三）步进顺控梯形图

SFC 编程总体上是一种基于机械控制流程的编程方法，该方法编程的特点与 SFC 程序相同，即程序的执行过程，都是根据系统的"条件"，按机械控制要求的"步序"进行，但每一"步序"的具体动作又采用了梯形图的形式进行编程。因此，这样的程序被称之为"步进梯形图"。

注意事项：

（1）关于顺序。状态三要素的表达要按先任务再转移的方式编程，顺序不得颠倒。

（2）关于母线。STL 步进接点指令有建立子（新）母线的功能，其后进行的输出及状态转移操作都在子母线上进行，这些操作可以有较复杂的条件。

可在状态内处理的顺控指令一览表，见表 5-8。

表 5-8   可在状态内处理的顺控指令一览表

指令 状态		LD/LDI/LDP/LDF AND/ANI/ANDP/ANDF OR/ORI/ORP/ORF/INV/OUT, SET/RST, PLS/PLF	ANB/ORB MPS/MRD/MPP	MC/MCR
初始状态/一般状态		可以使用	可以使用	不可使用
分支，汇合状态	输出处理	可以使用	可以使用	不可使用
	转移处理	可以使用	不可使用	不可使用

表中的栈操作指令 MPS/MRD/MPP 在状态内不能直接与步进接点指令后的新母线连接，应接在 LD 或 LDI 指令之后，如图 5-49 所示。

在 STL 指令内允许使用跳转指令，但其操作复杂。

（3）关于元器件的使用。允许同一元件的线圈在不同的 STL 步进接点后多次使用。

但要注意，同一定时器不要用在相邻的状态中。
同一程序段中，同一状态继电器也只能使用一次。

（4）其他。在为程序安排状态继电器元件时，
要注意状态继电器元件的分类功用，初始状态要
从 $S_0 \sim S_9$ 中选择，$S_{10} \sim S_{19}$ 是为需设置动作原位的
控制安排的，在不需设置原位的控制中不要使用。
在一个较长的程序中可能有状态段及非状态编程
程序段。程序进入状态编程区间可以使用 M8002
作为进入初始状态的信号。在状态编程段转入非

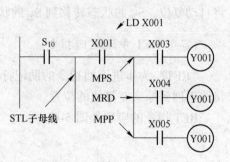

图 5-49　栈操作指令的使用

状态程序段时必须使用 RET 指令。该指令的含义是从 STL 指令建立的新（子）母线返回
到梯形图的原（主）母线上去。

（四）步进顺控编程方法

总结前面所介绍的内容，我们知道步进指令是顺序控制的一种编程方法，采用步进指
令编程时，一般需要有下面几个步骤：

（1）分配 PLC 的输入和输出点，画出 PLC 的接线图，列出输入和输出点分配表。

（2）根据控制要求或加工工艺要求，画出顺序控制的状态流程图。

（3）根据状态流程图，画出相应的梯形图。

运料小车往返运行状态梯形图及指令表如图 5-50 所示。

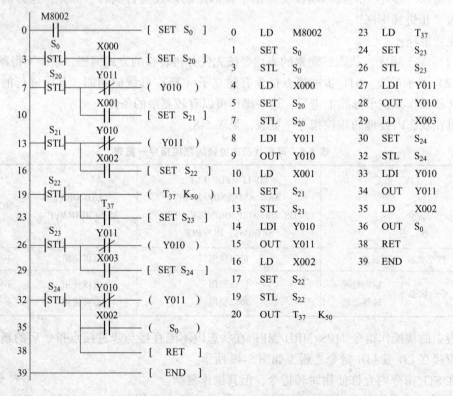

图 5-50　运料小车往返运行状态梯形图及指令表

子情境 3　编 程 实 例

一、单流程控制程序

【例 5-6】　用单流程控制程序实现十字路口交通灯自动控制的编程。

控制任务和要求及 I/O 分配与第五章第三节中例 5-4 相同，见表 5-9 十字路口交通灯控制 PLC 端子 I/O 分配表。

根据控制任务和要求，本例中的交通灯控制是典型的按时间原则进行的顺序控制。步进状态控制的步序分解可按时间分段进行，设计过程的整体思考如表 5-9 交通灯步进状态控制图表设计所示。

表 5-9　交通灯步进状态控制图表设计

状态分配　　负载驱动	S_{20}	S_{21}	S_{22}	S_{23}	S_{24}	S_{25}
	1~4s	5~6s	7~8s	9~12s	13~14s	15~16s
东西方向	Y_2 绿灯	Y_2 绿灯闪	Y_1 黄灯	Y_0 红灯	Y_0 红灯	Y_0 红灯
南北方向	Y_3 红灯	Y_3 红灯	Y_3 红灯	Y_5 绿灯	Y_5 绿灯闪	Y_4 黄灯
	启动	定时转移	定时转移	定时转移	定时转移	定时转移	返回

从表 5-9 可看出，在 S_{21} 和 S_{24} 两个状态中的绿灯控制支路上接入了时钟脉冲 M8013，在 1s 频率的动作下实现了 Y_2 和 Y_5 的接通和断开控制，从而达到了绿灯闪烁的控制效果。

本例中使用了"启—保—停"与主控指令的"总开关"单元。通过主控指令 MC 在主控触点 $N_0//M_0$ 的后面建立一个新的控制母线，形成主控区的开始，把整个步进状态控制电路挂接在这个新的控制母线上。当"启—保—停"电路使 M_{10} 接通时，主控指令 MC 的操作条件满足，主控触点 $N_0//M_0$ 闭合，新的控制母线使初始状态继电器 S_0 接通置位，在 X_0 的同时操作下 S_{20} 接通置位，系统工作；当停止按钮使 X_1 断开后，M_{10} 线圈断电，其触点复位使主控触点 $N_0//M_0$ 断开，则步进状态控制系统停止工作。可使 PLC 不停电的情况下灯控系统启动和停止控制方便，如图 5-51 交通灯自动控制的步进状态图所示，与其对应的梯形图如图 5-52 所示。

本例首先进行图表设计和构思，在此基础上进行步进状态图设计，提供了步进顺序控制的基本设计手法和设计思想。使用了"启—保—停"与主控指令的"总开关"单元，可使 PLC 不停电的情况下灯控系统启动和停止控制自如，是步进状态控制编程中较为典型的应用。

二、选择性流程控制程序

（一）选择性分支步进状态图的特点

从多个分支流程中根据条件选择某一分支执行，其他分支的转移条件不能同时满足，即每次只满足一个分支转移条件，称为选择性分支。图 5-53 就是一个选择性分支的步进

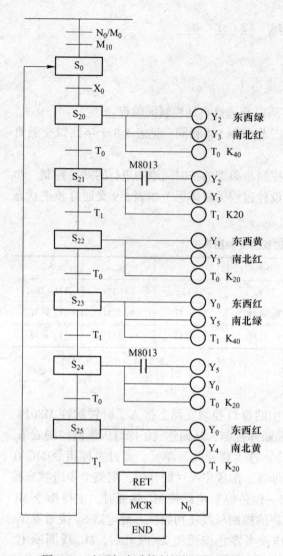

图 5-51　交通灯自动控制的步进状态图　　　　　图 5-52　交通灯自动控制的步进状态梯形图

状态图。从图中可以看出以下几点：

（1）该步进状态图有三个分支流程。

（2）S_{20} 为分支状态。根据不同的条件（X_1、X_2、X_3），选择执行其中的一个分支流程。当 X_1 为 ON 时执行第一分支流程（支路 1）；X_2 为 ON 时执行第二分支流程（支路 2）；X_3 为 ON 时执行第三分支流程（支路 3）。X_1，X_2，X_3 不能同时为 ON。

（3）S_{50} 为汇合状态，可由 S_{22}、S_{32}、S_{42} 任一状态转移驱动。

（二）选择性分支、汇合的编程

编程原则是与工艺流程执行的一致性原则，即按工艺流程执行的顺序依次编程。

在分支状态后的分支点处，先集中写出各分支状态的转移条件和转移目标，然后再依次写出各分支支路的程序，在每条分支支路的汇合点处按转移条件转移到汇合状态。

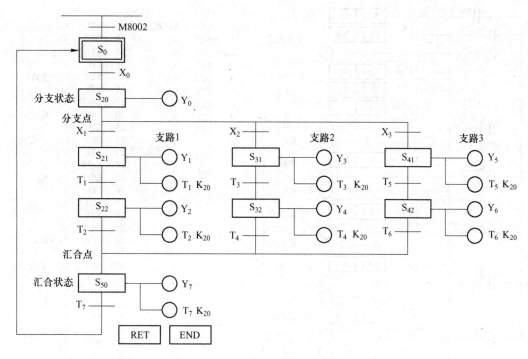

图 5-53　选择性分支的步进状态图

1. 分支状态的编程

针对分支状态 S_{20} 编程时，先进行驱动处理（OUT　Y000），然后根据不同的条件（X_1、X_2、X_3），选择执行其中的一个分支流程。当 X_1 为 ON 时执行第一分支（支路 1）转移到状态 S_{21}；X_2 为 ON 时执行第二分支流程（支路 2）转移到状态 S_{31}；X_3 为 ON 时执行第三分支流程（支路 3）转移到状态 S_{41}。如图 5-53 中分支点所示。

2. 支路与汇合状态的编程

按支路 1、2、3 顺序依次写出各分支支路的程序，并在每条分支支路的汇合点处按不同的转移条件 T_2、T_4、T_6 分别转移到汇合状态 S_{50}。当 T_2 为 ON 时或者 T_4 为 ON 时或者 T_6 为 ON 时转移到汇合状态 S_{50}，如图 5-54 所示。

（三）选择性分支、汇合编程实例

【例 5-7】　用步进指令实现大、小球分类选择传送装置的编程。

图 5-55 为使用传送带将的示意图。

左上为原点，机械臂的动作顺序为下降、吸住、上升、右行、下降、释放、上升、左行。机械臂下降时，当电磁铁压着大球时，下限位开关 LS_2（X002）断开；压着小球时，LS_2 接通，以此可判断吸住的是大球还是小球。

左、右移分别由 Y004、Y003 控制；上升、下降分别由 Y002、Y000 控制，吸住电磁铁由 Y001 控制。

根据工艺要求，该控制流程根据吸住的是大球还是小球有两个分支，且属于选择性分支。分支在机械臂下降之后根据下限开关 LS_2 的通断，分别将球吸住、上升、右行到 LS_4（小球位置 X004 动作）或 LS_5（大球位置 X005 动作）处下降，然后再释放、上升、左移

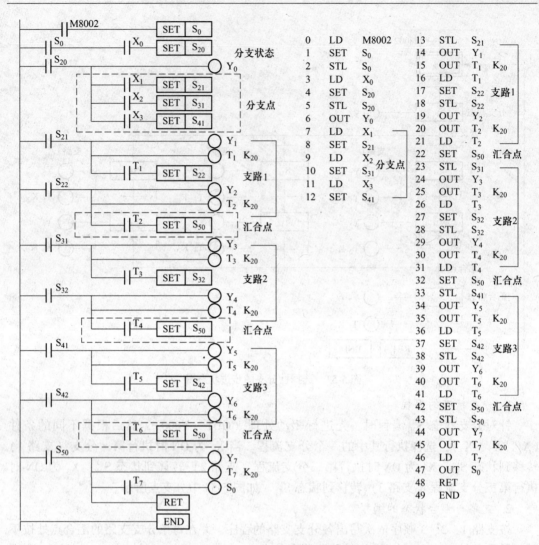

0	LD	M8002		13	STL	S21	
1	SET	S0		14	OUT	Y1	
2	STL	S0		15	OUT	T1	K20
3	LD	X0		16	LD	T1	
4	SET	S20		17	SET	S22	支路1
5	STL	S20		18	STL	S22	
6	OUT	Y0		19	OUT	Y2	
7	LD	X1		20	OUT	T2	K20
8	SET	S21		21	LD	T2	
9	LD	X2	分支点	22	SET	S50	汇合点
10	SET	S31		23	STL	S31	
11	LD	X3		24	OUT	Y3	
12	SET	S41		25	OUT	T3	K20
				26	LD	T3	
				27	SET	S32	支路2
				28	STL	S32	
				29	OUT	Y4	
				30	OUT	T4	K20
				31	LD	T4	
				32	SET	S50	汇合点
				33	STL	S41	
				34	OUT	Y5	
				35	OUT	T5	K20
				36	LD	T5	
				37	SET	S42	支路3
				38	STL	S42	
				39	OUT	Y6	
				40	OUT	T6	K20
				41	LD	T6	
				42	SET	S50	汇合点
				43	STL	S50	
				44	OUT	Y7	
				45	OUT	T7	K20
				46	LD	T7	
				47	OUT	S0	
				48	RET		
				49	END		

图 5-54　选择性分支步进状态梯形图及指令表

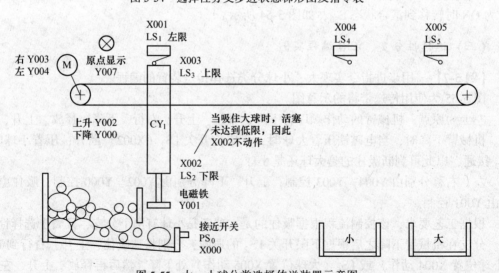

图 5-55　大、小球分类选择传送装置示意图

到原点。其步进状态图 5-56 所示，图中有两个分支，若吸住的是小球，则 X002 为 ON，执行左侧流程；若为大球，X002 为 OFF，执行右侧流程。根据图 5-56，可编制出大、小球分类传送的程序如图 5-57 所示。

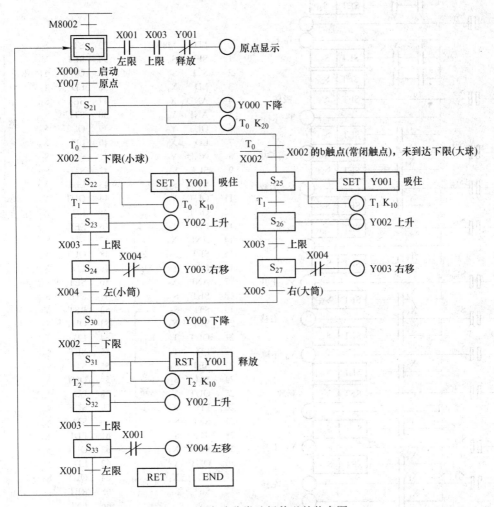

图 5-56　大小球分类选择传送的状态图

三、并行性流程控制程序

（一）并行分支状态图及其特点

当满足某个条件后使多个分支流程同时执行的分支程序称为并行分支，如图 5-58 所示。图中当 X_0 接通时，执行分支状态并对 Y_0 进行驱动；当 X_1 接通时，状态转移使 S_{21}、S_{31}、S_{41} 同时置位，三个分支支路同时运行，只有在 S_{22}、S_{32} 和 S_{42} 三个支路的末尾状态都运行结束后，若 T_2、T_4、T_6 均为 ON，才能使 S_{50} 置位，并使 S_{22}、S_{32} 和 S_{42} 同时复位。从图 5-58 可以看出：

（1）S_{20} 为分支状态。S_{20} 动作并对 Y_0 进行驱动，若并行处理条件 X_1 接通，则 S_{21}、

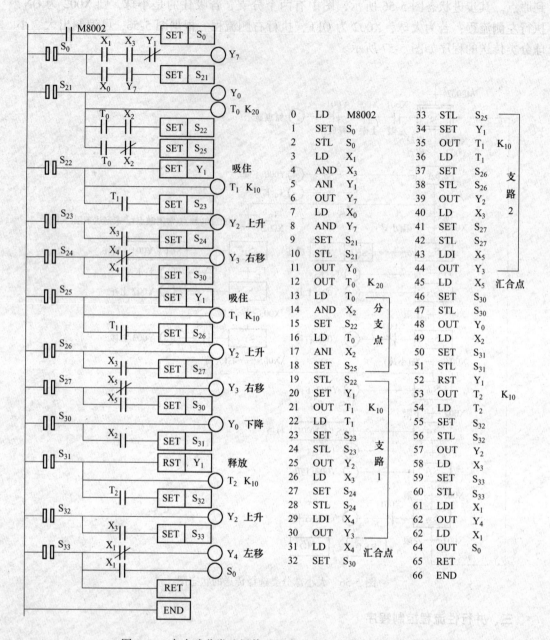

图 5-57　大小球分类选择传送的步进状态梯形图及其指令表

S_{31}、S_{41} 同时被激活动作，三个分支支路同时开始运行。

（2）三个分支支路同时运行期间，每条支路上总有一个状态被激活动作，即有 N 条支路就有 N 个状态被扫描执行相应的驱动。

（3）S_{50} 为汇合状态。三个分支支路流程运行全部结束后，汇合条件 T_2、T_4、T_6 均 ON，则 S_{50} 才被激活动作，S_{22}、S_{32}、S_{42} 同时复位。这种汇合，有时叫做排队汇合或等待汇合（即先执行完的流程保持激活动作直到全部并行流程执行完成，汇合才结束）。

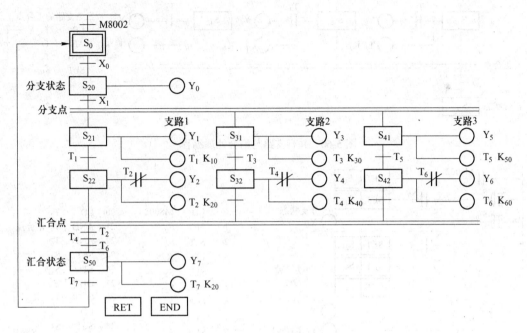

图 5-58　并行分支的步进状态图

（二）并行分支状态图的编程

编程原则是与工艺流程执行的一致性原则，即按工艺流程执行的顺序依次编程。

1. 并行分支的编程

编程方法是先对分支状态 S_{20} 进行驱动处理，然后按分支支路顺序进行状态转移处理。图 5-59a 为分支状态 S_{20} 图，图 5-59b 是并行分支状态 S_{20} 的简化编程。

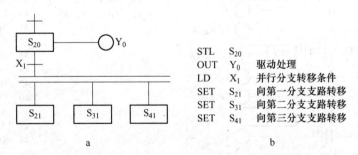

STL	S_{20}
OUT	Y_0　　驱动处理
LD	X_1　　并行分支转移条件
SET	S_{21}　　向第一分支支路转移
SET	S_{31}　　向第二分支支路转移
SET	S_{41}　　向第三分支支路转移

a　　　　　　　　　　　　　b

图 5-59　并行分支的编程

a—分支状态 S_{20}；b—并行分支状态程序

2. 并行支路与汇合处理编程

图 5-60 并行支路与汇合处理编程图所示，按支路 1、2、3 顺序依次写出各分支支路的程序，并在每条分支支路的末尾状态后，按转移条件 T_2、T_4、T_6 串联并转移到汇合状态 S_{50}。当 T_2、T_4、T_6 均为 ON 时，转移条件满足则进行状态转移；当 T_2、T_4、T_6 有一个以上为 OFF，不满足转移条件不能进行状态转移，排队等待汇合。如图 5-61 并行分支步进状态图对应的状态梯形图及指令表所示。

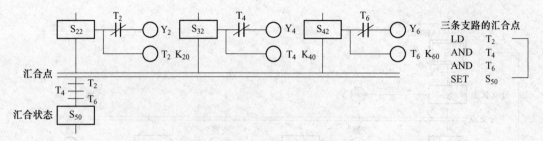

图 5-60　并行支路与汇合处理编程

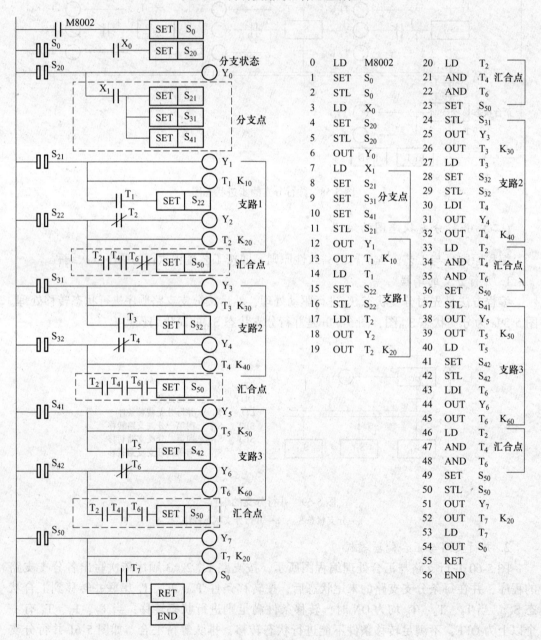

图 5-61　并行分支步进状态梯形图及指令表

【例 5-8】　　用并行性流程实现十字路口交通信号灯的控制。

控制任务和要求及 I/O 分配与第五章第三节中例 5-4 相同，见表 5-10 十字路口交通灯控制 PLC 端子 I/O 分配表（见图 5-62）。

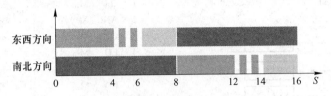

图 5-62　十字路口交通灯控制时序图

表 5-10　十字路口交通灯控制 I/O 分配

外接电器	输入端子	外接电器	输出端子	机内其他器件
启动按钮 SB$_1$ 停止按钮 SB$_2$	X0 X1	东西方向红灯 东西方向黄灯 东西方向绿灯 南北方向红灯 南北方向黄灯 南北方向绿灯	Y0 Y1 Y2 Y3 Y4 Y5	辅助继电器 M$_0$、M$_1$、M$_2$、M$_5$、M$_7$、M$_{10}$ 定时器 T$_0$、T$_1$、T$_2$、T$_3$、T$_4$、T$_5$、T$_6$、T$_7$

应用并行性分支编程可得图 5-63 和图 5-64 交通灯控制并行分支状态图及其梯形图。

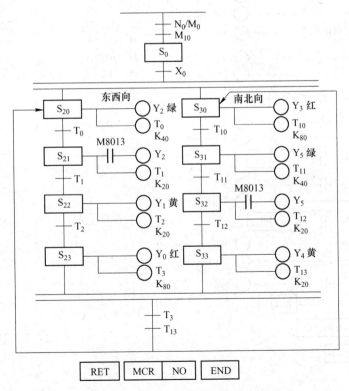

图 5-63　十字路口交通灯控制状态图

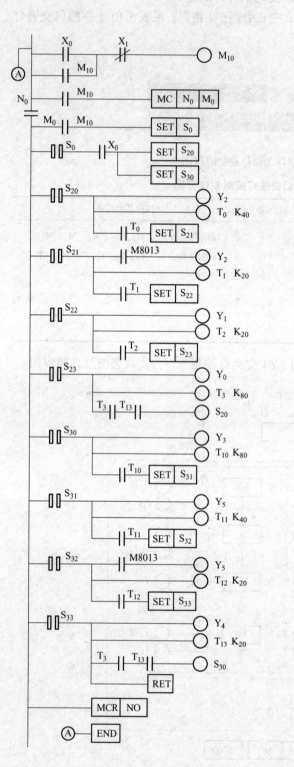

0	LD	X_0	31	LD	T_2
1	OR	M_{10}	32	AND	T_{13}
2	ANI	X_1	33	OUT	S_{20}
3	OUT	M_0	34	STL	S_{30}
4	LD	M_{10}	35	OUT	Y_3
5	MC	N_0　M_0	36	OUT	T_{10}　K_{80}
6	LD	M_{10}	37	LD	T_{10}
7	SET	S_0	38	SET	S_{31}
8	STL	S_0	39	STL	S_{31}
9	LD	X_0	40	OUT	Y_5
10	SET	S_{20}	41	OUT	T_{11}　K_{40}
11	SET	S_{30}	42	LD	T_{11}
12	STL	S_{20}	43	SET	S_{32}
13	OUT	Y_2	44	STL	S_{32}
14	OUT	T_0　K_{40}	45	LD	M8013
15	LD	T_0	46	OUT	Y_5
16	SET	S_{21}	47	OUT	T_{12}　K_{20}
17	STL	S_{21}	48	LD	T_{12}
18	LD	M8013	49	SET	S_{33}
19	OUT	Y_2	50	STL	S_{33}
20	OUT	T_1　K_{20}	51	OUT	Y_4
21	LD	T_1	52	OUT	T_{13}　K_{20}
22	SET	S_{22}	53	LD	T_3
23	STL	S_{22}	54	AND	T_{13}
24	OUT	Y_1	55	OUT	S_{30}
25	OUT	T_2　K_{20}	56	RET	
26	LD	T_2	57	MCR	N_0
27	SET	S_{23}	58	END	
28	STL	S_{23}			
29	OUT	Y_0			
30	OUT	T_3　K_{80}			

图 5-64　十字路口交通灯控制状态梯形图及指令表

情境 4 FX2N 系列可编程控制器的功能指令

职业能力：了解可编程控制器的功能指令，能够使用几个简单的功能指令如跳转指令、调用指令、传送比较指令编写程序。

功能指令（Functional Instruction）是可编程控制器数据处理能力的标志。由于数据处理远比逻辑处理复杂，功能指令无论从指令的表达形式上，还是从涉及的机内器件种类及信息的数量上都有一定的特殊性。可编程控制器的基本指令——基于继电器、定时器、计数器类软元件，主要用于逻辑处理的指令。功能指令（应用程序）——用于数据的传送、运算、变换及程序控制等功能。

子情境 1 功能指令的基本格式

一、功能指令的表示方法

FX2N 系列三菱 PLC 的功能指令有 128 条，各指令用功能号"FNC□□□"来指定功能。每一指令有与之对应的助记符表示其功能意义。每条指令都有一个功能号和相应的助记符，功能号不同，指令的功能就不同。如 FNC00（CJ）表示条件跳转，FNC20（ADD）表示加法指令。

功能指令是由助记符与操作数两部分组成。指令助记符，用来表示指令的功能；操作数用来指明参与操作的对象。操作数又分为源操作数、目的操作数和其他操作数。其表示方式如图 5-65 所示，使用要素如下：

（1）功能代号。

（2）助记符。"ADDITION"简写为 ADD 加法运算指令。

（3）数据长度。数据以字长表示，有 16 位、32 位之分。有（D）为 32 位。

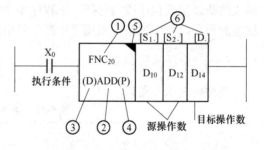

图 5-65 功能指令的表示方式

（4）脉冲/连续执行指令标志（P）。有（P）为脉冲指令，即仅在条件由 OFF 到 ON 时执行一个扫描周期；无（P）为连续执行指令，条件满足时每个扫描周期执行一次。比如一条加法指令，在脉冲执行时，只将加数和被加数做一次加法运算。而连续型加法运算指令在执行条件满足时，每一个扫描周期都要相加一次，使目的操作数内容变化。

（5）某些特殊指令连续执行的符号，引起特别注意。在指令标示栏中用""警示图示电路每个扫描周期源的数据都发生变化。

（6）操作数（有的没有操作数）源操作数，指令执行后不改变内容的操作数。以 S，S_1，S_2 表示；目标操作数：指令执行后改变内容的操作数，以 D，D_1，D_2 表示；其他操作数：既非源操作数也非目的操作数的操作数。常为常数，以 m，n 表示，多个操作数表示为：m_1，m_2，n_1，n_2；间接操作数，即通过变址取得数据，表示为 $[S_1.]$，$[S_2.]$，

$[D_1.]$，$[D_2.]$。

二、操作数的表达方式

（1）位元件：只处理 ON/OFF 两种状态的元件，如 X、Y、M、S 等。

（2）字元件：处理数值数据的元件，如 T、C、D、Z 等。一个字由 16 位二进制数组成，位元件也可组成字元件来进行数据处理。

（3）位组合元件：用"Kn+位元件"表示。其中 Kn 表示组数，每个组由连续排列的 4 个位元件组成。对于 16 位操作数，Kn 为 $K_1 \sim K_4$，对于 32 位操作数，Kn 为 $K_1 \sim K_8$。例如：$K_2 M_0$ 表示由 $M_0 \sim M_7$ 组成的 8 个位元件，M_0 为数据的最低位（首位）。

（4）常数：十进制常数（K）、十六进制常数（H）、浮点数（E）。

（5）指针：P、I。

子情境 2 常用功能指令

功能指令可分为以下几类：程序流程指令、传送与比较、算术与逻辑运算、循环与移位、数据处理、高速处理、方便指令等。

一、程序流程类指令

条件跳转指令、子程序指令、中断指令及程序循环指令，统称为程序控制类指令。程序控制指令用于程序执行流程的控制。对一个扫描周期而言，跳转指令可以使程序出现跨越或跳跃以实现程序段的选择。子程序指令可调用某段子程序。循环指令可多次重复执行特定的程序段。中断指令则用于中断信号引起的子程序调用。

（一）条件跳转指令

条件跳转指令见表 5-11。

表 5-11 条件跳转指令的要素

指令名称	指令代码位数	助记符	操作数 D（·）	程序步
条件跳转	FNC 00 （16）	CJ CJ（P）	$P_0 \sim P_{127}$ P_{63} 即是 END 所在步，不需要标记	CJ 和 CJ（P）~3 步 标号 P~1 步

在满足跳转条件之后的各个扫描周期中，PLC 将不再扫描执行跳转指令与跳转指针 P□间的程序，即跳到以指针 P□为入口的程序段中执行。直到跳转的条件不再满足，跳转停止进行。作为执行序列的一部分指令，用 CJ、CJP 指令可以缩短运算周期及使用双线圈。跳转指针 P 取值为 $P_0 \sim P_{127}$。跳转指令使用如图 5-66 所示，当 X_0 接通时，则从第 1 步跳转到 P_8，X_0 断开时，从 P_8 后一步向第 4 步移动，跳转到 P_9。

跳转指令可用来选择执行一定的程序段。比如，同一套设备在不同的条件下，有两种工作方式，常见的手动，自动工作状态的转换即是这样一种情况，可使用跳转指令。图 5-67 即为一段手动、自动程序选择的梯形图和指令表。图中输入继电器 X025 为手动/自动转换开关。当 X025 置 1 时，执行自动工作方式，置 0 时执行手动工作方式。

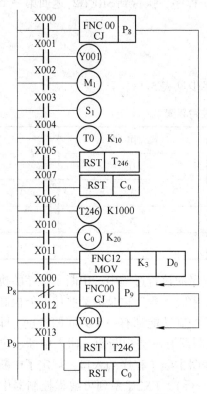

图 5-66　跳转指令的使用说明

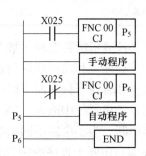

图 5-67　手动/自动转换程序

（二）子程序调用指令

子程序的指令代码、助记符、操作数、程序步见表 5-12。子程序是为一些特定的控制目的编制的相对独立的程序。为了区别于主程序，规定在程序编排时，将主程序排在前边，子程序排在后边，并以主程序结束指令 FEND（FNC06）将这两部分分开。

表 5-12　子程序指令的要素

指令名称	指令代码	助记符	操作数 D（·）	程序步
子程序调用	FNC 01 （16）	CALL CALL（P）	指针 $P_0 \sim P_{62}$，$P_{64} \sim P_{127}$ 嵌套 5 级	3 步（指令标号）1 步
子程序返回	FNC 02	SRET	无可用软件	1 步

子程序指令在梯形图中的表示如图 5-68 所示。图中，子程序调用指令 CALL 安排在主程序段中，X001 是子程序执行和条件，当 X001 置 1 时，执行指针标号为 P_{10} 的子程序一次。子程序 P_{10} 安排在主程序结束指令 FEND 之后，标号 P_{10} 和子程序返回指令 SRET 之间的程序构成 P_{10} 子程序的内容，当执行到返回指令 SRET①时，返回主程序。若主程序带有多个子程序或子程序中嵌套子程序时，子程序可依次列在主程序结束指令之后。并以不同的标号相区别。例如，图 5-68 第一个子程序又嵌套第二个子程序，当第一个子程序

执行中 X030 为 1 时，调用标号 P_{11} 开始的第二个子程序，执行到 SRET② 返回第一个子程序断点处继续执行。

（三）中断指令

中断指令的指令代码、助记符、操作数、程序步见表 5-13。

表 5-13　中断指令使用要素

指令名称	指令代码	助记符	操作数 D	程序步
中断返回指令	FNC 03	IRET	无	1 步
允许中断指令	FNC 04	EI	无	1 步
禁止中断指令	FNC 05	DI	无	1 步

中断是计算机所特有的一种工作方式。指主程序的执行过程中，中断主程序的执行去执行中断子程序。和前面所谈到过的子程序一样，中断子程序也是为某些特定的控制功能而设定的。和普通子程序的不同点是，这些特定的控制功能都有一个共同的特点，即要求响应时间小于机器的中断源，FX2N 系列可编程控制器有三类中断源，输入中断、定时器和计数器中断。为了区别不同的中断及在程序中表明中断子程序的入口，规定了中断指针标号（在编写中断子程序的指令表时，标号需占一行）。FX2N 系列可编程控制器中断指针 I 的地址编号不可重复使用。

中断指令的梯形图表示如图 5-69 所示。从图中可以看出，中断程序作为一种子程序安排在主程序结束指令 FEND 之后。主程序允许中断指令 EI 及不允许中断指令 DI 间的一个区间表示可以开放中断的程序段。主程序带有多个中断子程序时，中断标号和与其最近的一出中断返回指令构成一个中断子程序。FX2N 型可编程控制器可实现不多于二级的中断嵌套。

另外，一次中断请求，中断程序一般仅能执行一次。

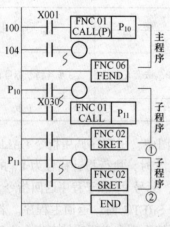

图 5-68　子程序指令的使用

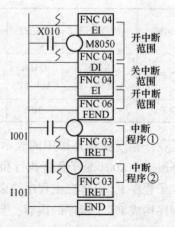

图 5-69　中断指令的使用

（四）程序循环指令

程序循环指令的名称、指令代码、助记符、操作数、程序步见表 5-14。

表 5-14　程序循环指令要素

指令名称	指令代码	助记符	操作数 S	程序步
循环开始指令	FNC 08 (16)	FOR	K、H、KnX、KnY KnM、KnS、T、C D、V、Z	3 步（嵌套 5 层）
循环结束指令	FNC 09	NEXT	无	1 步

循环指令由 FOR 及 NEXT 两条指令构成，这两条指令总是成对出现的。如梯形图 5-70 所示。图中有三条 FOR 指令和三条 NEXT 指令相互对应，构成三层循环，这样的嵌套可达五层。在梯形图中相距最近的 FOR 指令和 NEXT 指令是一对，构成最内层循环①；其次是中间的一对指令构成中循环②；再就是最外层一对指令构成外循环③。每一层循环间包括了一定的程序，这就是所谓程序执行过程中需依一定的次数循环的部分。循环的次数由 FOR 指令的 K 值给出，K = 1～32767，若给定为−32767～0 时，作 K = 1 处理。该程序中内层循环①程序是向数据存储器 D100 中加 1，若循环值从输入端设定为 4，它的中层②循环值 D_3 中为 3，最外层③循环值为 4。循环嵌套程序的执行总是从最内层开始。以图 5-69 的程序为例，当程序执行到内循环程序段时优先向 D100 中加四次 1，然后执行中层循环，中层循环要将内层循环的过程执行三次，执行完成后 D100 中的值为 12。最后执行最外层循环，即将内层及中层循环再执行四次。从以上的分析可以看出，多层循环间的关系是循环次数相乘的关系，这样，本例中的加 1 指令在一个扫描周期中就要向数据存储器 D100 中加入 48 个 1。循环指令的使用说明如图 5-70 所示。

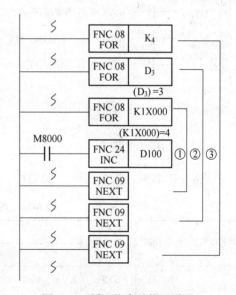

图 5-70　循环指令的使用说明

二、传送与比较指令

FX2N 系列 PLC 有八条数据传送指令，能实现单一数据或批数据的传送、数制的变换或数据移位。FX2N 系列 PLC 有两条数据比较指令及触点形比较指令，可实现数据的单一比较及区间比较。

（一）比较指令

该指令的名称、指令代码、助记符、操作数范围、程序步如表 5-15 所示。

表 5-15　比较指令的要素

指令名称	指令代码	助记符	操作数范围			程 序 步
			S_1 (·)	S_2 (·)	D (·)	
比较	FNC 10 (16/32)	CMP CMP (P)	K、H、KnX、KnY、KnM、KnS T、C、D、V、Z		Y、M、S	CMP、CMPP…7 步 DCMP、DCMPP…13 步

比较指令 CMP 是将源操作数 S_1（·）与 S_2（·）的数据进行比较，在其大小符合比较条件时，目标操作数 D（·）动作，如图 5-71 所示。数据比较是进行代数值大小比较（即带符号比较）。所有的源数据均按二进制处理。当比较指令的操作数不完整（若只指定一个或两个操作数），或者指定的操作数不符合要求（例如，把 X、D、T、C 指定为目标操作数），或者指定的操作数的元件号超出了允许范围等情况，用比较指令就会出错。目标软元件指定 M_0 时，M_0、M_1、M_2 自动被占用。如要清除比较结果，要采用复位 RST 指令或区间复位指令复位，如图 5-72 所示。

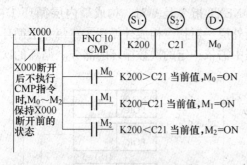

图 5-71　CMP 指令使用说明

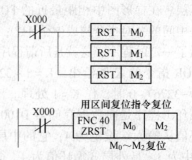

图 5-72　比较结果复位

（二）区间比较指令

该指令的名称、指令代码、助记符、操作数范围。程序步如表 5-16 所示。

表 5-16　区间比较指令的要素

指令名称	指令代码	助记符	操作数范围		程 序 步
			S_1(·)/S_2(·)/S(·)	D(·)	
区间比较	FNC 11 (16/32)	ZCP ZCP (P)	K、H、KnX、KnY、KnM、KnS T、C、D、V、Z	Y、M、S	ZCP、ZCPP…9 步 DZCP、DZCPP…17 步

图 5-73 是区间比较指令 ZCP 的使用说明。该指令是将一个数据 S（·）与上、下两个源数 S_1（·）和 S_2（·）间的数据进行代数比较（即带符号比较），在其比较的范围内对应目标操作数中 M_3、M_4、M_5 软元件动作。S_1（·）的内容应小于或等于 S_2（·），若 S_1（·）内容比 S_2（·）内容大，则 S_2（·）则被看作与 S_1（·）一样大，例如在 S_1（·）= K100，S_2（·）= K90 时，则 S_2（·）看作 K100 进行运算。在 X000 断开时，即使 ZCP 指令不执行，M_3-M_5 保持 X0 断开前的状态。拟清除比较结果时，可用复位指令。

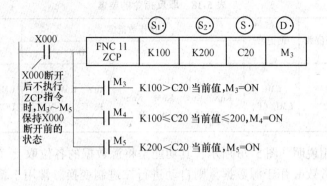

图 5-73 区间比较指令的使用说明

（三）传送指令

该指令的名称、指令代码、助记符、操作数范围、程序步如表 5-17 所示。

表 5-17 传送指令的要素

指令名称	指令代码位数	助记符	操作数范围		程 序 步
			S_1（·）	D（·）	
传　送	FNC 12 （16/32）	MOV MOV（P）	K、H KnX、KnY、KnM、KnS T、C、D、V、Z	KnX、KnM、KnS T、C、D、V、Z	MOV、MOVP…5 步 DMOV、DMOVP…9 步

传送指令 MOV 的使用说明如图 5-74 所示。当 X000 =ON，指令执行时，源操作数 S（·）中的常数 K100 自动转换成二进制数传送到目标操作软元件 D_{10} 中。当 X000 断开，指令不执行时，D_{10} 中数据保持不变。

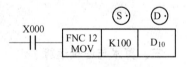

图 5-74 传送指令的使用说明

位软元件的传送，可用图 5-75 中 MOV 指令将 X_0、X_1、X_2、X_3 分别传送给对应的 Y_0、Y_1、Y_2、Y_3。

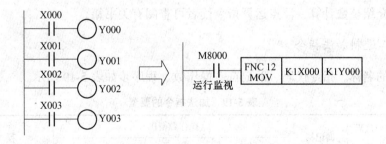

图 5-75 位软元件的传送

（四）取反指令

该指令的名称、指令代码、助记符、操作数范围、程序步如表 5-18 所示。

表 5-18　取反指令的要素

指令名称	指令代码位数	助记符	操作数范围		程序步
			S (·)	D (·)	
取　反	FNC 14 (16/32)	CML CML (P)	K、H KnX、KnY、KnM、KnS T、C、D、V、Z	KnY、KnM、KnS T、C、D、V、Z	CML、CMLP…5 步 DCML、DCMLP…9 步

该指令的使用说明如图 5-76 所示，其功能是将源数据的各位取反（0→1，1→0）向目标传送。若将常数 K 用于源数据，则自动进行二进制变换。常用于希望可编程控制器输出的逻辑进行取反输出的情况。

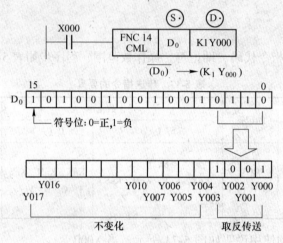

图 5-76　取反指令的使用说明

三、算术与逻辑运算

算术与逻辑运算指令是基本运算指令，可完成四则运算或逻辑运算，可通过运算实现数据的传送、变位及其他控制功能。PLC 有整数四则运算和实数四则运算两种，前者指令较简单，参加运算的数据只能是整数。而实数运算是浮点运算，是一种高精确度的运算。本书仅介绍整数计算，浮点运算指令读者可查阅有关书籍。

（一）二进制加法指令

该指令的名称、指令代码、助记符、操作数、程序步如表 5-19 所示。

表 5-19　加法指令的要素

指令名称	指令代码位数	助记符	操作数范围			程序步
			S_1 (·)	S_2 (·)	D (·)	
加法	FNC 20 (16/32)	ADD ADD (P)	K、H、KnX、KnY、KnM KnS、T、C、D、V、Z		KnY、KnM、KnS T、C、D、V、Z	ADD、ADDP…7 步 DADD、DADDP…13 步

ADD 加法指令是将指定的源元件中的二进制数相加，结果送到指定的目标元件中去。

ADD 加法指令的使用说明如图 5-77 和图 5-78 所示。

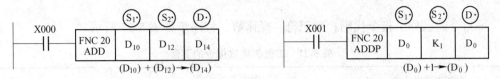

图 5-77　二进制加法指令使用说明之一　　图 5-78　二进制加法指令使用说明之二

当执行条件 X000 由 OFF→ON 时，$(D_{10})+(D_{12})→(D_{14})$。运算是代数运算，如 5+ $(-8)=-3$。ADD 加法指令有 3 个常用标志辅助寄存：M8020 为零标志，M8021 为借位标志，M8022 为进位标志。如果运算结果为 0，则零标志 M8020 置 1；如果运算结果超过 32767（16 位）或 2147483647（32 位），则进位标志 M8022 置 1；如果运算结果小于 −32767（16 位）或 −2147483647（32 位），则借位标志 M8021 置 1。

在 32 位运算中，被指定的起始字元件是低 16 位元件，而下一个字元件则为高 16 位元件，如 D_0（D_1）。

源和目标可以用相同的元件号。若源和目标元件号相同而采用连续执行的 ADD、(D) ADD 指令时，加法的结果在每个扫描周期都会改变。若指令采用脉冲执行型时，如图 5-78 所示。每当 X001 从 OFF→ON 变化时，D_0 的数据加 1，这与 INC（P）指令是执行结果相似。

（二）二进制减法指令

该指令的名称、指令代码、助记符、操作数、程序步如表 5-20 所示。

表 5-20　二进制减法指令的要素

指令名称	指令代码位数	助记符	操作数范围			程　序　步
			S_1（·）	S_2（·）	D（·）	
减法	FNC 21（16/32）	SUB SUB（P）	K、H、KnX、KnY、KnM KnS、T、C、D、V、Z		KnY、KnM、KnS T、C、D、V、Z	SUB、SUBP…7 步 DSUB、DSUBP…13 步

SUB 减法指令是将指定的源元件中的二进制数相减，结果送到指定的目标元件中去。SUB 减法指令的说明如图 5-79 所示。

当执行条件 X000 由 OFF→ON 时，$(D_{10})-(D_{12})→(D_{14})$。运算是代数运算，如 5− $(-8)=13$。

各种标志的动作、32 位运算中软元件的指令方法、连续执行型和脉冲执行型的差异等均与上述加法指令相同。

图 5-80 所示是 32 位减法指令的使用说明，与后面讲述的减 1 指令相似，但采作减法指令实现减 1，零位、借位等标志位可能动作。

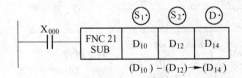

图 5-79　二进制减法指令使用说明之一

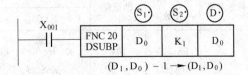

图 5-80　二进制减法指令使用说明之二

（三）二进制乘法指令

该指令的名称、指令代码、助记符、操作数、程序步如表 5-21 所示。

表 5-21　二进制乘法指令的要素

指令名称	指令代码位数	助记符	操作数范围			程序步
			S_1（·）	S_2（·）	D（·）	
乘法	FNC 22（16/32）	MUL MUL（P）	K、H、KnX、KnY、KnM KnS、T、C、D、Z		KnY、KnM、KnS T、C、D、(Z) 限 16 位	MUL、MULP…7 步 DMUL、DMULP…13 步

MUL 乘法指令是将指定的源元件中的二进制数相乘，结果送到指定的目标元件中去。MUL 乘法指令使用说明如图 5-81 所示。它分 16 位和 32 位两种运算情况。

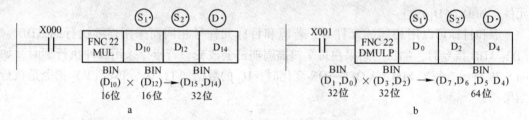

图 5-81　二进制乘法指令使用说明

16 位运算如图 5-81a 所示，当执行条件 X000 由 OFF→ON 时，$(D_0) \times (D_2) \rightarrow (D_5, D_4)$。源操作数是 16 位，目标操作数是 32 位。若令 $(D_0) = 8$，$(D_2) = 9$ 时，$[D_5, D_4] = 72$。最高位为符号位，0 为正，1 为负。

32 位运算如图 5-81b 所示，当执行条件 X001 由 OFF→ON 时，$(D_1, D_0) \times (D_3, D_2) \rightarrow (D_7, D_6, D_5, D_4)$。源操作数是 32 位，目标操作数是 64 位。若令 $(D_1, D_0) = 238$，$(D_3, D_2) = 189$ 时，$(D_7, D_6, D_5, D_4) = 44982$。最高位为符号位，0 为正，1 为负。

如将位组合元件用于目标操作数时，限于 K 的取值，只能得到低位 32 位的结果，不能得到高位 32 位的结果。这时，应将数据移入字元件再进行计算。用字元件作目标操作数时，也不能对作为运算结果的 64 位数据进行成批监视，在这种场合下，建议采用浮点运算。V、Z 不能在 32 位运算中作为目标元件的指定。

（四）二进制除法指令

该指令的名称、指令代码、助记符、操作数、程序步如表 5-22 所示。

表 5-22　二进制除法指令的要素

指令名称	指令代码位数	助记符	操作数范围			程序步
			S_1（·）	S_2（·）	D（·）	
除法	FNC 23（16/32）	DIV DIV（P）	K、H、KnX、KnY、KnM KnS、T、C、D、Z		KnY、KnM、KnS T、C、D、(Z) 限 16 位	DIV、DIVP…7 步 DDIV、DDIVP…13 步

DIV 除法指令是将指定的源元件中的二进制数相除, S_1 (·)为被除数, S_2 (·)为除数, 商送到指定的目标元件 D (·) 中去, 余数送到目标元件 D (·)+1 的元件中。

图 5-82a 是 16 位除法运算, 当执行条件 X000 由 OFF→ON 时, (D_0)÷(D_2)→(D_4)。若令(D_0)= 19, (D_2)= 3 时, 商(D_4)= 6, 余数(D_5)= 1。图 5-82b 是 32 位除法运算。当执行条件 X001 由 OFF→ON 时, (D_1 、D_0)÷(D_3,D_2), 商在(D_5 、D_4), 余数在(D_7 、D_6)中。

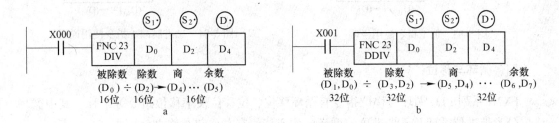

图 5-82 二进制除法指令使用说明

商与余数的二进制最高位是符号位, 0 为正, 1 为负。被除数或除数中有一个为负数时, 商为负数。被除数为负数时, 余数为负数。

（五）二进制加 1 指令

该指令的名称、指令代码、助记符、操作数、程序步如表 5-23 所示。

表 5-23 加 1 指令的要素

指令名称	指令代码	助记符	操作 数 D (·)	程 序 步
加 1	FNC 24 (16/32)	INC INC (P)	KnY、KnM、KnS T、C、D、V、Z	INC、INCP…3 步 DINC、DINCP…5 步

加 1 指令的说明如图 5-83 所示。当 X000 由 OFF→ON 变化时, 由 D (·)指定的元件 D_{10} 中的进二进制数自动加 1。若用连续指令时, 每个扫描周期都加 1。

16 位运算时, +32767 再加上 1 则变为 -32768, 但标志位不动作。同样, 在 32 位运算时, +2147483647 再加 1 就变为 -2147483647, 标志位不动作。

（六）二进制减 1 指令

该指令的名称、指令代码、助记符、操作数、程序步如表 5-24 所示。

表 5-24 二进制减 1 指令的要素

指令名称	指令代码	助记符	操作 数 D (·)	程 序 步
减 1	FNC 25 (16/32)	DEC DEC (P)	KnY、KnM、KnS T、C、D、V、Z	DEC、DECP…3 步 DDEC、DDECP…5 步

减 1 指令的使用说明如图 5-84 所示，当 X001 由 OFF→ON 变化时，由 D（·）指定的元件 D10 中的进二进制数自动减 1。若用连续指令时，每个扫描周期都减 1。

在 16 位运算时，-32768 再减 1 就变为+32767，但标志位不动作。同样在 32 位运算时，-2147483648 再减 1 就变为+2147483647，标志位不动作。

图 5-83　加 1 指令使用说明　　　　　　图 5-84　二进制减 1 指令使用说明

四、循环与移位

FX2N 系列 PLC 循环与移位指令有循环移位、位移位及字移位指令等十种，其中循环移位分为带进位循环及不带进位的循环，位或移位有左移和右移之分。

从指令的功能来说，循环移位是指数据在本字节或双字内的移位，是一种环型移位。而非循环移位是线性的移位，数据移出部分将丢失，移入部分从其他数据获得。移位指令可用于数据的 2 倍乘处理，形成新数据，或形成某种控制开关。字移位和位移位不同，它可用于字数据在存储空间中的位置调整等功能。

（一）循环右移和循环左移指令

该类指令的名称、指令代码、助记符、操作数、程序步如表 5-25 所示。

表 5-25　循环右移、左移指令的要素

指令名称	指令代码位数	助记符	操作数范围		程 序 步
			D（·）	n	
循环右多	FNC30 ◥（16/32）	ROR ROR（P）	KnY、KnM、KnS T、C、D、V、Z	K、H 移位量 $n \leqslant 16$（16 位） $n \leqslant 32$（32 位）	ROR、RORP…5 步 DROR、DRORP…9 步
循环左移	FNC31 ◥（16/32）	ROL ROL（P）			ROL、ROLP…5 步 DROL、DROLP…9 步

循环右移指令可以使 16 位数据、32 位数据向右循环移位，其使用说明如图 5-85a 所示。当 X000 由 OFF→ON 时，D（·）指定的元件内各位数据向右移 n 位，最后一次从低位移出的状态存于进位标志 M8022 中。

循环左移指令可以使 16 位数据、32 位数据向左循环移位，其使用说明如图 5-85b 所示。当 X001 由 OFF→ON 时，D（·）内各位数据向左移 n 位，最后一次从高位移出的状态存于进位标志 M8022 中。用连续指令执行时，循环移位操作每个周期执行一次。

在指定位软元件的场合下，只有 K_4（16 位指令）或 K_8（32 位指令）有效，例如 K4Y000，$K_8 M_0$。

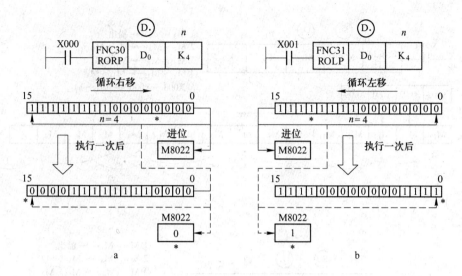

图 5-85　循环移位指令使用说明

a—循环右移；b—循环左移

（二）位右移、位左移指令

该类指令的名称、指令代码、助记符、操作数、程序步见表 5-26。

表 5-26　位移位指令的要素

指令名称	指令代码位数	助记符	操作数范围				程 序 步
			S（·）	D（·）	n_1	n_2	
位右移	FNC34 ▼ (16)	SFTR SFTR（P）	X、Y、M、S	Y、M、S	K、H $n_2 \leq n_1 \leq 1024$		SFTR、SFTRP…9 步
位左移	FNC35 ▼ (16)	SFTL SFTL（P）					SFTL、SFTLP…9 步

位移位指令是对 D（·）所指定的 n_1 个位元件连同 S（·）所指定的 n_2 个位元件的数据右移或左移 n_2 位，其说明如图 5-86 所示。例如，对于图 5-86a 的位右移指令的梯形图，当 X010 由 OFF→ON 时，D（·）内（$M_0 \sim M_{15}$）16 位数据连同 S（·）内（X000～X003）4 位元件的数据向右移 4 位，（X000～X003）4 位数据从 D（·）的高位端移入，而 D（·）的低位 $M_0 \sim M_3$ 数据移出（溢出）。若图中 $n_2 = 1$，则每次只进行 1 位移位。同理，对于图 5-86b 的位左移指令的梯形图移位原理也类同。

用脉冲执行型指令时，X000 由 OFF→ON 变化时指令执行一次，进行 n_2 位移位；而用连续指令执行时，移位操作是每个扫描周期执行一次，使用该指令时必须注意。

（三）字右移、字左移指令

该类指令的名称、指令代码、助记符、操作数、程序步见表 5-27。

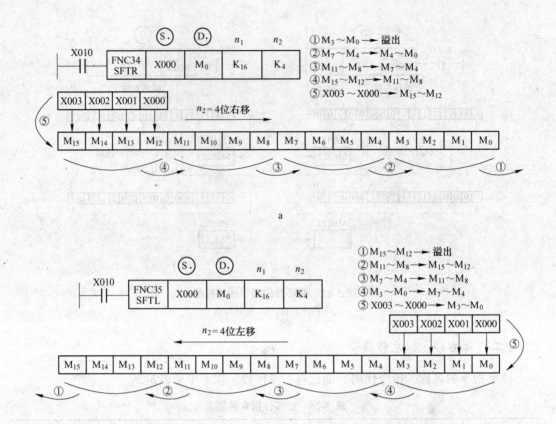

图 5-86　位移位指令使用说明

a—位右移指令使用说明；b—位左移指令使用说明

表 5-27　字移位指令的要素

指令名称	指令代码位数	助记符	操作数范围				程 序 步
			S (·)	D (·)	n_1	n_2	
字右移	FNC36 ◥ (16)	WSFR WSFR (P)	KnX、KnY KnM、KnS T、C、D	KnY、KnM KnS T、C、D	K、H $n_2 \leqslant n_1 \leqslant 512$		WSFR、WSFRP…9 步
字左移	FNC37 ◥ (16)	WSFL WSFL (P)					WSFL、WSFLP…9 步

　　字移位指令是对 D (·) 所指定的 n_1 个字元件连同 S (·) 所指定的 n_2 个字元件右移或左移 n_2 个字数据，其使用说明如图 5-86 所示。例如，对于图 5-87a 的字右移指令的梯形图，当 X000 由 OFF 变 ON 时，D (·) 内（$D_{10} \sim D_{25}$）16 个字数据连同 S (·) 内（$D_0 \sim D_3$）4 个字数据向右移 4 个字，（$D_0 \sim D_3$）4 字数据从 D (·) 的高字端移入，而（$D_{10} \sim D_{13}$）4 字数据从 D (·) 的低端移出（溢出）。图 5-87b 为字左移指令使用说明，原理类同。

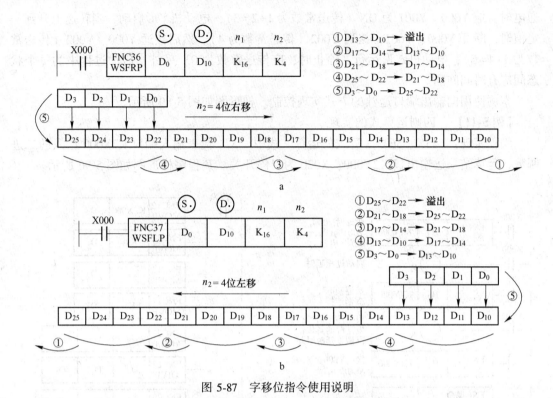

图 5-87 字移位指令使用说明

a—字右移指令使用说明；b—字左移指令使用说明

子情境 3 编程实例

【例 5-9】 可变闪光信号灯

即改变输入口的置数开关可以改变闪光频率（即信号灯亮 t_s，熄 t_s）。

设定开关 4 个，分别接于 X000 ~ X003，X010 为启停开关，信号灯接于 Y000。梯形图如图 5-88 所示。图中第一行为变址寄存器清零，上电时完成。第二行从输入端口读入设定开关数据，变址综合后的数据（$K_8 + Z$）送到寄存器 D_0 中，作为定时器 T_0 的设定值，并和第三行配合产生 D_0 时间间隔的脉冲。

【例 5-10】 电动机的丫/△启动控制

设置启动按钮 X000，停止按钮 X001；电路主（电源）接触器 KM_1 接于输出口 Y000，电动机丫形接法接触器 KM_2 接于输出口 Y001，电动机△形接法接触器 KM_3 接于输出口 Y002。依电动机丫/△启动控制要求，

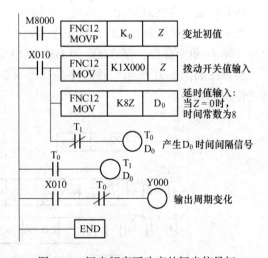

图 5-88 闪光频率可改变的闪光信号灯

通电时，应 Y000、Y001 为 ON（传送常数为 1+2＝3），电动机丫形启动，当转速上升到一定值时，断开 Y000、Y001，接通 Y002（传送常数为 4）。然后接通 Y000、Y002（传送常数为 1+4＝5），电动机△形运行，停止时，应传送常数为 0。另外，启动过程中的每个状态间应有时间间隔。

本例使用向输出端口送数的方式实现控制。梯形图如图 5-89 所示。

【例 5-11】 四则运算式的实现

编程实现：(45X/356)+3 算式的运算。式中"X"代表输入端口 K2X000 送入的二进制数，运算结果送输出口 K2Y000；X020 为启停开关。其程序梯形图如图 5-90 所示。

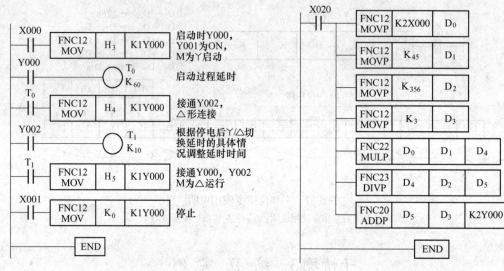

图 5-89 梯形图

图 5-90 四则运算式实现程序

【例 5-12】 使用乘除运算实现灯移位点亮控制

用乘除法指令实现灯组的移位点亮循环。有一组灯 15 个，接于 Y000~Y016。

要求：当 X000 为 ON 时，灯正序每隔 1s 单个移位，并循环；当 X001 为 OFF 时，灯反序每隔 1s 单个移位，至 Y000 为 ON，停止。

梯形图如图 5-91 所示。该程序是利用乘 2、除 2 实现目标数据中"1"的一位的。1s 脉冲使用 M8013。

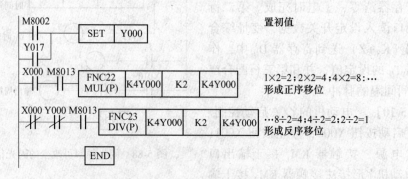

图 5-91 灯组移位控制梯形图

【例5-13】　流水灯光控制

某灯光招牌有 $L_1 \sim L_8$ 共 8 个灯接于 K2Y000，要求当 X000 为 ON 时，灯先以正序每隔 1s 轮流点亮，当 Y007 亮后，停 2s；然后以反序每隔 1s 轮流点亮，当 Y000 再亮后，停 2s，重复上述过程。当 X001 为 ON 时，停止工作。梯形图如图 5-92 所示，分析见梯形图右边文字说明。

【例5-14】　进步电机控制

用位移位指令可以实现步进电机正反转和调速控制。以三相三拍电机为例，脉冲列由 Y010 ~ Y012（晶体管输出）输出，作为步进电机驱动电源功放电路的输入。

程序中采用积算电时器 T246 为脉冲发生器，设定值为 K2 ~ K500，定时为 2 ~ 500ms，则步进电机可获得 500 步/s 到 2 步/s 的变速范围。X000 为正反转切换开关（X000 为 OFF 时正转；X000 为 ON 时反转），X002 为启动按钮，X003 为减速按钮，X004 为增速按钮。

梯形图如图 5-93 所示。以正反为例，程序开始运行前，设 M_0 为零。M_0 提供移入 Y010、Y011、Y012 的"1"或"0"，在 T246 的作用下最终形成 011、110、101 的三拍循环。T246 为移位脉冲产生环节，INC 指令及 DEC 指令用于调整 T246 产生的脉冲步率。

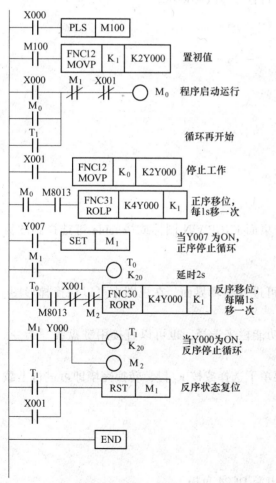

图 5-92　流水灯光控制梯形图

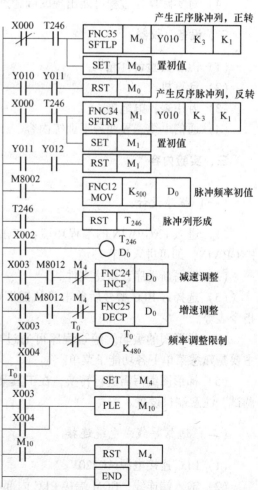

图 5-93　步进电机控制梯形图及说明

T_0 为步率调整时间限制。

调速时，按下 X003（减速）或 X004（增速）按钮，观察 D_0 的变化，当变化值为所需速度值时，释放。如果调速需经常进行，可将 D_0 的内容显示出来。

情境5 PLC 的程序编写及其调试

职业能力：学会运用可编程控制器的常用基本指令、状态指令进行编写程序，了解功能指令的使用，熟练掌握 PLC 的接线及其调试的方法

一、目的要求

（1）根据相关课题设计 PLC 梯形图，画出 PLC 主电路图，PLC 接线图，指令语句表。

（2）掌握常用基本指令、状态指令的使用方法。

（3）熟悉电脑编译调试软件的使用。

（4）对实际操作过程可能出现的问题进行程序修改和调试。

二、设备、仪器

（1）PLC 实验台（箱）。

（2）计算机。

（3）万用表，电笔等。

（4）通信电缆、导线若干训练内容。

三、实验内容

（一）程序设计

（1）进入 FXGPWIN 的编程环境：双击桌面 FXGPWIN 图标或按 table 键选择到图标 FXGPWIN，即可进入编程环境。

（2）编写新程序，新建文件。

（3）选择好 PLC 型号后单击确认键即可进入编辑界面，在视图中可以切换梯形图、指令表等。

（4）梯形图的编辑。编写程序可通过功能栏来选择，也可以直接用键盘编写指令。主要是熟悉菜单下各功能子菜单。

（5）梯形图编写需进行转换，在工具菜单下选择或按 F_4 键，转换完毕即可进行上载调试，注意端口设置。

（二）通信导线、电缆连接

（1）PLC 连接电源 AC220V。

（2）输入端连线，COM 端接 PLC 内部电源 DC24 负极。

（3）输出端连线，将所有 COM 端并联到一起再接 PLC 内部电源 DC24 正极。

（三）PLC 程序运行、调试

（1）PLC 通上电源（POWER）指示灯亮。

（2）将 PLC 运行状态扳至 STOP 挡位，把编写完成的程序传送至 PLC，打开菜单"PLC"——"传送"——"写出"确认。

（3）出现程序写入步数范围选择框图，确认后即可。

（4）PLC 运行时点击主要菜单在"监控/测试"中完成对程序的实时监控。

（四）观察实验过程

观察实验过程内容略。

四、评分标准

教师评价时必须坚持客观、实事求是的态度，从实验结果的客观实际出发，客观、准确的评价，不能主观臆断和掺杂个人情感。评分标准参见表 5-28。

表 5-28　评分标准

项　目	配　分	评　分　标　准	扣　分
安装前检查	10	检查 PLC 设备、计算机等相关设备仪器的好坏	
电路设计	40	（1）主电路图设计不全或设计有错，每处扣 2 分； （2）输入输出地址遗漏或搞错，每处扣 4 分； （3）梯形图表达不正确或画法不规范，每处扣 2 分； （4）接线图表达不正确或画法不规范，每处扣 2 分； （5）指令有错，每条扣 2 分	
线路的安装	10	（1）电路运行正常，未按原理图接线，扣 5 分； （2）直流电源极性接反、导线接点松动、漏接、多接，每处扣 1 分； （3）损坏线心或绝缘，每根扣 2 分	
通电试车	40	（1）不能进行通电校验，扣 30 分； （2）通电校验时校验线路部分正确，酌情扣 5~20 分	
安全文明生产		违反安全，文明生产规程，扣 5~40 分	
时间		时间定额 2~4h，每超时 10min 以内扣 5 分	
备注		除定额时间外，各项目的最高扣分不应超过配分	成绩

五、训练情境

子情境 1　基于 PLC 三相异步电动机的正转控制（参见例 5-1）

子情境 2　用 PLC 控制电机 Y-△降压启动、全压运行工作

控制要求：用 PLC 控制控制电机 Y-△降压启动、全压运行，按下启动按钮，降压启动 5s 后切换到全压运行，并且能实现正、反向旋转。

子情境 3　用 PLC 设计双速电动机运转

控制要求：用 PLC 控制控制电机低速启动并且运行，或者电机先低速启动延时 5s 后

高速运行。

子情境 4　并行性流程实现十字路口交通信号灯的控制，参见例 5-8

子情境 5　流水灯光控制，参见例 5-13

习　题

1. 绘出下列指令语句表对应的梯形图

0　LD　X_0　　　　　1　ANI　M_0　　　　2　OUT　M_0　　　　3　LDI　X_0

4　RST　C_0　　　　5　LD　M_0　　　　6　OUT　C0　K_8　　　9　LD　C_0

10　OUT　Y_0

2. 绘出下列指令语句表对应的梯形图

0　LD　X_0　　　　　1　AND　X_1　　　　2　LD　X_2　　　　3　ANI　X_3

4　ORB　　　　　　5　LD　X_4　　　　6　AND　X_5　　　　7　LD　X_6

8　ANI　X_7　　　　9　ORB　　　　　10　ANB　　　　　11　LD　M_0

12　AND　M_1　　　13　ORB　　　　　14　AND　M_2　　　15　OUT　Y_4

16　END

3. 绘出下列指令语句表对应的梯形图

0　LD　X_0　　　1　MPS　　　　2　AND　X_1　　　3　MPS　　　　4　AND　X_2

5　MPS　　　　6　AND　X_3　　　7　MPS　　　　8　AND　X_4　　　9　OUT　Y_0

10　MPP　　　11　OUT　Y_1　　　12　MPP　　　13　OUT　Y_2　　　14　MPP

15　OUT　Y_3　　16　MPP　　　17　OUT　Y_4

4. 写出题图 5-1、题图 5-2、题图 5-3 梯形图对应的指令语句表。

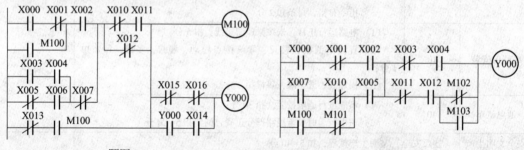

题图 5-1　　　　　　　　　　　　　　　　　　题图 5-2

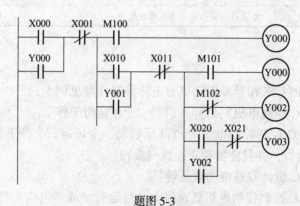

题图 5-3

5. 画出题图 5-4 中 M026 的波形。

6. 画出题图 5-5 中 Y_0 的波形。

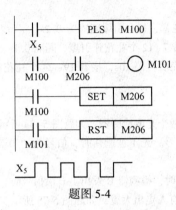

题图 5-4

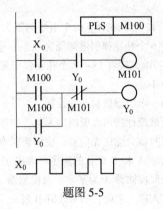

题图 5-5

7. 用主控指令画出题图 5-6 的等效电路，并写出指令表程序。

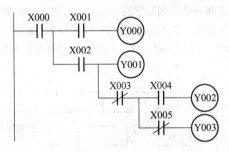

题图 5-6

8. 有三台电动机，控制要求为：按 M_1、M_2、M_3 的顺序启动；前级电动机不启动，后级电动机不能启动；前级电动机停止时，后级电动机也停止。试设计梯形图，并写出指令语句表。

9. （1）设计一个模拟时钟的控制程序。Y_1、Y_2 和 Y_3 的输出分别代表秒针、分针和时针。

　　（2）设计一个定时时间为 6h 的控制程序。要求定时时间到，指示灯亮。

10. 某电动葫芦起升机构的动负荷试验的控制要求为：自动运行时，上升 8s，停 10s，再下降 8s，停 10s，反复运行 1h，然后发出声光报警信号，并停止运行。试设计控制程序。

11. 有两台电动机 M_1、M_2，控制要求为：M_1 和 M_2 可以分别启动和停止；M_1 和 M_2 可以同时启动和停止。试设计控制程序。

12. 有两台电动机 M_1 和 M_2，控制要求为：M_1 启动后，经 30s 延时，M_2 自行启动，M_2 启动后，工作 1h，M_1 和 M_2 同时自动停止运转。试设计控制程序。

13. 设计一个智力竞赛抢答控制程序，控制要求为：

　　（1）当某竞赛者抢先按下按钮，该竞赛者桌上指示灯亮。竞赛者共 3 人。

　　（2）指示灯亮后，主持人按下复位按钮后，指示灯熄灭。

14. 某运料小车控制要求为：小车在 A 处装料后，工作人员按启动按钮 SB_1，小车开始前进运行到 B 处并压合 SQ_1，停 3min，工作人员装料。3min 后小车自动开始后退，运行到 A 处并压合 SQ_2，停 10min，工作人员装料。10min 后小车自动前进。如此反复循环工作。按停止按钮后，小车停止工作。试设计控制程序。

15. 某抢答比赛，儿童二人参赛且其中任一人按钮可抢得，学生一人组队。教授二人参加比赛且二人同时按钮才能抢得。主持人宣布开始后方可按抢答按钮。主持人台设复位按钮，抢得及违例由各分台灯指示。有人抢得时有幸运彩球转动，违例时有警报声。设计抢答器电路。

16. 设计一个节日礼花弹引爆程序。礼花弹用电阻点火引爆器引爆，为了实现自动引爆，以减轻工作人员频繁操作的负担，保证安全，提高动作的准确性，今采用 PLC 控制，要求编制以下两种控制程序。

    （1）1~12 个礼花弹，每个引爆间隔为 0.1s；13~14 个礼花弹，每个引爆间隔为 0.2s。

    （2）1~6 个礼花弹引爆间隔为 0.1s，引爆完后停 10s，接着 7~12 个礼花弹引爆，间隔 0.1s，引爆完后又停 10s，接着 13~18 个礼花弹引爆，间隔 0.1s，引爆完后再停 10s，接着 19~24 个礼花弹引爆，间隔 0.1s。

    引爆用一个引爆启动开关控制。

17. 某大厦欲统计进出大厦内的人数，在唯一的门廊里设置了两个光电检测器，如题图 5-7a 所示，当有人进出时就会遮住光信号，检测器就会输出"1"状态信号；光不被遮住时，信号为"0"。两个检测信号 A 和 B 变化的顺序将能确定人走动的方向。

    设以检测器 A 为基准，当检测器 A 的光信号被人遮住时，检测器 B 发出上升沿信号时，就可以认为有人进入大厦，如果此时 B 发出下降沿信号则可认为有人走出大厦，如题图 5-7b 所示。当检测器 A 和 B 都检测到信号时，计数器只能减少一个数字；当检测器 A 或 B 只有其中一个检测到信号时，不能认为有人出入；或者在一个检测器状态不改变时，另一个检测器的状态连续变化几次，也不能认为有人出入了大厦，如题图 5-7c 所示，相当于没有人进入大厦。

    用 PLC 实现上述控制要求，设计一段程序，统计出大厦内现有人数，达到限定人数（例如 500 人）时发出报警信号。

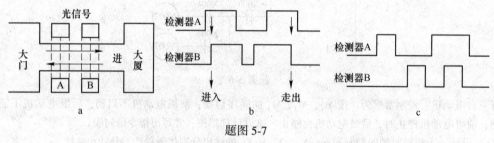

题图 5-7

a—光电检测器；b—检测器 A 和 B 的时序图（1）；c—检测器 A 和 B 的时序图（2）

18. 说明状态编程思想的特点及适用场合。

19. 有一小车运行过程如题图 5-8 所示。小车原位在后退终端，当小车压下后限位开关 SQ_1 时，按下启动按钮 SB，小车前进，当运行至料斗下方时，前限位开关 SQ_2 动作，此时打开料斗给小车加料，延时 8s 后关闭料斗，小车后退返回，SQ_1 动作时，打开小车底门卸料，6s 后结束，完成一次动作。如此循环。请用状态编程思想设计其状态转移图。

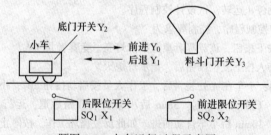

题图 5-8　小车运行过程示意图

20. 在氯碱生产中，碱液的蒸发、浓缩过程往往伴有盐的结晶，因此，要采取措施对盐碱进行分离。分离过程为一个顺序循环工作过程，共分 6 个工序，靠进料阀、洗盐阀、化盐阀、升刀阀、母液阀、熟盐水阀 6 个电磁阀完成上述过程，各阀的动作如表所示。当系统启动时，首先进料，5s 后甩料，延时 5s 后洗盐，5s 后升刀，在延时 5s 后间歇，间歇时间为 5s，之后重复进料、甩料、洗盐、升刀、间歇工序，重复 8 次后进行洗盐，20s 后再进料，这样为一个周期。请设计其状态转移图。动作如表所示。

电磁阀序号	步骤名称	进料	甩料	洗盐	升刀	间歇	清洗
1	进料阀	· +	−	−	−	−	−
2	洗盐阀	−	−	+	−	−	+
3	化盐阀	−	−	−	+	−	−
4	升刀阀	−	−	−	+	−	−
5	母液阀	+	+	+	+	+	−
6	熟盐水阀	−	−	−	−	−	+

21. 某注塑机，用于热塑性塑料的成型加工。它借助于 8 各电磁阀 YV_1-YV_8 完成注塑各工序。若注塑模在原点 SQ_1 动作，按下启动按钮 SB，通过 YV_1、YV_3 将模子关闭，限位开关 SQ_2 动作后表示模子关闭完成。此时由 YV_2、YV_8 控制射台前进，准备射入热塑料，限位开关 SQ_3 动作后表示射台到位，YV_3、YV_7 动作开始注塑，延时 10s 后 YV_7、YV_8 动作进行保压，保压 5s 后，由 YV_1、YV_7 执行预塑，等加料限位开关 SQ_4 动作后由 YV_6 执行射台的后退，由 YV_2、YV_4 执行开模，限位开关 SQ_6 动作后开模完成，YV_3、YV_5 动作使顶针前进，将塑料件顶出，顶针终止限位 SQ_7 动作后，YV_4、YV_5 使顶针后退，顶针后退限位 SQ_8 动作后，动作结束，完成一个工作循环，等待下一次启动。编制控制程序。

22. 有一选择性分支状态转移图如题图 5-9 所示。请对其进行编程。

23. 有一选择性分支状态转移图如题图 5-10 所示。请对其进行编程。

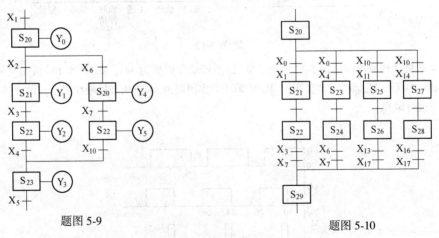

题图 5-9　　　　　　　　　　　　　　题图 5-10

24. 有一并行分支状态转移图如题图 5-11 所示。请对其进行编程。

25. 某一冷加工自动线有一个钻孔动力头，如题图 5-12 所示。动力头的加工过程如下：

（1）动力头在原位，加上启动信号（SB）接通电磁阀 YV_1，动力头快进。

（2）动力头碰到限位开关 SQ_1 后，接通电磁阀 YV_1、YV_2，动力头由快进转为工进。

（3）动力头碰到限位开关 SQ_2 后，开始延时，时间为 10s。

（4）当延时时间到，接通电磁阀 YV_3，动力头快退。

（5）动力头回原位后，停止。

请对其进行编程。

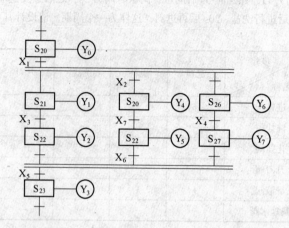

题图 5-11

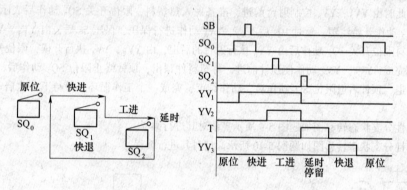

题图 5-12

26. 四台电动机动作时序如题图 5-13 所示。M_1 的循环动作周期为 34s，M_1 动作 10s 后 M_2、M_3 启动，M_1 动作 15s 后，M_4 动作，M_2、M_3、M_4 的循环动作周期为 34s，用步进顺控指令，设计其状态转移图，并进行编程。

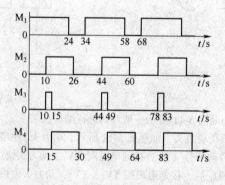

题图 5-13

27. 有一并行分支状态转移图如题图 5-14 所示，请对其进行编程。

28. 有一状态转移图如题图 5-15 所示，请对其进行编程。

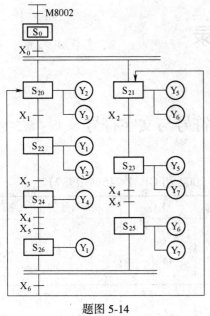

题图 5-14

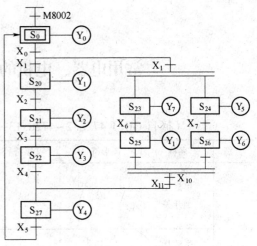

题图 5-15

附　　录

常用电器、电机的图形符号与文字符号

（摘自 GB/T 4728.2~4728.13—1996~2000 和 GB/T 7159—1987）

类别	名称	图形符号	文字符号	类别	名称	图形符号	文字符号
开关	单极控制开关	或	SA	行程开关	复合触头		SQ
	手动开关一般符号		SA	熔断器	熔断器		FU
	三极控制开关		QS	按钮	常开按钮		SB
	三极隔离开关		QS		常闭按钮		SB
	三极负荷开关		QS		复合按钮		SB
	组合开关		QS	接触器	线圈		KM
	低压断路器		QF		常开主触头		KM
行程开关	常开触头		SQ		辅助常开触头		KM
	常闭触头		SQ		辅助常闭触头		KM

类别	名称	图形符号	文字符号	类别	名称	图形符号	文字符号
热继电器	热元件		KH	时间继电器	通电延时线圈		KT
	常闭触头		KH		断电延时线圈		KT
中间继电器	线圈		KA		瞬时常开触头		KT
	常开触头		KA		瞬时常闭触头		KT
	常闭触头		KA		延时闭合的常开触头		KT
电流继电器	过电流线圈		KA		延时断开的常闭触头		KT
	欠电流线圈		KA		延时闭合的常闭触头		KT
	常开触头		KA		延时断开的常开触头		KT
	常闭触头		KA	电压继电器	过电压线圈		KV
灯	信号灯指导灯		HL		欠电压线圈		KV
	照明灯		EL		常开触头		KV
					常闭触头		KV

类别	名称	图形符号	文字符号	类别	名称	图形符号	文字符号
电动机	三相笼型异步电动机		M	接插器	插头插座	或	X 插头 XP 插座 XS
	三相绕线异步电动机		M	电抗器	电抗器		L
	他励直流电动机		M	互感器	电流互感器		TA
	并励直流电动机		M		电压互感器		TV
	串励直流电动机		M	变压器	单相变压器		TC
发电机	发电机		G		三相变压器		TM
	直流测速发电机		TG	电磁操作器	电磁离合器		YC
非电量控制的继电器	速度继电器常开触头		KS				
	压力继电器常开触头		KP		电磁制动器		YB